中华文化大博览丛书

天地厚礼的
自然遗产

周丽霞 编著

中国出版集团 现代出版社

图书在版编目（CIP）数据

天地厚礼的自然遗产 / 周丽霞编著. -- 北京：现代出版社，2017.8
ISBN 978-7-5143-6484-2

Ⅰ．①天… Ⅱ．①周… Ⅲ．①自然遗产－介绍－中国 Ⅳ．①P942

中国版本图书馆CIP数据核字(2017)第224925号

天地厚礼的自然遗产

作　　者：	周丽霞
责任编辑：	李　鹏
出版发行：	现代出版社
通讯地址：	北京市定安门外安华里504号
邮政编码：	100011
电　　话：	010-64267325　64245264（传真）
网　　址：	www.1980xd.com
电子邮箱：	xiandai@vip.sina.com
印　　刷：	天津兴湘印务有限公司
字　　数：	380千字
开　　本：	710mm×1000mm　1/16
印　　张：	30
版　　次：	2018年5月第1版　2018年5月第1次印刷
书　　号：	ISBN 978-7-5143-6484-2
定　　价：	128.00元

版权所有，翻印必究；未经许可，不得转载

习近平总书记在党的十九大报告中指出:"深入挖掘中华优秀传统文化蕴含的思想观念、人文精神、道德规范,结合时代要求继承创新,让中华文化展现出永久魅力和时代风采。"同时习总书记指出:"中国特色社会主义文化,源自于中华民族五千多年文明历史所孕育的中华优秀传统文化,熔铸于党领导人民在革命、建设、改革中创造的革命文化和社会主义先进文化,植根于中国特色社会主义伟大实践。"

我国经过改革开放的历程,推进了民族振兴、国家富强、人民幸福的"中国梦",推进了伟大复兴的历史进程。文化是立国之根,实现"中国梦"也是我国文化实现伟大复兴的过程,并最终体现在文化的发展繁荣。博大精深的中国优秀传统文化是我们在世界文化激荡中站稳脚跟的根基。中华文化源远流长,积淀着中华民族最深层的精神追求,代表着中华民族独特的精神标识,为中华民族生生不息、发展壮大提供了丰厚滋养。我们要认识中华文化的独特创造、价值理念、鲜明特色,增强文化自信和价值自信。

如今,我们正处在改革开放攻坚和经济发展的转型时期,面对世界各国形形色色的文化现象,面对各种眼花缭乱的现代传媒,我们要坚持文化自信,古为今用、洋为中用、推陈出新,有鉴别地加以对待,有扬弃地予以继承,传承和升华中华优秀传统文化,发展中国特色社会主义文化,增强国家文化软实力。

浩浩历史长河,熊熊文明薪火,中华文化源远流长,滚滚黄河、滔滔长江,是最直接的源头,这两大文化浪涛经过千百年冲刷洗礼和不断交流、融合以及沉淀,最终形成了求同存异、兼收并蓄的辉煌灿烂的中华文明,也是世界上唯一绵延不绝的古老文化,并始终充满生机与活力。

中华文化曾是东方文化摇篮,也是推动世界文明不断前行的动力之一。早在五百年前,中华文化的四大发明催生了欧洲文艺复兴运动和地理大发现。中国四大发明先后传到西方，对于促进西方工业社会发展和形成，起到了重要作用。

中华文化的力量，已经深深熔铸到我们的生命力、创造力和凝聚力中，是我们民族的基因。中华民族的精神，业已深深植根于绵延数千年的优秀文化传统之中，是我们的精神家园。

总之，中国文化博大精深，是中华各族人民五千年来创造、传承下来的物质文明和精神文明的总和，其内容包罗万象，浩若星汉，具有很强的文化纵深，蕴含着丰富的宝藏。我们要实现中华文化的伟大复兴，首先要站在传统文化前沿，薪火相传，一脉相承，弘扬和发展五千年来优秀的、光明的、先进的、科学的、文明的和自豪的文化现象，融合古今中外一切文化精华，构建具有中国特色的现代民族文化，向世界和未来展示中华民族的文化力量、文化价值、文化形态与文化风采。

为此，在有关专家指导下，我们收集整理了大量古今资料和最新研究成果，特别编撰了本套大型书系。主要包括巧夺天工的古建杰作、承载历史的文化遗迹、人杰地灵的物华天宝、千年奇观的名胜古迹、天地精华的自然美景、淳朴浓郁的民风习俗、独具特色的语言文字、异彩纷呈的文学艺术、欢乐祥和的歌舞娱乐、生动感人的戏剧表演、辉煌灿烂的科技教育、修身养性的传统保健、至善至美的伦理道德、意蕴深邃的古老哲学、文明悠久的历史形态、群星闪耀的杰出人物等，充分显示了中华民族厚重的文化底蕴和强大的民族凝聚力，具有极强的系统性、广博性和规模性。

本套书系的特点是全景展现，纵横捭阖，内容采取讲故事的方式进行叙述，语言通俗，明白晓畅，图文并茂，形象直观，古风古韵，格调高雅，具有很强的可读性、欣赏性、知识性和延伸性，能够让广大读者全面触摸和感受中国文化的丰富内涵，增强中华儿女民族自尊心和文化自豪感，并能很好地继承和弘扬中国文化，创造具有中国特色的先进民族文化。

天地厚礼——中国的世界自然遗产

童话世界——四川九寨沟
- 传说九个姑娘分别住的村寨　004
- 丰富的动植物资源　011
- 赏心悦目的奇特景观　022
- 独特的地域民族风情　039

藏龙之山——四川黄龙
- 地表钙华为主的人间瑶池　050
- 野生动植物生长的理想地　079
- 具重要保护价值的自然遗产　094
- 崇山峻岭中的人文风情　100

大自然迷宫——湖南武陵源
- 奇特瑰丽的地质地貌　112
- 古老珍贵的动植物资源　121
- 万象之美的天然画卷　125
- 珍贵的自然遗产价值　151
- 民族融合的风土人情　159

地理恩赐——地质蕴含之美与价值

岩溶之美——南方喀斯特
- 云南石林的喀斯特精华　170
- 贵州荔波的石上森林　182
- 重庆武隆的峡谷三绝　193

红色沃土——丹霞组合
- 福建泰宁拥有水上丹霞　202
- 湖南崀山的中国丹霞之魂　208
- 广东丹霞山的红石世界　217

大地之柱——土林奇观
- 云南元谋孕育的土林之冠　228
- 西昌堆积体上的黄联土林　238
- 阿里在发育成长的扎达土林　245

地球之肾——湿地特色
- 长江下游的肺脏鄱阳湖湿地　254
- 被称为鹤乡的扎龙湿地　262
- 天然博物馆的向海湿地　270

雪域高原——冰川风貌
- 被誉为"绿色冰川"的阿扎冰川　278
- 海螺沟冰川的冰与温泉　287
- 非常具有灵性的米堆冰川　299

无限美景——国家自然山水风景区

中华水塔——三江并流
- 奔腾奇特的"三江"地貌　308
- 雄伟险峻的高黎贡山区　316
- 三江内堪称最美的两大雪山　325
- 以高山湖泊为主的两大区域　334

三江并流内的三大区域	344	鸳鸯湖及周边的众多景观	402

百里画廊——广西漓江

由地质运动变化而来的漓江	352	白水洋内的刘公岩和太堡楼	405

山环水绕——五大景区

一衣带水的漓江沿途景观	358	以海蚀奇石为主的福建海坛	410
闻名中外的漓江几大景观	371	碧水丹山环绕的江西龙虎山	421

天下绝景——福建白水洋

因其奇特地质闻名的白水洋	382	由七星岩鼎湖山构成的星湖	438
		崇山峻岭中的黑龙江镜泊湖	452
以瀑布和山峰为主的鸳鸯溪	392	集山水韵于一体的湖南东江湖	464

天地厚礼的
自然遗产

天地厚礼

中国的世界自然遗产

童话世界 四川九寨沟

九寨沟位于四川省阿坝藏族羌族自治州境内,是白水沟上游白河的支沟,因为有9个藏族村寨而得名。

九寨沟景区长约6000米,面积6万多公顷,有长海、剑岩、诺日朗、树正、扎如、黑海六大景观,以水景最为奇丽。

"九寨归来不看水",水是九寨沟的精灵。泉、瀑、河、滩将108个海子连缀一体,碧蓝澄澈,千颜万色,多姿多彩,异常洁净,有"童话世界"之誉。

传说九个姑娘分别住的村寨

在当地,关于九寨沟的起源有很多传说。其中,九仙女伏灭蛇魔扎的传说,最为当地人津津乐道。

相传古时候,在九寨沟这个地方,有一位大山神,名叫比央朵明热巴,主管草木万物。大山神有9个女儿,个个美貌贤惠、勤劳善良。

九寨沟风光

女儿们一天天长大,大山神显得越来越忧愁。他在水晶般的大岩石上,建造了秀丽舒适的楼阁庭院,将女儿们锁在里面,不让她们外出。

日子久了,姑娘们感到非常寂寞,她们非常渴望到水晶房外面去游玩。姑娘们深知父亲不会允

■ 九寨沟风光

许,在左右为难之下,她们思来想去,决定变成彩蝶或蜜蜂,随父亲走出大山,看看外面的世界。

不久,大姐依计而行,暗中学会了父亲开关山门的方法。

这一天,趁父亲外出,大姐领着众妹妹化为彩蝶到外面游玩去了。正午时候,姑娘们来到十二山峰上,看见地上沟谷纵横,毒烟四起,民不聊生,鸟兽也不能幸免。

稍后,9位姑娘在一处破屋子里见到一位病重的老妈妈,老妈妈劝姑娘赶快离开此地。

多年来,有一个叫蛇魔扎的妖魔在这里作恶,说是要吸10万个生灵的精血,才能得道成仙。而溪流中,全是妖魔投放的毒物,所以,弄得这里乌烟瘴气。

姑娘们听了这番话,猛然间明白了她们阿爸忧愁

> **传说** 是口头文学的一种形式,与神话、史诗、说唱、民谣等并为民间文学的样式,并为书面文学提供了素材。传说可以解释为辗转述说,也可以说是流传,不能够确定。传说,是最早的口头叙事文学之一。由神话演变而来,但又有一定历史性的故事;或人民口头上流传下来的关于某人事的叙述。

九寨沟石刻

的原委,于是便问老妈妈:"既然如此,比央朵明热巴大神为什么不管呢?"

老妈妈说:"他啊,管是管了,但是,每次都败给妖魔啊!"

姑娘们听说后大惊失色,她们急忙返回家里,聚在屋中共同商量灭妖的事情。

大姐很聪明,她对妹妹们说:"哎呀,我们怎么忘了?阿舅本领高强!阿爸的本事也是他教的,为什么不请他灭妖呢?"

姐妹们恍然大悟,主意定下后,接下来她们又愁开了。因为,她们不知阿舅住在哪里。

不久,大姐从阿爸房中取出图纸,得知阿舅住在西方。于是,众姐妹化为9条飞龙,出了水晶房,直往西天而去。一路上,她们经历千难万险,终于到了一处烟波浩渺的洞府门前。

姑娘们正在犹豫如何进洞的时候,只见半空中一团祥云飘来,她们仔细一看,祥云里有个天神模样的人,正是她们的舅舅,他是金刚降魔神雍忠萨玛。

舅舅见了姑娘们,明白了事情的原委,于是,他取出玉石绣花针筒一个和绿色宝石一串递给姑娘们。

他说:"这针筒是你们阿妈炼成的万宝金针,遇见蛇魔扎,只要把金针筒对着妖魔,叫声你们阿妈的名字,万根金针就会刺破妖魔的眼珠和心脏;如果还不行,你们再连叫三声我的名字,我就会来协助你们。妖魔死后,你们将这绿宝石串珠撒在十二山峰之间,那里就会恢复生机。"

姑娘们牢记舅舅的话,回到十二山峰脚下来战蛇魔扎。不料,蛇魔扎果然法力了得,挣扎中将地上的污水卷起滔天巨浪,冲毁了许多田地和房舍。

姑娘们见此情景,急忙呼唤舅舅的名字。突然,天空一声霹雳,就见一面闪烁着金光的大镜子插在洪水里面,洪水立即消失,而蛇魔扎的头则血淋淋地挂在宝镜前。

姑娘们急忙跪拜感谢舅舅。正在这时候,比央朵明热巴急得浑身是汗跑来相助,他飞到十二山峰下一看,见恶魔已经死了,顿时明白了大半,一时间大喜过望,连夸女儿们能干。

随后,姑娘们将绿宝石全都撒向十二山峰下。霎时,十二山峰变得山清水秀、林木苍翠。宝石落地砸出的坑成了海子,线则成了溪流瀑布。后来,9个姑娘分别嫁给了9个强壮的藏族青年,他们分别住在9个藏族村寨里。于是,后人便称这个地方为九寨沟。

九寨沟位于四川省阿坝藏族羌族自治州九寨沟县境内,东临甘肃省文县,北部与甘肃省舟曲、迭部两县连界,西接四川省若尔盖县,

跪拜 跪而磕头。在中国的旧习惯中,作为臣服、崇拜或高度恭敬的表示。古人席地而坐,"坐"在地席上俯身行礼,自然而然,从平民到士大夫皆是如此,并无卑贱之意。只是到了后世由于桌椅的出现,长者坐于椅子上,拜者跪或坐于地上,"跪拜"才变成了不平等的概念。

九寨沟风光

■ 九寨沟雪峰

南部同四川省平武、松潘接壤。

九寨沟是九寨沟县境内白水沟上游白河的支沟。独特的地理条件造就了它独一无二的自然景观。

这里原始森林覆盖率达65%以上，生态环境奇特，自然资源极为丰富。沟内分布着108个湖泊，更有雪峰、叠瀑、翠湖和彩林等世界奇观，因此素有"童话世界""人间天堂"的美誉。

九寨沟属于四川盆地向青藏高原过渡的边缘地带，属松潘、甘孜地槽区，恰好是中国第二级地貌阶梯的坎前部分，在地貌形态变化最大的裂点线上。地势南高北低，有高山、峡谷、湖泊、瀑布、溪流、山间平原等多种形态。

九寨沟地貌属高山峡谷类型，山峰的海拔高度大多在3500米至4500米之间，最高峰嘎尔纳峰海拔约4800米，最低点羊峒海拔2000米。整个区内沟壑纵

> **喀斯特** "喀斯特"一词即为岩溶地貌的代称。由喀斯特作用所造成的地貌，称喀斯特地貌。"喀斯特"原是南斯拉夫西北部伊斯特拉半岛上的石灰岩高原的地名，意思是岩石裸露的地方。那里有着发育典型的岩溶地貌。中国是世界上对喀斯特地貌现象记述和研究最早的国家。

横，重峦叠嶂。

翠湖、叠瀑是地壳变化、冰川运动、岩溶地貌和钙华加积等多种因素造就的。

在距今4亿年前的古生代，九寨沟还是一片汪洋，由于喜马拉雅造山运动的影响，地壳发生了急剧的变化，山体在快速的不均衡隆起的过程中，经冰川和流水的侵蚀，形成了角峰突起、谷深岭高的地貌形态。

另外，由于地震等因素引起的岩壁崩塌滑落、泥石流堆积、石灰溶蚀和钙华加积等多种地质作用，导致了沟谷群湖的产生，叠瀑越堤飞出。因此，九寨沟景观的雏形早在两三百万年以前就已经形成。

九寨沟的喀斯特地貌是造就悬壁、形成瀑布的先决条件。在台式断裂的抬升面上，堆积了泥石流等堆积物，后经喀斯特作用，钙华加积，增加了瀑布高度，形成了今天壮观的诺日朗瀑布。

30多米高的悬崖上，湍急的流水陡然跌落，气势雄伟。较发达的

■九寨沟雪峰

冰川地貌和岩溶地貌为九寨沟的风光奠定了地形地貌的基础。

九寨沟的山水形成于第四纪古冰川时期。随着冰川期气候的到来，高山上发育了冰川，山谷冰川又伸展到了海拔2800米的谷底，留下了多道终碛、侧碛，形成堤埂，阻塞流水而形成了堰塞湖。长海就是形成的堰塞湖。

至今，这里仍保存着第四纪古冰川的遗迹，冰斗、冰谷十分典型，悬谷、槽谷独具风韵。

钙华指的是湖泊、河流或泉水所形成的以碳酸钙为主的沉积物。九寨沟的钙华有着自身的特点。由于流水、生物喀斯特等综合作用，以钙华附着沉积形成了池海堤垣。

随着时间的推移，钙华层层堆高，垂直河流的方向形成了大小不等的钙华堤坝，堵塞水流形成了湖泊或阶梯状的海子群。水流的外溢下泻，又形成了高大的瀑布或低矮的跌水，加上一些水生植物如苔藓及藻类的繁衍，不少湖泊就变得五彩缤纷，造就了九寨沟多姿多彩的独特景观。

阅读链接

很久以前，色尔古藏寨的土司有一个聪明漂亮的女儿，名字叫作格桑美朵，格桑美朵是寨中所有男子的梦中情人。最后，格桑美朵爱上了英俊、勇敢的桑吉土司。

格桑美朵和桑吉结婚不久，寨子里就发生了一场特别可怕的瘟疫，桑吉土司为了拯救全寨子的百姓，决定去寻找千年雪莲花。

美丽善良的妻子格桑美朵决定和丈夫一起去带回雪莲花拯救全寨百姓。经过一年多的艰苦跋涉，终于如愿以偿，找到了千年雪莲花，并带回到寨子里治好了百姓的病。

丰富的动植物资源

九寨沟的动植物以及独特的地理环境,构成了一幅令人称奇的自然景观。九寨沟山地切割较深,高低悬殊,植物垂直带谱明显,植被类型多样,植物区系成分十分丰富。九寨沟的森林有近2万公顷,密布

九寨沟的林与海

在2000~4000米的高山上。主要树种有红松、云杉、冷杉、赤桦、领春木和连香树等。

区内有高等植物2576种，其中国家保护植物24种；低等植物400余种，其中藻类植物212种；而且有40种植物属四川省首次发现的特别物种，为九寨沟独有。

九寨沟莽莽的林海，随着季节的变化，也会呈现出瑰丽的色彩变化。初春的山间丛林，红、黄、紫、白、蓝各种颜色的杜鹃花点缀其间，山桃花、野梨花也都争相吐艳，夹杂着嫩绿的树木新叶，使整个林海繁花似锦。

盛夏是绿色的海洋，新绿、翠绿、浓绿、黛绿，绿得那样丰富，显现出旺盛的生命力。

深秋，深橙色的黄栌，浅黄色的椴叶，绛红色的枫叶，殷红色的野果，深浅相间，错落有致，真可谓万山红遍、层林尽染。在暖色调

九寨沟秋景

九寨沟美景

的衬托下,蓝天、白云、雪峰和彩林倒映于湖中,呈现出光怪陆离的水景。

入冬,白雪皑皑,冰幔晶莹洁白,莽莽林海似玉树琼花。银装素裹的九寨沟显得洁白、高雅,像置放在白色瓷盘中的蓝宝石,更加璀璨夺目。

九寨沟的枫树属落叶乔木,树身伟岸。春季,花叶同放,花朵呈别致的金绿色;秋天,树叶骤然变红,红得鲜艳蓬勃,多长于山麓河谷,是美化环境、点染秋色的理想树种。

九寨沟的椴树属落叶乔木,喜光,生长速度快,秋天叶片变成了浅黄色,像太阳洒下的金色光点。椴树木质优良、纹理细致,是建筑和制作家具的优质材质,并可作为庭园树和蜜源树。

九寨沟的白皮云杉属常绿乔木,高达25米,胸径0.5米。数量少,零星生长在海拔2600~3700米的地带。白皮云杉属于国家重点保护植物,为中国四川省特产树种。木材较轻,结构细致,质地坚韧,是优良的建筑和纤维工业用材。

九寨沟的红豆杉

这里的麦吊杉属常绿乔木，树冠尖塔形，大枝平展，侧枝细而下垂。生长在海拔2000～2800米的地带，是亚高山针叶林的主要群种之一，也是良好的工业用材。

麦吊杉也属国家重点保护植物，为中国特有树种。木材坚韧、纹理细密，是飞机、车辆、乐器、建筑和家具等工业的优良用材。在九寨沟分布区内，可作为森林更新和荒山造林的主要树种。

九寨沟的红豆杉属植物常绿乔木，最高可达20米，胸径0.1～0.5米，最大可达0.8米。生长在海拔1600～2400米地带的常绿阔叶林、常绿与落叶阔叶混交林和针阔混交林下，多为小乔木或灌木状。

红豆杉为中国特有树种。木材纹理直，结构细密，坚实耐腐，为水利工程的优良用材。红豆杉种子含油60%以上，可供制皂及炼制润滑油，并有驱蛔和消食的作用。红豆杉树形美观，还可作为庭园的观赏树种。

残遗类群的连香树属落叶大乔木，高达40米，胸径可达3米以上。生长在海拔1800～2800米地带的山地阴坡及沟谷之中。

连香树属国家重点保护植物。连香树科仅有一属一种,是分类系统上孤立、形态上特殊的种类,代表了古老的残遗类群,在研究植物区系的演变上有一定的科考价值。连香树是工业产品中重要的香味增强剂,秋季叶片变成金黄色,具有观赏价值。连香树生长快、易繁殖,可作为山地绿化树种。

九寨沟山杏属蔷薇科,落叶乔木,阔叶卵形。春天开粉色花朵,初夏结核果,秋天叶片变成紫色。此树耐寒、喜光、抗旱,而且树龄很长,是林海中的寿星之一。

九寨沟的黄栌属漆树科,落叶灌木,叶呈卵形,初夏开花,入秋后叶片变成橙色,可作为黄色染料。木材可用来制作各类器具。

九寨沟的湖泊星罗棋布于林间沟谷,澄碧透明,水上水下自有草木装点,即便是枯木沉没水底,仍有水绵、水藻等附生,其间浮于水面的巨树死而复生,天长日久,又变成了长满新生花草的小岛。水生植物给九寨沟的湖泊、瀑布和溪流增添了奇姿异彩。

九寨沟的水生植物可分为四大类,即水生乔木、灌木、挺水植物

九寨沟的水生植物

■ 九寨沟美景

和沉水植物。

在树正叠瀑布上，分布着以南坪青杨和高山柳为主的水生乔、灌木。在诺日朗群海、珍珠滩和盆景滩同样丛生着耐湿喜水的杨、柳，这就形成了九寨沟独特的林水相亲、树生于水中、水流于林间的奇妙景观。

挺水植物主要分布于芦苇海、箭竹海、天鹅海和芳草海的浅水湖区，以芦苇、水灯心、水葱、节节草和莎草组成的挺水植被为主，构成了芳草萋萋、碧水清清的优美景观，并为野鸭、鸳鸯、天鹅和鹭鸟等水禽提供了适宜的生活环境。

沉水植物主要分布在五花海和五彩池。这些沉水植物以轮藻、水韭和水锦为代表，其中包括粗叶泥炭藓、牛角藓等，起初是绿色，成熟后呈橘红色。轮藻常生于水流缓慢的钙质水域。

水锦的藻体由筒状细胞连接成不分枝的丝状群体，含有一条或多条螺旋形鲜绿色的色素体。透过清澈的湖水看这些沉水植物，十分悦目，就像在观赏一大片艳丽柔美的丝绒织锦。

如果说九寨沟像一棵神奇的宝石花一样美丽，那么，地衣就是镶嵌在这棵宝石花上的翡翠，使九寨沟更添高贵。九寨沟的地衣按其形态可分为壳状地衣、叶状地衣、枝状地衣和胶质地衣四大类。

九寨沟原始森林分布着厚厚的枝状地衣。涉足林中，仿佛站立在绿茵茵、蓬松松、一尘不染的绒毛地毯上，可以躺下去美美地睡上一觉。

松蔓地衣属地衣门、松蔓科，飞舞的松蔓如柔软的丝绸般常悬挂在高山针叶林的枝干间，长的可达一米以上。有的灰绿色、有的灰白色，这种宛如热带苔藓林的景观，给人以原始和神秘莫测之感。

松蔓还是用途广泛的药材，可从中提取松蔓酸等抗生素，又可用作祛痰剂和治疗溃疡炎肿、头疮、寒热等疾病。

喇叭粉石蕊丛生于林中小灌木上，一眼望去，绿茸茸的，有如绿涛翻腾，殊为美观。

这些形态原始的子遗植物，都是早在一亿年

子遗植物 是指绝大部分植物物种由于地质地理气候变迁等原因灭绝之后幸存下来的古老植物，被人们称为活化石。除鹅掌楸也产于越南，银杏、水松、珙桐都是中国特有的子遗植物，也是国家重点保护的濒危物种。

■ 九寨沟原始森林

■ 九寨沟风光

藓类 苔藓植物中形态结构进化水平最高的一群，由叶和茎构成茎叶体，藓类茎有输导束、叶有中脉的分化，原丝体发达，通常为丝状分枝，在泥炭藓则为盘状。

毛茛科 被子植物门，双子叶植物纲为原始科，多年生至一年生草本，少数为藤本或灌木，单叶或复叶，通常互生，没有托叶。花通常为两性，辐射对称，叶两侧对称。

前的白垩纪就已出现了的古老树种。对于研究植物系统的演化以及植物区系的演变均有一定的科考价值。

领春木属落叶灌木或小乔木，生长在海拔1800～2400米地带的溪边林下或灌木丛中。领春木也属国家重点保护植物。

领春木科仅一属二种，代表了古老的残遗类群，在研究昆栏树目的系统演化和植物区系的演变上有一定的科考价值。领春木早春时节花先于叶开放，十分悦目，可驯化、培植为观赏树种。

独叶草属多年生小草本，生长在海拔2500～3500米地带的冷杉林或杜鹃灌木丛下，常与藓类混生。独叶草属国家重点保护植物。本属仅一种，为中国特有种类，代表了古老的残遗类群。

独叶草全草可供药用，营养叶具开放的二叉分歧脉序，和裸子植物银杏以及某些蕨类植物的脉序很相似，地下茎节部具一个叶迹，这些特点有别于毛茛科的其他属，专家将此属独立为一新科。

通过对独叶草这种原始被子植物的系统研究，可以为研究被子植物的进化提供新的资料。

串果藤属落叶木质藤木，长可达10米，生长在海拔1600～2400米地带的常绿阔叶林和常绿与落叶混交林中，喜欢缠绕在高大的乔木上。

串果藤为中国特有的一种藤本植物。本属仅一种，代表了古老的残遗类群，对研究植物区系的演变和木通科植物的系统演化具有一定的科考价值。

九寨沟的海拔高差大，地形地貌复杂，植被类型丰富，保留有大面积的原始生态环境，为不同类型的动物提供了适宜的栖息环境。湖面，野鸭水鸟起落；林中，飞禽走兽云集。九寨沟堪称"动物王国"。

在九寨沟的原始森林中，还栖息着珍贵的大熊猫、白唇鹿、苏门羚、扭角羚、金猫和白牦牛等动物。湖泊中野鸭成群，天鹅、鸳鸯也常来嬉戏。

据有关部门的粗略统计，生活在这里的野生动物，已知的就有300多种。其中被列为国家重点保护的珍稀动物有27种，如大熊猫、牛羚、白唇鹿、黑颈鹤、天鹅、鸳鸯、红腹角雉、雪豹、林麝和水獭等。

红腹角雉 红腹角雉喜欢居住在有长流水的沟谷、山涧及较潮湿的悬崖下的原始森林中。主要以乔木、灌木、竹，以及草本植物和蕨类植物的嫩叶、幼芽、嫩枝、花絮、果实和种子为食。主要分布于东南亚地区，包括中国南部及印度等地。该物种属于国家二级保护动物。

■ 九寨沟红腹锦鸡

四川九寨沟蓝马鸡

大熊猫是地球上幸存的最古老的动物之一,因此有动物活化石之称。目前,世界上的大熊猫仅存于中国少数地区,堪称稀世珍宝。

九寨沟地域的野生大熊猫一般都在则查洼沟和日则沟一带活动,冬天也会下到海拔较低的树正沟和扎如沟等地避寒。人们有时也能在箭竹海、熊猫海等箭竹茂密的地方发现它们的行踪。

九寨沟的金丝猴属灵长目,生性机敏,以野果为主食,常栖息在云杉冷杉林带。川金丝猴的体形中等,颜面为蓝色,颈侧棕红,披一身金色长毛,背毛长达30厘米以上,鼻孔朝上,因此有仰鼻猴的称号,是动物世界中的珍品。九寨沟的川金丝猴是中国特有的品种。

九寨沟的牛羚总的形态像牛,体形粗壮,体长约两米,成年雄性可达到两米以上。九寨沟牛羚头大颈粗,四肢短粗,前肢比后腿更壮,蹄子也很大。但身体的某些部位又酷似羊类。

九寨沟的天鹅是春季北飞、冬季南迁的候鸟,飞行能力极强。它们喜欢在湖泊和沼泽地带栖息,主食水生植物,兼食贝类、鱼虾。九寨沟常见的天鹅有大天鹅和小天鹅两种。

九寨沟绿尾虹雉栖息于海拔3000～4000米的高山草甸灌丛或裸岩之中,是世界著名的珍贵雉鸡之一,因喜食贝母球茎,所以又叫"贝母鸡",很早以前又由于它有时潜入药农、猎人住地偷食木炭,所以也称"火炭鸡"。

九寨沟的红腹锦鸡是中国的特有品种，雄鸡头顶有发状冠羽，后披到颈。颈部由长而宽的彩羽构成翎领。翎领羽色从上到下，由金黄过渡至锈红，并杂以翠绿，发情时，翎领竖立如扇。红腹锦鸡在九寨沟随处可见。

九寨沟的鸳鸯也是中国特有物种。它体态玲珑，羽毛绚丽，一对棕色眼睛外围呈黄白双色环，嘴呈棕红色。

九寨沟的胡兀鹫是国家重点保护动物，喜栖息于开阔地区，如草原、高地和石楠荒地等处，被称为"草原上的清道夫"。

九寨沟的蓝马鸡为中国特有物种，在世界上与大熊猫、金丝猴一样珍稀，备受人们青睐。

九寨沟的强碱性水质极不适宜普通鱼类生存，在九寨沟大大小小140多个湖泊中，仅发现了一种特有的珍稀鱼类，即松潘裸鲤，属特化型高原山区冷水型鱼类。松潘裸鲤独居翠海，被九寨沟人视为水中精灵，从不捕捉食用。

阅读链接

在古时候，九寨沟牛羊众多，草原就显得不够用了。居住在这里的华秀和哥哥商量，想要去寻找新的草场。当部落和牛羊快要走出一个石峡的时候，那些黑色的牦牛，发出非常痛苦悲切的号叫，不愿前行。

就在这时，从牛群身后那巍峨的雪山深处出现了一头白牦牛，白牦牛大吼着，向石峡口奔去。说来也怪，看见了白牦牛，其他牛都停止了哀叫，随着白牦牛一齐向峡口奔去。

当牛群走出峡口时，黑牦牛全都倒下了，只有那头白牦牛在和一个黑色的怪物角斗。突然，白牦牛用它的勇猛和锋利的犄角战胜了怪物。从那以后，九寨沟的牦牛也更白了，一群又一群，好像天上飘荡的白色云朵。

赏心悦目的奇特景观

在九寨沟,雪峰、叠瀑、彩林、翠海和藏情被誉为"九寨沟五绝"。九寨沟的雪峰堪称一大奇观。高海拔形成了九寨沟的雪峰。九寨沟的雪峰在蓝天的映衬下放射出耀眼的光辉,像一个个英勇的武士,整个冬季守候在九寨沟的身旁。站在远处凝望,巍巍雪峰,尖峭峻拔,白雪皑皑,银峰玉柱直指蓝天,景色壮美。

藏族同胞的隆达经幡和水转经也为冬日的九寨沟增添了神秘而浪漫的色彩。人们在享受九寨沟冬趣的同时,不妨到藏家去做客,喝一口香喷喷的热奶茶,咂一口醇香清爽的青稞酒,再欣赏一下藏、羌等民

九寨沟自然风景

族歌舞，消尽寒意，消尽忧愁。

九寨沟的叠瀑堪称一大奇观。俗话说："金打的九寨山，银炼的九寨水。"水是九寨沟景观的主角。三条沟谷，由高而低，层层梯式平台地形，给流水提供了别具一格的表演舞台。

九寨沟的水是充满灵性的，它从雪山之巅轻灵而下，注入阶梯形的高山湖泊中，再漫溢出来，以千军万马的气概奔泻而来，跌落深谷，将一匹匹华美的银缎编织成了千万颗珠玉，再汇聚成溪水，涓涓流去。

它穿过绿树红花、苇蔓泽石，柔情中再次积蓄起跌宕的力量，如此往复，构成了珠连玉串的河中湖群、断断续续的激流飞湍和层层叠叠的群瀑奇观。

九寨沟是水的世界，瀑布的王国。这里几乎所有的瀑布全都从密林里狂奔出来，就像一台台绿色的织布机永不停息地织造着各种规格的白色丝绸。这里有宽度居全国之冠的诺日朗瀑布，它在高高的翠岩上急泻倾挂，仿佛巨幅帘幕凌空飞落，雄浑壮丽。

有的瀑布从山岩上腾越呼啸，几经跌宕，形成叠瀑，似一群银龙竞跃，声若滚雪，激溅起无数小水

■九寨沟风光

隆达经幡 即藏族的风马旗，是青藏高原上一道独特的风景，在藏族聚居区人们随处都能见到。这些小旗在大地与苍穹之间飘荡摇曳，从而构成了一种连地接天的景象。彩旗上印满密密麻麻的藏文咒语、经文、佛像、吉祥物图形。风马旗不但有着许许多多的宗教含义，还是很有水平的艺术品。

九寨沟瀑布

珠，化作迷茫的水雾。朝阳照射时，常常出现奇丽的彩虹，使人赏心悦目，流连忘返。

珍珠滩位于九寨沟景区的花石海下游，日则沟和南日沟的交界处，有一片坡度平缓，长满了各种灌木丛的浅滩。

长约100米的水流在此经过多级跌落河谷，激流在倾斜而凹凸不平的乳黄色钙化滩面上溅起无数水珠，阳光下，点点水珠就像巨型扇贝里的粒粒珍珠，远看河中流动着一河洁白的珍珠，这就是珍珠滩。

珍珠滩是一片巨大扇形钙华流，清澈的水流在浅黄色的钙华滩上湍泄。珍珠滩布满了坑洞，沿坡而下的激流在坑洞中撞击，溅起无数朵水花，在阳光照射下，点点水珠似珍珠洒落。

横跨珍珠滩有一道栈桥，栈桥的南侧水滩上布满了灌木丛，激流从桥下通过后，在北侧的浅滩上激起了一串串、一片片滚动跳跃的珍珠。迅猛的激流在斜滩上前行200米，就到了斜滩的悬崖尽头，冲出悬崖跌落在深谷之中，形成了雄伟壮观的珍珠滩瀑布。

这道激流水色碧绿泛白，是九寨沟所有激流中水色最美、水势最猛、水声最大的一段。激流左侧栈道，是观赏这一股碧玉狂流的最佳地点。踏着栈道，在激流的陪伴下继续东行，就到了珍珠滩东侧。这儿的斜滩坡度更大，滩面更为凹凸不平，激流跳跃，景象更为壮观。

诺日朗瀑布落差20米，宽达300米，是九寨沟众多瀑布中最宽阔的一个。瀑布顶部平整如台，滔滔水流自诺日朗群海而来，经瀑布的顶部流下，腾起蒙蒙水雾。在早晨阳光的照耀下，常可见到一道道彩虹横挂山谷，使得这一片飞瀑更加风姿迷人。

可是，2017年8月8日，四川阿坝州九寨沟县发生7.0级地震。诺日朗瀑布也发生了部分损毁，现正在修复中。

冬天的九寨沟，虽没有春天的妩媚，夏天的清爽，秋天的妖娆，却另有一番情趣。撩人心魄的飞雪，飘飘洒洒、纷纷扬扬，像春天的柳絮一样不停地飞舞着，放肆地亲吻着山峦，亲吻着湖水，亲吻着人们的脸庞。

在冬季，由于日照及走向的不同，九寨沟的海子只有长海和熊猫海有冰冻现象。蓝色的湖水上呈现出各种形状、厚

> **栈道** 原指沿悬崖峭壁修建的一种道路，是中国古代交通史上一大发明。人们为了在深山峡谷中通行，便在河水隔绝的悬崖绝壁上用器物开凿一些棱形的孔穴，在这些孔穴内插上石桩或者木桩。上面横铺木板或石板，可以行人和通车，这就叫栈道。

■ 珍珠滩瀑布

■ 九寨沟的珍珠滩瀑布

薄不一的洁白的冰块和冰花，有的像丝锦，有的像哈达，有的像流云，有的像青纱，真是妙趣天成。

冬季的九寨沟，银瀑不再飞泻。诺日朗瀑布收起了气势磅礴的阳刚之气，变成了一组巨大的天然冰雕，有的像飞禽，有的像走兽，有的像牛群在放牧，有的像仙女在梳妆，奇异多姿，令人目不暇接。

这时候，珍珠滩和树正的冰瀑在阳光的照射下，冰凌闪亮，流水如丝；熊猫海的冰瀑也变成了巨大的冰柱、晶莹的冰帘和千姿百态的冰幔、冰挂，好似一派璀璨耀眼的冰晶世界。

九寨沟的彩林堪称一大奇观。九寨沟原始森林加上独特的地理条件，便形成了九寨沟的彩林。彩林覆盖了保护区一半以上的面积，2000多种植物在这里争奇斗艳。

金秋时节，林涛树海换上了富丽的盛装。深橙

油画 是用快干性的植物油调和颜料，在画布、纸板或木板上进行创作的一个画种。油画是西洋画的主要画种之一。"油画"一词始见于《后汉书》。明代，意大利天主教士利玛窦等人来华传教，把欧洲油画作品带进中国。康熙年间，传教士郎世宁、艾启蒙等以绘画供奉内廷，从而把西方的油画技法带入了皇宫。

的黄栌，金黄的桦叶，绛红的枫树，殷红的野果，深浅相间，错落有致，令人眼花缭乱。每一片彩林，都犹如天然的巨幅油画。水上水下，光怪陆离，动静交错，使人目眩。

林中奇花异草，色彩绚丽。沐浴在朦胧的雾霭中的孑遗植物，浓绿阴森，神秘莫测；林地上积满了厚厚的苔藓，散落着鸟兽的翎毛。这一切，都充满着原始气息的森林风貌，使人产生一种浩渺幽远的世外桃源之感。

冬天的九寨沟一点都不显得凄凉萧瑟，反而别有一番风致。大雪覆盖着山谷，白色的树木、山石与冻结成冰的晶莹剔透的湖面互相掩映，一切显得那样圣洁。

在积雪当中九寨沟的翠海堪称一大奇观。九寨沟的地下水富含大量的碳酸钙，湖底、湖堤、湖畔水边都可见乳白色碳酸钙形成的结晶体。而来自雪山、森林的活水泉又异常洁净，加之梯形状的湖泊层层过滤，其水色越加透明，能见度可达20米，这就形成了九寨沟的翠

诺日朗瀑布

■ 九寨沟瀑布

海、叠瀑。

九寨沟的海子终年碧蓝澄澈,明丽见底。而且,随着光照的变化和季节的推移,湖水呈现出不同的色调与韵律。秀美的,玲珑剔透;雄浑的,碧波万倾。每当风平浪静时分,蓝天、白云、远山、近树,倒映湖中,"鱼游云端,鸟翔海底",水上水下,虚实难辨,梦里梦外,如幻如真。

大凡景色奇异秀丽的地方,都有些美丽动听的传说。关于九寨沟的奇丽湖瀑,也有一个动人的传说。

在很久以前,千里岷山白雪皑皑,藏寨中有个美丽纯朴的姑娘名叫沃诺色嫫,靠着天神赐给的一对金铃,引来神水浇灌这块奇异的土地。于是,这块土地上长出了葱郁的树林,各种花草丰美,珍禽异兽无数,使得这块曾经的荒漠,顿时变得充满生机。

一天清晨,姑娘唱着山歌,来到清澈的山泉边梳妆,遇上了一个正在泉边给马饮水的藏族青年男子。那藏族男青年名叫戈达,早就对沃诺色嫫姑娘怀有爱恋之心,姑娘也暗暗地十分喜爱这个勇敢的小伙子。

这时在清泉边不期而遇,两人心里都充满喜悦,正当姑娘和小伙在互相倾吐爱慕之情时,哪知一个恶魔突然从天而降,硬将姑娘和小伙子分开,抢走了姑

天神 指天上诸神,包括主宰宇宙之神及主司日月、星辰、风雨、生命等神。在佛教中,是指护法神。佛教认为,天神的地位并非至高无上,但可比人享有更高的福祉;天神也会死,临死前会出现衣服垢腻,头上花萎,身体脏臭,腋下出汗,不乐本座等5种症状。

娘手中的金铃，还逼姑娘一定要嫁给他做妻子。

沃诺色嫫姑娘哪里肯从，戈达奋力与恶魔搏斗，姑娘乘机逃进了一个山洞。那戈达毕竟不是恶魔的对手，只好跳出圈外，跑去唤来村寨中的乡邻亲友，与恶魔展开了殊死搏斗，经过了九天九夜的鏖战，终于战胜了恶魔，救出了沃诺色嫫姑娘，金铃也回到了姑娘的手中。

姑娘和小伙子一路上边摇动着金铃，边唱着情歌回家。霎时间，空中彩云飘舞，地下泉水翻涌，形成了108个海子，作为姑娘梳妆的宝镜。

在戈达和沃诺色嫫结婚的宴席上，众山神还送来了各种绿树、鲜花、异兽，于是，这里从此就变成了一个美丽迷人的人间天堂。

传说就在那深不见底的长海中潜伏着一条长龙，那长龙平时就爱在湖底酣睡，如果有任何人惊醒、触怒了它，它就会掀起大浪，喷出黑云，降一场冰雹。

藏寨 也叫丹巴，被誉为"深藏在横断山脉中的世外桃源"，是嘉绒藏族风情文化的中心。丹巴的文化积淀深厚，中路古遗址表明数千年前嘉绒藏族先民便在此繁衍生息，并创造了举世罕见的石室建筑文化，自古便有"千碉之国"的美誉。

■ **海子** 海子是当地人的方言，其实也就是普通话中的"湖泊"。例如九寨沟的熊猫海、火花海什么的，因为是海子，所以以"海"字结尾。其实就相当于熊猫湖、火花湖等。

■ 九寨沟长海

长龙还要人们在每年秋收之前，向它祭一个活人，否则就要降下灾难，危害人畜庄稼。于是大家只好用抽签的办法，轮流将童男童女丢进长海去喂长龙。

这一年，不幸轮到一户人家，这户人家里只有一个瞎眼的妈妈和一个儿子，人们同情这孤儿寡母，但又无法搭救他们。

祭奠的日子一天天临近，妈妈的眼泪也哭干了。部落的人们想方设法地安慰老妈妈，只有陪着她一起痛哭，石头人听了也会为之伤心。

有一个名字叫作扎依的老猎人实在忍受不了妈妈如此伤心，他就决心舍命屠杀黑龙，为民除掉这一祸害。

勇敢的猎人带着长刀、长弓来到长海的边上，瞄准了黑云腾起的一瞬，一箭射去，但箭却像射在生铁上一样火花四溅，黑龙安然无恙，猎人又拔出长刀向

祭奠 就是到新坟添土、奠纸。山西大部分地方是在死者安葬后第三天，称为"复三"，又叫"圆坟""暖墓"。一般是死者的长子带领全家去，有的地方是凡有"服"之亲都去，如忻州河曲，亲友带上火锅、柏柴去坟地会聚，祭奠后食毕而归。

黑龙砍去，刀很快又折断了。

于是那黑龙扑过来抓掉了猎人的左臂，接着又张开血盆大口，想要把扎依一口吃掉。就在这时，刮起一阵狂风，将扎依卷走了。

长龙非常愤怒，冲天而起，喷出黑云，下起冰雹，把所有的庄稼打得颗粒无收，人和畜也伤残不少。为了挽救部落，扎依猎人的小孙女斯佳告别了泣不成声的乡亲，踏上了与长龙决斗的死亡之路，一步步向长海走去。

扎依老人醒来的时候，发现自己躺在女神山下，左臂的伤口已经愈合，身边还放着一把闪闪发光的长剑。他知道这是九寨沟的守护女神救了他的性命，并送给他斩龙的宝剑。扎依向女神山虔诚地一拜，然后提起长剑就奔向长海。

刚到长海的入口，猎人就看见黑龙把自己的孙女斯佳卷入长海之中，一口吞掉，扎依猎人怒发冲冠，不顾一切向黑龙扑去，在海上与黑龙展开了殊死搏斗。他靠独臂和宝剑与长龙一直搏斗了七天七夜，经过数百个回合，终于斩下了黑龙的利爪。

九寨沟五花海

屏风 古时建筑物内部挡风用的一种家具，所谓"屏其风也"。屏风作为传统家具的重要组成部分，历史由来已久。屏风一般陈设于室内的显著位置，起到分隔、美化、挡风、协调等作用。它与古典家具相互辉映，相得益彰，浑然一体，成为家居装饰不可分割的整体，而呈现出一种和谐之美、宁静之美。

而扎依也遍体鳞伤，但他怕长龙再出来危害乡亲们，就一直拿着宝剑站在海口。后来，扎依化作一棵拔地参天的松柏，永远镇守海口。

自那以后，黑龙就一直深藏在海底，再也不敢出来兴风作浪了。每年深秋至初春的时候，人们还能听到黑龙从海底发出的无可奈何的悲吟。

九寨沟的箭竹海面积17万平方米，湖畔箭竹葱茏，杉木挺立；水中山峦对峙，竹影摇曳。一汪湖水波光粼粼，充满生气。

箭竹是大熊猫喜食的食物，箭竹海湖岸四周广有生长，是箭竹海最大的特点，因而得名。箭竹海湖面开阔而绵长，水色碧蓝。倒影历历，直叫人分不清究竟是山入水中还是水浸山上。

箭竹海中，有许多被钙化的枯木，形成奇特的珊瑚树，而在腐木上又可见一些新生的树，这被称为

■ 九寨沟箭竹海

九寨沟镜海

腐木更新,或叫枯木逢春和再生树。无风的时候,可欣赏到箭竹海的倒影。

九寨沟的镜海一平如镜,故得其名。它就像是一面镜子,将地上和空中的景物毫不失真地复制到了水里,其倒影独霸九寨沟。

镜海平均水深11米,最深处24.3米,面积19万平方米,素以水面平静著称。每当晨曦初露或朝霞遍染之时,蓝天、白云、远山、近树,尽纳海底,海中景观,线条分明,色泽艳丽。

九寨沟镜海紧邻在空谷的下游,湖呈狭长形,长约1000米,为林木所包围。对岸山壁像一座巨大的石屏风。右侧是镜海的下游,毗邻诺日朗群海;左侧是镜海上游,与镜海山谷衔接。

恬静的镜湖、俊美的翠湖、秀丽的芳草湖、迷人的卧龙海、神奇的五彩池、奇异的五花海、雄伟的珍珠滩和壮阔的诺日朗瀑布等。九寨沟的水如银链、似彩虹,将山林沟谷描摹得风姿绰约、妖娆迷人。

九寨沟的彩池是阳光、水藻和湖底沉积物的合作成果。一湖之中由鹅黄、黛绿、赤褐、绛红、翠碧等色彩组成不规则的几何图形，相互浸染，斑驳陆离，如同抖开的一匹五色锦缎。

随着视角的移动，彩池的色彩也跟着变化，一步一态，变幻无穷。有的湖泊，随风泛波之时，微波细浪，阳光照射下，璀璨成花，远视俨如燃烧的海洋；有的湖泊，湖底静伏着钙化礁堤，朦胧中仿佛蛟龙流动。

整个沟内的彩池，交替错落，令人目不暇接。百余个湖泊，个个古树环绕，奇花簇拥，宛若镶上了美丽的花边。湖泊都是由激流的瀑布连接，犹如用银链和白绢串联起来的一块块翡翠，变幻无穷。

火花海深9米，面积36000平方米，水色湛蓝，波光粼粼。每当晨雾初散，阳光照耀，水面似有朵朵火花燃烧，星星点点，跳跃闪动。那掩映在丛丛翠绿中的海子，像一个晶莹无比的翡翠盘，满盛着瑰丽辉煌的金银珠宝。

五花海同一水域常常呈现出鹅黄、墨绿、深蓝和藏青等色，斑驳迷离，色彩缤纷。从老虎嘴俯瞰它的全貌，俨然是一只羽毛丰满的开

屏孔雀。阳光照耀下，海子更为迷离惝恍、绚丽多姿，一片光怪陆离，使人进入了童话境地。

透过清澈的水面，可见湖底有泉水上涌，令人眼花缭乱。山风徐来，各种色彩相互渗透、镶嵌、错杂和浸染，五花海便充满了生命，活跃、跳动起来。

夏季，海边野花盛开，团团簇簇，姹紫嫣红，花上露珠，晶莹剔透，闪闪发光，与海中火花相映成趣，韵味无穷。

站在五花海的顶部俯视其底部，那景观妙不可言，湖水一边是翠绿色的，一边是湖绿色的，湖底的枯树，由于钙化，变成一丛丛灿烂的珊瑚，在阳光的照射下，五光十色，非常迷人。五花海有着"九寨精华"及"九寨一绝"的美名。

犀牛海是一个长约2千米的海，水深18米，是树正沟最大的海子。南端有一座栈桥通过对岸。每天清晨，云雾缥缈时，云雾倒影，亦幻亦真，让人分不清哪里是天、哪里是海。

犀牛海水域开阔，北岸的尽头是生意盎然的芦苇丛，南岸的出口

九寨沟五彩池

九寨沟犀牛海

既有树林,又有银瀑,中间一大片是蓝得醉人的湖面。犀牛海的这一片山光水色,让游客流连忘返。

传说古时候,有一位身患重病、奄奄一息的藏族老喇嘛,骑着犀牛来到这里。当他饮用了这里的湖水后,病症竟然奇迹般地康复了。于是老喇嘛日夜饮用这里的湖水,舍不得离开,最后更骑着犀牛进入海中,永久定居于此,后来,这个海子便被称为犀牛海。

小巧玲珑的卧龙海是蓝色湖泊的典型代表,极其浓重的蓝色沁人心脾。湖面水波不兴,宁静祥和,犹如一块光滑平整、晶莹剔透的蓝宝石。卧龙海底有一条乳黄色的碳酸钙沉淀物,外形像一条沉卧水中的巨龙。相传,在古代,九寨沟附近黑水河中的黑龙,每年都要九寨沟百姓供奉99天,才肯降水。白龙江的白龙很同情九寨沟的百姓,想给他们送去白龙江水,不料,却遭到黑龙的阻挡。

于是,二龙争斗起来,最后,白龙体力不支,沉入湖中。正在危急时刻,万山之神赶来降伏黑龙。然而白龙再也无力返回白龙江,日久便化为长卧湖底的一条黄龙。人们为了纪念它,就把这个海子叫作"卧龙海"。

树正群海是九寨沟秀丽风景的大门。树正群海沟全长13.8千米,共有各种湖泊40个,约占九寨沟全部湖泊的40%。40个湖泊,犹如40面晶莹的宝镜,顺沟叠延五六千米。水光潋滟,碧波荡漾,鸟雀鸣唱,芦苇摇曳。

最令人叫绝的是树正群海下端的水晶宫,千亩水面,深度可达四五十米,远眺阔水茫茫,近看积水空明。距水面约10米的湖心深处,也有一条乳黄色的碳酸钙堤埂,仿佛一条长龙横亘湖底。

山风掠过湖面,波光粼粼,卧龙仿佛在卷曲蠕动。风逐水波,卧龙又像在摇头摆尾,呼之欲出。

芦苇海是一个半沼泽湖泊。海中芦苇丛生,水鸟飞翔,清溪碧流,漾绿摇翠,蜿蜒空行,好一派泽国风光。芦苇海中,荡荡芦苇,一片青葱,微风徐来,绿浪起伏,飒飒之声,使人心旷神怡。

湖中有一条彩河,传说女神色嫫在这里沐浴时,恰巧男神戈达经过,女神惊慌中将腰带遗失在这里,便化作彩河。据说,在对面的山上,还可以看见女神娇羞的脸庞。

冬日九寨沟

春日来临，九寨沟冰雪消融、春水泛涨、山花烂漫、春意盎然，远山还未融化的白雪映衬着童话世界，温柔而慵懒的春阳吻接湖面，吻接春芽，吻接你感动自然的心境。

夏日，九寨沟掩映在苍翠欲滴的浓荫之中，五色的海，流水梳理着翠绿的树枝与水草，银帘般的瀑布抒发四季中最为恣意的激情，温柔的风吹拂经幡，吹拂树梢，吹拂你流水一样自由的心绪。

秋天是九寨沟最为灿烂的季节，五彩斑斓的红叶，彩林倒映在明丽的湖水中，缤纷地落在湖光流韵间漂浮。悠远的晴空湛蓝而碧净，自然造化中最美丽的景致充盈眼底。

冬日，九寨沟变得尤为宁静，充满诗情画意。山峦与树林银装素裹，瀑布与湖泊冰清玉洁、蓝色湖面的冰层在日出日落的温差中，变幻着奇妙的冰纹，冰凝的瀑布间、细细的水流发出沁人心脾的音乐。

九寨四时，景色各异，春之花草，夏之流瀑，秋之红叶，冬之白雪，无不令人为之叫绝。而这一切，又深居于远离尘世的高原深处。在那片宁静得能够听见人的心跳的净土之中融入春夏秋冬的绝美景色，其感受任何人间语言都难以形容。

阅读链接

九寨沟的水是独一无二的，因为她的每一个海子都透出不同的颜色，其原因是碳酸钙结晶让不同矿物质沉积。

海子的四周是茂密的树林，湖水掩映在重重的翠绿之中，像一块晶莹剔透的翡翠。当晨雾初散，晨曦初照时，湖面会因为阳光的折射作用，闪烁出朵朵火花。小巧玲珑的卧龙海是蓝色湖泊的典型代表，极浓重的蓝色醉人心田。湖面水波不兴，宁静祥和，像一块光滑平整、晶莹剔透的蓝宝石，美得让人心醉。

水是九寨沟的灵魂，因其清纯洁净、晶莹剔透、色彩丰富而让人陶醉。一切美好的事物都是水做的，水是天堂的血脉。

独特的地域民族风情

九寨沟神奇的自然风光、独特的地理环境，孕育了九寨沟独特的地域人文历史和民族风情。随着九寨沟的名气一天天增加，世世代代生活在这里的藏民族和羌民族的人文历史，也逐步向世人揭开了神秘的面纱。

早在7世纪，汉文典籍将居住在四川西南一带的藏族称为"康巴"；将居住在四川西北、甘肃、青海一带的藏族称为"安多"；将居住在阿坝州马尔康、大金、小金一带的藏族称为"嘉绒"；将居住在松潘、九寨沟、求吉、包座、若尔盖一带的藏族称为"邶"。

吐蕃王朝东征时，军队驻守在今松潘、平武一带，未被

■九寨沟景色

九寨沟瀑布

召回,于是,他们的子孙世代定居下来,成为安多藏族的一部分。九寨沟属中羊峒番部内,因9个寨为一个部落,所以有九寨沟之称。

在九寨沟,藏民族的住房,与内地截然不同。内地房舍、平房多人字屋顶,便于泄水,楼房多钢骨水泥或砖砌。九寨沟藏民族平民的房子,多为土石结构,平顶狭窄。寺庙和贵族、领主的庄园,却围墙高耸,层楼屹立,森严若监狱。

九寨沟地区的民间住房可分为陋室、平房和碉房等。一般平民居住的一层建筑,结构简单、土石围墙,将木料或树枝架在上面,用泥土覆盖。

房顶用一种当地风化了的"垩嘎"土打实抹平。内室住人,外院围圈牲口。两层平房,一般墙基用石砌,上面用土坯垒,上层住人,下层作为伙房、库室和圈牲口之用。

碉房是过去贵族、领主、大商人居住的房子,一般三层以上,最高到五层,用石作为墙,木头作为柱,柱子密集,约4平方米便有一柱,上用方木铺排作椽,楼层铺木板。

这种房屋,二三层住人,底层作为库房。房子的柱头、房梁,装饰绘画,十分华美。二三层向阳处都设有落地玻璃,采光面广,人住里面,冬天不用生火取暖。楼顶有阳台,可供晒物品和观光用。

在九寨沟藏族同胞的家里,大都以厨房为中心,正前方供有佛龛,有的也放置碗橱、家庭的宝物和法器等。中心以灶台为界,入口的左方为女宾席，右方和正前方为男宾席。

在九寨沟牧区，人们普遍用牛毛帐篷作为住房。藏民们先用牛毛纺线织成粗氆氇，再缝成长方形的帐篷，当中支撑木杆，外面用毛绳拉紧钉在四周地上，周围用草饼或粪饼垒成墙垣，一方开门。

白天，牧民将帐篷布对开分撩两边，人可出入，晚上放下用带系紧。近门中央，支石埋锅为灶，帐顶露有一道长缝，沿缝设有小钩，便于通气和启闭。

这种帐篷虽然简单，但牛绒捻纺质地粗厚，不怕风雨大雪，也便于牧民随时搬迁。现而今，牧区逐渐建造了一些定居点，作为冬季住房和老人、小孩久居的地方。定居点多为土木结构，形式与农区近似。

甲蕃古城位于九寨沟县甘海子，是松赞干布大军进攻唐王朝时留下的驻军遗址，后经全面整理、恢复重现于世。

> **氆氇** 是藏族人民手工生产的一种毛织品，可以做衣服、床毯等，举行仪礼时也可作为礼物赠人。氆氇也是加工藏装、藏靴、金花帽的主要材料，相传有2000多年的历史。在藏族人们日常生活中所占地位如内地的棉布一样重要而普及。

■ 九寨沟秋季景色

■ 九寨沟甘海子

松赞干布驻军遗址的形成，与唐蕃关系时战时和的形势密不可分。双方在今松潘和九寨沟县之间驻军，沿途形成城镇和营盘，留下大量的历史遗迹。

著名历史学家陈寅恪在《唐代政治史述论稿》一书中称，在唐朝各少数民族政权先后是突厥、吐蕃、回鹘和南诏。吐蕃源出于古羌，7世纪初据有今天西藏、青海、四川西部等高原地区。629年，吐蕃联盟发生内乱，年仅13岁的松赞干布继承了在内乱中死去的父亲襄日化赞的王位。

为了巩固王权，年轻的松赞干布对内设立官制和法律，对外积极开拓疆域，短短几年就统一了吐蕃各部，建立了强大的吐蕃王朝，并先后迎娶尼婆罗赤尊公主、象雄公主和木雅公主为妃。

松赞干布渴慕唐风，先后两次遣使入唐求婚，但都遭到唐太宗的婉言拒绝。638年正月，松赞干布率

松赞干布 松赞干布是藏族历史上的英雄，崛起于藏河中游的雅隆河谷地区。他统一藏区，成为藏族的赞普，建立了吐蕃王朝。640年，他遣大相禄东赞至长安，献金5万两，珍玩数百，向唐朝请婚。太宗许嫁宗女文成公主。649年，松赞干布被唐高宗封为驸马都尉、西海郡王，后又晋封为宾王。

20万吐蕃军队,趁唐与吐谷浑激战之际,进攻松州,即今松潘,与唐松州都督韩威的军队对峙,开始了唐蕃关系史上重要的松州战役。

在松州战役的第一阶段,吐蕃军队占绝对优势。驻扎在甲蕃古城一带的吐蕃军队,在今甘海子、神仙池一带神出鬼没,袭击唐军,迫使韩威所属的阎州、诺州等地先后投降吐蕃,一时唐朝边境人心混乱,朝野震动。

吐蕃在松州的胜利引起了唐太宗的警惕,他急令侯君集为行军大总管,从河西走廊调集能征惯战的5万铁骑,千里奔袭松州,并一举击溃了吐蕃军队,取得了松州战役第二阶段的决定性胜利。

松赞干布败退后,又派使者与唐朝通和求婚,这次唐太宗答应将文成公主嫁给他,并于641年正月派礼部尚书江夏王李道宗持节送文成公主进藏。

唐朝中央政府的宽容大度,令松赞干布感激万分,他亲迎于柏海,特为公主筑一城来安置她。后来,唐太宗去世时,松赞干布非常悲痛,第二年,他也撒手故去,年仅34岁。唐蕃和亲,开创了以后100

初秋九寨沟

■ 九寨沟风景

多年间双方和平共处、互通有无的局面。

安史之乱后,吐蕃处于国力鼎盛的樨松德赞时代,又开始骚扰唐朝边境,甲蕃古城一带重新成为双方必争之地。

763年,吐蕃兵攻陷唐都长安。唐朝先后用严威、韦皋为节度使,在甘海子一带多次打败吐蕃进扰,迫使吐蕃重新和谈。

唐穆宗长庆元年,唐朝与吐蕃建立了藩属关系,从此唐蕃关系和好如初。而且,唐王朝还立下《唐蕃会盟碑》,以示纪念,这通碑现存于拉萨大昭寺。

之后,随着唐室式微和藩镇割据局面的形成,吐蕃政权也走向衰落,甲蕃古城及其他遗址也逐渐弃用,终于隐没于川西北高原的崇山峻岭之中。

907年唐朝灭亡,不久吐蕃政权也瓦解,这个曾经促成唐蕃和亲的甲蕃古城逐渐鲜为人知。然而在当地汉、藏、羌百姓之间,千百年来却流传着有关甲蕃古城遗址的种种故事传说,为这个唐时驻军遗址蒙上了一层神秘色彩。

九寨沟寺庙是藏民族建筑物的典型,规模最庞大,装饰最为华丽。土木石结构相结合,以木为主,一般依坡而建。

寺庙大经堂多为三层建筑,墙体用块石砌成,开

> **节度使** 中国古代官名。唐初沿北周及隋朝旧制,重要地区置总管统兵,后改称为都督,只有朔方称总管,边州别置经略使,有屯田州置营田使。是唐代开始设立的地方军政长官,因受职之时,朝廷赐以旌节,故称。至元代时,节度使便废除了。

小窗，给人浑厚沉稳之感。底层用朱红色棱，柱头部分雕刻立体图案。在墙体上方，多用棕红色饰带，上缀镏金铜镜等饰物。

中央正殿栋宇辉煌，巍峨耸峙。宫顶金碧耀眼，与日争光；许多寺庙往往连缀建设，规模宏大，楼房叠砌，仿佛一座城池。寺内四壁，粉色彩画，廊道柱梁，油漆装饰细致，雕梁画栋，豪华异常。

九寨沟藏区寺院的塔分为灵塔和佛塔。灵塔供奉于寺院，是活佛塔葬的一种形式。佛塔建在寺院或村寨入口较低的地方。塔的原色必须是白色。

塔的命名由塔内的经文内容、法器类别、塔身造型和装饰特点决定。塔群按主体佛法经文的内容名称合并命名。例如，九寨沟树正寨的九宝莲花菩提塔，就是合并命名的。

九寨沟的羌民族自称尔码人、尔麦人。春秋战国

镏金 古代金属工艺装饰技法之一。亦称"涂金""镀金""流金"，是把金和水银合成的金汞剂，涂在铜器表层，加热使水银蒸发，使金牢固地附在铜器表面不脱落的技术。春秋战国时已经出现。汉代称"金涂"或"黄涂"。近代称"火镀金"。

■ 九寨沟藏区寺庙

■ 九寨沟羌族民居

时期,古羌人由西北向西南迁徙,其中一支迁居于岷江上游一带,此后又有不少羌人部落南下,经过长期融合,演变成今日的羌族。

九寨沟羌民族依山垒石建屋,碉楼高丈余,古称邛笼。此外,羌民们还擅长掘井和建笮桥。

羌族以其独特而精湛的建筑技艺著称于世,其中以碉楼、石砌房屋、索桥和栈道等最为有名。羌寨既是其建筑技术的具体表现,又可作为羌族物质文化的典型代表。

羌民族一般聚族而居,三五十家聚集成为村落。寨中建有石碉楼,方形,底大上小,高达数丈。羌碉以功能分有战碉、哨碉、界碉、风水碉、官寨碉,以形状分有四角、五角、六角、八角碉等,以质材分有石碉、夯土碉、木碉。石砌楼房利用地形而建,错落有致,鳞次栉比,宛如城堡,蔚为壮观。

> **碉楼** 是一种特殊的民居建筑特色,因形状似碉堡而得名。在中国分布具有很强的地域性。其形成和发展与自然环境、社会环境相联系。它反映了地域居民的传统文化特色。在中国不同的地方,人们出于战争,防守等不同的需要,其建筑风格、艺术道求是不同的。

羌族民居一般都是就地取材，用石块、黄泥砌成，他们擅长砌石墙，住房多呈方形或长方形，两三层，底为畜圈，中间住人，顶上作为晒场，以独木截成锯形楼梯上下。

寨房外形一律取堡垒形，基部较宽，逐渐向上收缩，最高处为一方形之小石板堆，平顶，故外形呈四方锥形立体。

羌房窗小，防寒防盗，屋内通风，采光较差，烟尘难出。楼间借以独木砍削制为梯。中层中间为堂屋，砌火塘取暖做饭，其两端为卧室。屋顶供奉神龛。其后部四角或一角常有一乱石垒成之小塔，顶上放一卵形白石，俗称鸡公石，意为白石神，每逢年节供祭祀。

溜索、索桥和栈道是羌族人民智慧的结晶。溜索是一种古老原始的渡河方法，即用一根竹缆横跨河川两岸，利用倾斜之势，人悬在溜筒上，从此岸滑向彼岸。索桥是在桥的两岸砌石为桥洞门，用几根或10余根竹绳并列，绳头固定于两岸石础或木柱上，竹索上铺有木板以方便人们通过。

羌族还保留有特殊礼仪，如成年礼。每年农历三月初三至六月初三，羌寨还要举行塔子会以敬山神。每年入夏，遇干旱，还要举行祈雨活动，即搜山求雨或赶旱魃。

搜山求雨是羌族中一种古老信仰习俗。若遇天旱，人们便举行搜山仪式，祈求降雨。届时，禁止人们上山进行打猎、砍柴、挖药等活动，违者将受谴责或遭痛打。若仍不降雨，再到高山之巅举行祈雨仪式。

羌族基本保留着

■ 阿坝州羌族民居

九寨沟美景

原始宗教的内核，为多神信仰，除火神以锅庄为代表，其余诸神均以白石为象征。

羌族的祭祀活动以祭天神为最经常，以祭山为最隆重。天神以供奉在每家屋顶角小塔塔尖上的白石为代表。

每个羌寨附近，都有一丛老树组成的神林，树前留有空地作为祭山活动场所。祭山也是祭天，即祈年或还愿。一般在农历正月岁首、5月播种、10月秋收举行祭祀活动，在巫师主持下，全村寨除妇女外的所有成员着盛装，带着馍馍，或杀牛羊，或吊白狗，以血洒在白石尖端，然后跳沙朗、饮咂酒、吃牛羊肉，尽欢而散。

羌族巫师是一种未脱离农业生产的宗教师，几乎每寨一名，诸如祭山、还愿、安神、结婚、死者安葬和超度等活动，都离不开他们。

阅读链接

生活在青藏高原上的藏族牧民，素有以帐篷为家的居住习俗。藏族的帐篷多是用粗牦牛毛织物缝成的，其形状有翻跟斗式、马脊式、平顶式、尖顶式等种类。

在迁徙频繁的游牧生活中，藏民的"家"是驮在牦牛背上的，因此，藏族人民无论走到哪里，只需要把帐篷铺开，将其四角的牛毛绳子系在钉入地下的木桩上，然后在帐篷中穿入一梁，用两根立柱支在梁下，一座高可及颈的"住房"即会很快建成。

在寒冷的冬季，尽管大雪纷飞，但牛毛帐篷却能巧妙地保持着力的平衡，在暴风雪中安然无恙。

藏龙之山 — 四川黄龙

黄龙位于四川省北部阿坝藏族羌族自治州松潘县境内的岷山山脉南段,属青藏高原东部边缘向四川盆地的过渡地带。黄龙保护区面积700平方千米,由黄龙本部和牟尼沟两部分组成。

黄龙保护区以彩池、雪山、峡谷、森林"四绝"著称于世,是一个景观奇特、资源丰富、生态原始、保存完好的风景名胜区,并且具有重要科学和美学价值,被誉为"人间瑶池"。

地表钙华为主的人间瑶池

黄龙自然保护区位于四川省阿坝藏族羌族自治州松潘县境内，总面积4万多公顷，因黄龙沟内有一条蜿蜒的形似黄龙的钙华体隆起而得名。

黄龙自然保护区以彩池、雪山、峡谷、森林"四绝"著称于世，是中国少有的保护完好的高原湿地。

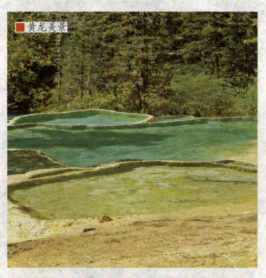
■黄龙美景

黄龙自然保护区处在岷山主峰雪宝鼎山下，由黄龙本部和牟尼沟两部分组成。黄龙本部主要由黄龙沟、雪宝鼎、丹云峡、红星岩等构成；牟尼沟主要有扎嘎瀑布和二道海两个景区。

黄龙沟具有世界罕见的钙华景观，规模宏大，类型繁

■ 黄龙风光

多、结构奇巧、色彩丰艳,在中国风景名胜区中独树一帜。以其奇、绝、秀、幽的自然风光蜚声中外,被誉为"人间瑶池"和"人间天堂"。

黄龙本部除黄龙沟、雪宝鼎、丹云峡等构成外,还有雪山梁、雪峰朝圣、观音洒水瀑、黄龙冰川等奇特景观。

黄龙沟下临涪江源流涪源桥,是一条长7.5千米,宽1.5千米的缓坡沟谷。沟谷内布满了乳黄色岩石,远望好似蜿蜒于密林幽谷中的黄龙,故黄龙沟的名称来源于此。

黄龙沟连绵分布钙华段长达3.6千米,钙华滩最长1.3千米,最宽170米,彩池多达3400个。钙华石坝、钙华彩池、钙华滩、钙华扇、钙华湖、钙华塌陷湖、钙华塌陷坑以及钙华瀑布、钙华洞穴、钙华泉、钙华台、钙华盆景等景象一应俱全,是一座名副其实的天

涪江 是嘉陵江的支流,长江的二级支流。发源于四川省松潘县与九寨沟县之间的岷山主峰雪宝鼎。在重庆市合川区汇入嘉陵江。涪江自古以来就是川西北地区的一条重要河流,在通航和农业灌溉方面发挥着重要作用。

> **青羊** 牛科动物，形似一般的山羊。由于它全身呈青灰色，故称其为青羊。它常受到其他凶猛动物的袭击，不得不选择险峻的高峰岩石间居住，所以又称其为"岩羊"。

> **獐子** 是一种经济价值较高的小型偶蹄类食草动物，以森林和森林灌丛为主要栖息地，主要分布在海拔600～1000米以上人迹罕至的针阔混交林带。

然钙华博物馆。

黄龙沟在当地为各族乡民所尊崇，藏民称之为"东日"和"瑟尔峻"，意思是东方的海螺山和金色的海子。这里沿袭的庙会，一年一度，盛况空前，西北各省区各族民众均有参加。奇特的自然景观和民族风情，共同组成了黄龙沟的人间奇迹。

岷山主峰雪宝鼎是藏民心中的圣山，藏语叫作夏尔冬日，意思是东方海螺山。在古冰川和现代冰川的剥蚀和高寒的融冻风化下，雪宝鼎四壁陡峭，银光闪烁，俯视着整个黄龙自然保护区。

雪宝鼎终年积雪，山腰岩石嶙峋，沟壑纵横，高山湖泊星罗棋布，较大的海子有108个，山麓花草遍布，灌木丛生，松柏参天。这里生长着大量的贝母、大黄、雪莲等名贵中药材，同时也是青羊、山鹿、獐子等野生动物栖息、繁衍的场所。

雪山梁位于雪宝鼎腹地，是涪江的源头，海拔4000米，是进入黄龙沟的必经之路。积雪的山梁上遍

■ 黄龙雪山梁

■ 黄龙岷山瀑布

插表达藏族人民信仰的五色经幡。

蓝、黄、绿、红、白五色分别象征天、地、水、火、云。印有经文或图案的五色经幡随风飘动，这是虔诚的藏族人们对大自然崇拜的一种形式。

雪山梁是高寒岩溶和冰川堆积而形成的，其主要景观有淘金沟。沟内千仞绝壁层层叠叠，大小溶洞形态奇特；张家沟，沟内冰川湖泊蓝如宝石；关刀石，登临峰顶极目远眺，高山远景一览无余。

观音洒水瀑又名"喊泉"，位于岷山玉翠峰上。平常很难见到瀑水，游人想观其奇景，必须站在悬崖下放声大吼，顷刻间水珠就从崖上滚落了下来，吼声越大，水流量越多。片刻之后，一道瀑布随着吼声便形成了，吼声停止，瀑布随即消失。

据传说，当年，转山者们在此虔诚地念经，感动了观音菩萨，于是观音菩萨便洒圣水为他们消灾弭

经幡 也称风马旗、呢嘛旗、祈祷幡等，是指在藏传佛教地区的祈祷石或寺院顶上、敖包顶上竖立着以各色布条写上六字真言等经咒，捆扎成串，用木棍竖立起的旗子。因布条上画有风马，寓意把祷文借风马传播各处，故名"风马旗"。风马旗象征保护雪域部落的安宁祥和，抵御魔怪和邪恶的入侵。

难,当地人将这一奇特的景观叫作"观音洒水瀑"。

黄龙沟冰川俗称冰河,是指由积雪形成并能移动的冰体。从冰蚀到冰碛形态,黄龙冰川构成了一个完整的冰川形成过程。一条条气势磅礴的冰川从主峰直泻而下,与苍莽的原始森林和缤纷的百花草甸交相辉映,绿海银川,气象万千,构成一幅波澜壮阔的画卷。

在黄龙沟内,每当春暖花开的时候,在海拔四五千米的高山上,雪多量重,由于下部积雪融化后支撑力大大减小,加上底部水流的润滑,于是成千上万吨冰雪便沿着陡峭的山坡,以每秒数十米的速度朝山下崩塌。

发生雪崩时,只见一道道飞驰的雪流,好似一条狂暴的银龙,喷云吐雾,吼叫着越过山谷,冲过山崖,落进深渊。气浪的啸叫和松涛滚动之声绵延交错,数十千米山谷轰然作响,地动山摇,惊心动魄。

丹云峡起于玉笋群峰,止于扇子洞,绵延18.5千米,落差1300米,

峰谷高差为1000~2000米。这里冬天一片雪白，夏天山林翠绿，尤其是春天漫山遍野的红杜鹃和秋天一路枫叶红遍峡谷，这情景仿佛夕阳之下的火烧云从天而降，"丹云峡"因此而得名。

整个丹云峡，垂直高差约1400米，涪江贯穿其中，激流险滩。当地人形容丹云峡的狭窄和深险，有"抬头一线天，低头一匹练""滩声吼似百万鸣蝉，搅得人心摇目眩"的说法。

关于丹云峡的来历，还有一段美丽的传说。

在很早之前，人间并没有烟火，要获得火种就必须到天庭上去取，但要求是必须要修炼成仙。

为了给人间取到火种，有一对叫张三哥和杨妹的年轻夫妇决定到黄龙寺去静心修炼。那个时候张三哥在山顶上专心修炼，由于妻子怀有身孕，她就在山腰修炼。夫妇二人心诚，不到8个月的时间，张三哥和杨妹都小有成就。

黄龙景观

黄龙风光

因为妻子怀有身孕,所以还没有决定什么时候去天庭取火。

有一天,夫妇二人正在丹云峡中散步的时候,忽然看见一只老熊在悬岩上握着吹火筒无火空吹,夫妻俩心急如焚,决定冒险一试,马上就去天庭取火。

就在这时一匹石马和一头石乌龟出现在路边,驮着他们夫妇俩很快就到了万象岩,当时十二属相的动物都在,猴王还做好了灶孔。

到了夜里,夫妇俩决定去天庭,丈夫朝着登天岩猛地冲过去,不幸鞋子在半空中脱落,只好赤脚登上了天空。

妻子因为有身孕,就化成一条鲤鱼,在涪江中一个滚翻跃出水面,在跃至崖顶时,属相动物们清清楚楚地看见那条鲤鱼正在变成仙女的模样。

丹云峡峡谷共分五段。花椒沟段至涪源桥以下有福羌岩、牌坊档等几处景观。福羌岩百丈高崖如刀削斧劈,直立峡中,岩上附藤葛萝蔓,岩边倚古木虬枝;牌坊档怪石如林,奇花异卉,香馥氤氲。

石马关至涪源桥以下,绝壁上怪柏丛生,山峰奇诡。因外形得名的有桩桩岩、猫儿蹲、双株峰、观音岩等景观。猫儿蹲下有一条细泉,如猫撒尿,因此叫作"猫儿尿"。

石马桥距涪源桥约20千米,河心有一块巨石,长约5米,高约2米,形似骏马,原有一桥靠石而架,因此叫作"石马桥"。前行数十步,峡谷近乎闭合,一人可挡万夫,人称"石马关"。

灶孔岩至涪源桥以下山腰有一形如灶孔的空洞,其中可容数十人，因此叫作"灶孔岩"。再往前走300米左右，有一个月亮形的岩石，镶嵌在悬崖峭壁上，因此叫作"月亮岩"。这其中有3处40余米宽的高山瀑布，称作"芋儿瀑布"。

凌冰岩龙滴水至涪源桥以下，每当数九寒天之时，两岸悬崖上滴水成冰，垂挂数十米，冰瀑悬岩，因此有"凌冰岩"之称。若是春秋之时，数千丈高陡岩上，几股清泉飞流直下，又名"龙滴水"。

钻字牌至涪源桥以下有一块石碑，上面刻着古人游松州的见闻，在不远处还有一只石龟。

龙滴水是丹云峡的一个支沟，这里山势起伏蜿蜒，像巨龙卧在悬崖峭壁上，细流密布，水珠如帘，给人一种"万甲尽藏雨，浑身遍绕云"的感觉。山泉滴滴，沁人心脾，据说饮后能治百病，因此叫作"龙滴水"。

五彩池是位于黄龙自然保护区最高处的钙华彩池群，共有693个钙华池。这里背依终年积雪的岷山主峰雪宝鼎，面向碧澄的涪江源流。

黄龙五彩池景观

黄龙美景

沟谷顶端的玉翠峰麓、高山雪水和涌出地表的泉水交融流淌。

由于受到流速缓急、地势起伏的影响，再加上枯枝乱石的阻隔，水中富含的碳酸钙开始凝聚，逐渐发育成固体的钙华埂，使流水潴留成层叠相连的大片彩池群。

碳酸钙沉积过程中，又与各种有机物和无机物结成不同质的钙华体的奇观，光线照射会呈现出种种变化，形成池水同源而色泽不一的奇观，人们称它为"五彩池"。

五彩池青山吐翠，近六千米高的岷山主峰雪宝鼎巍然屹立在眼前。漫步池边，无数块大小不等、形状各异的彩池宛如盛满了各色颜料的水彩板，蓝绿、海蓝、浅蓝等，艳丽奇绝。

湖水色彩的形成，主要源于湖水对太阳光的散射、反射和吸收。太阳光是由不同波长的单色光组合而成的复色光，在光谱中，由红光至紫光，波长逐渐缩短。

五彩池如蹄、如掌、如菱角、如宝莲，千姿百态。巨大的水流沿沟谷漫游，注入梯湖彩池，层层跌落，穿林、越堤、滚滩，极富有观赏情趣。

进沟的第一池群，掩映在一片葱郁的密林之中，穿过苍枝翠叶，20多个彩池参差错落，波光闪烁，层层跌落，水声叮咚；有的池群池埂低矮，池水漫溢，池岸洁白，水色碧蓝，在阳光照射下，呈现出五彩缤纷的色彩。

有的池中古木老藤丛生，如雄鹰展翅，似猛虎下山，各种飞禽走兽造型形态逼真，栩栩如生；有的池中生长着松、柏等树木，或探出水面，或淹没于水中，婀娜多姿，妩媚动人，给人们以美妙的幻觉。

五彩池盛不下那么多画中秀色，于是水飞浪翻一路流淌，在长达3千米的脊状坡地上，形成了气势磅礴的又一奇观——金沙铺地。

原来，在山水漫流处，沿坡布满一层层乳黄色鳞状钙华体。阳光下伴着湍急的水波，整个沟谷金光闪闪，看上去恰似一条巨大的黄龙从雪山上飞腾而下，龙腰龙背上的鳞状隆起，则好像它的片片龙甲。

红星岩海拔4300米，位于漳腊盆地东侧，岷山山脉西坡。

▇ 黄龙风光

黄龙岷山风光

在很早以前有一个传说,传说中黄龙有四个很高的山寨,它们就是垮石寨、牛流寨、红星寨和黄龙寨。

黄龙寨里有一个名字叫作玉翠的姑娘十分美丽,有一天玉翠上山采药,遇到了同样采药的红星寨藏族青年红星,两人一见钟情。

正当玉翠和红星准备结婚的时候,垮石寨的官员却看上了非常美丽的玉翠姑娘,打算强占玉翠为妻。红星非常气愤,发誓要用自己的一切来捍卫神圣的爱情。

红星和官员约定好在雪山顶上立木桩为标记,谁先射中木桩,玉翠就嫁给谁,并请牛流寨的村长作为证人。当村长吹响角号的时候,就意味着比武正式开始了。

阴险狡诈的官员张弓射箭,趁着红星不防备的时候发冷箭射中了红星,中箭的红星愤怒地举起刀向官员砍去,官员死在了红星的刀下,同时,垮石寨也被红星砍得粉碎。

后来,红星失去了自己的生命,他的伤口不断涌出鲜血,鲜血染红了山岩。悲痛的玉翠看着心爱的人永远离开了自己,凝成了一座雪峰矗立在那里。这就是关于红星岩的凄美爱情故事。

红星景观海拔较高，以第四纪冰川作用形成的大量奇峰异石地貌景观和冰川堰塞湖为其显著特色，由于人迹罕至，更增添了几分神秘色彩。湖面呈不对称的五角星形，宁静秀丽，周围繁花似锦。

在其悬崖中部绝壁上有一处红色岩洞，像鲜血染红一般，其成因至今未知。每当风起云涌之时，岩洞隐没在云雾里，阳光照射时，却有一道红色的光芒冲破云雾时隐时现，诡谲奇幻。

四沟是一条开阔的古冰川沟谷。沟口一带为平坦开阔的洪积阶地，古色古香的深山小镇黄龙乡就位于这里。

黄龙乡是一个山区小镇，极具特色。平缓的山坡上镶嵌着一块块粉红色的荞麦田，路边是一片片碧绿

吊脚楼 也叫"吊楼"，为苗族、壮族、布依族、侗族、水族、土家族等民族的传统民居。吊脚楼依山就势而建，呈虎坐形，以"左青龙，右白虎，前朱雀，后玄武"为最佳屋场，后来讲究朝向，或坐西向东，或坐东向西。吊脚楼属于干栏式建筑，干栏是半悬空的，所以称为吊脚楼。

■ 黄龙风光

■ 四川黄龙牟尼沟扎嘎瀑布

　　的青稞地，圆木建成的围栏顺着弯弯曲曲的土路，一直通向远方的原始森林，民居吊脚楼错落有致地分布在路旁，在煮奶茶的淡蓝色烟雾中，牛群、羊群时隐时现。

　　沟内的主要自然景观，是第四纪冰川遗迹和原始森林。沟源头由奇异多姿的冰蚀地貌及近代地震灾害景观组成。一个个突然塌陷的巨大山地台阶，猛烈崛起的岩石断层，无不令人触目惊心。

　　除此之外，沟内还有高山荒漠景观，形同高原上的戈壁滩。它们都是远古剧烈的喜马拉雅造山运动留下的遗迹。

　　戈壁滩分水岭上是广阔的高山草甸牧场。站在分水岭上，可俯视九寨沟源头多姿的冰川堰塞湖及无垠的原始森林。古时候川西北著名的"龙安马道"就经过这里，沟内至今仍留有宽阔的古代马道。

　　牟尼沟位于松潘县城西南，有扎嘎瀑布和二道海两个景观。它集九寨沟和黄龙之美，却更为原始清净，而且无冬季结冰封山之碍。山、林、洞、海等相映生辉，林木遍野，大小海子可与九寨沟的彩池媲美，钙华池瀑布可与黄龙瑶池争辉。

扎嘎瀑布是一座多层的叠瀑，享有"中华第一钙华瀑布"的美誉。瀑布高93米，宽35～40米，湖水从巨大的钙华梯坎上飞速跌落，气势磅礴，声音可以传送至5000米以外。

整个瀑布有3个台阶，第一个台阶中间有一水帘洞，洞内大厅高6米，面积约50平方米，厅内钟乳石遍布，似宝塔，似竹笋，玲珑剔透，形状逼真。

上百个层层叠叠的钙华环型瀑布玉串珠连，经三级钙华台阶跌宕而下，冲击成巨大钙华面而形成朵朵白花，瀑声如雷，声形兼备。在大瀑布第二阶的钙华壁上，有一个水帘洞，洞口水流飞挂，洞内气象万千。

溅玉台是一座圆形的平石台，当瀑布从高山绝顶往下倾泻，跌落在此平台时，立刻浪花飞溅，如同白玉。经过一段陡峻的栈道，可以到达瀑布中段的观景台，从这里往下俯视可以看到飞珠溅玉的溅玉台。离开观景台，栈道开始变陡。经过一段狂瀑，就到达札嘎瀑布的源头。

瀑布下游约4千米，流水随着地势落差形成环行彩池，池水从鱼鳞

黄龙盆景池

叠置的环行钙华堤坎翻滚下来，形成层层的环行瀑布，一池一瀑，蔚为壮观。

林中叠瀑下，台池层叠，溪谷幽深。从谷底沿栈道行走，可观赏到红柳湖、卧龙滩、绿柳等。

野鸭湖位于扎嘎森林腹地，是野鸭、野生灰鹤及各种水禽的乐园。每年都有大量候鸟飞来湖畔栖息，有的野鸭把这里当成了久居的家园。

古化石位于三联镇通往扎嘎瀑布和石林的入口一带。由于这里长期处于原始、封闭的状态，大量史前动植物化石和海洋生物化石没有遭受任何破坏，这里成了研究古生物学的资料宝库。

月亮湖位于扎嘎沟原始森林中的螺蛳岭山腰处。湖水清澈见底，湖畔灌木丛生，山花灿烂。夜晚一轮弯月透过密林映入湖中，湖水呈宝石蓝色，幽静神秘，恍如仙境。

石林是古化石游道上最后一处景观。这里的石柱、石笋造型奇特，有的如亭亭玉立的少女，有的似勇猛的古代甲兵，有的像挺拔的

四川黄龙钙华池沟壑

黄龙风光

松柏,更多的仿佛各种各样的动物,千姿百态,变幻莫测。

翡翠泉是中国十大名泉之一。当地人很早就发现泉水可以治病,一些患有胃病、关节炎的人常来此地取水,或饮用,或沐浴。翡翠泉被当地百姓视为"神泉"和"圣人",不准任何人破坏。

据科研人员测定,翡翠泉水属低钠含锶的高碳酸泉,含有锌、锶等多种对人体有益的微量元素,不仅是符合国家标准的天然优质饮用泉水,而且还具有较高的医疗价值。

二道海和扎嘎瀑布仅一山之隔。二道海的名称据说来自小海子、大海子这两个主要湖泊。

《松潘县志》中也有记载说,"二道海,松潘城西,马鞍山后,二海相连如人目",因此叫作二道海。

二道海山沟狭长,长达5000米,中间有栈道相连。沿栈道上行,沿途可观赏到小海子、大海子、天鹅湖、石花湖、翡翠湖、人参湖、犀牛湖等,个个宛如珍珠、宝石。

湖水清澈透明，湖底钟乳与湖畔奇花异草、绿柳青树在原始密林的衬托下，经柔和的阳光普照，缤纷夺目，变幻万千。

夏秋季节，满湖开满洁白的水牵花，花海难分，极具特色。海与海之间由栈道连接，错综复杂，几座凉亭为二道海平添几分野趣。

自二道海上行有一棵古松，松下是一座温泉，名叫"珍珠湖"，又名煮珠湖，相传是九天仙女在这里煮珠炼泉营造出的祛病沐浴池。这里水温较高，即便是大雪冰封的严冬时节，水温也在25摄氏度左右。池边硫黄气味浓烈，常有人在此沐浴，据说能医治皮肤百病。

黄龙沟著名景观有黄龙涪源桥、洗身洞、金沙铺地、盆景池以及黄龙洞等。这些景观只是黄龙冰山一角，但已经令人目不暇接了。

涪源桥位于黄龙沟口西侧，因建于涪江源头而得名，是涪江源头第一桥。这里是一小型山间盆地，四周青山环抱，绿草如茵，涪江干流就是从这里蜿蜒东去的，消失在角峰层叠、万剑插空的丹云峰丛，非常壮观。

涪源桥整个桥体为木结构，建筑风格古拙、雄浑。顺着用石板、

四川黄龙迎宾池

■ 黄龙五彩池

原木铺成的栈道缓缓而上,呼吸着林中树木的馨香,伴着耳畔清脆婉转的鸟鸣,游人仿佛漫步在一座巨大的天然氧吧。

进入黄龙自然保护区,撩开松苍柏翠的帷帐,一组精巧别致、水质明丽的池群,揭开了黄龙自然保护区的序幕,这就是黄龙著名的迎宾池。

池子大小不一,错落有致,风姿绰约。四周山坪环峙,林木葱茏。春风吹拂之时,山间野花竞相开放,彩蝶舞于花丛,飞鸟啁啾嬉闹,一派春意盎然的景象。山间石径,曲折盘旋,观景亭阁,巧添情趣。水池一平如镜,晨晕夕月,远山近树,倒映池中,相映成趣。

流辉池群面积8670平方米,有彩池160多个。池群在周围松柏的映衬和阳光的照耀下,映彩如辉,十分壮观。潋滟湖面积约2000平方米。湖水清澈如镜,

藏龙之山 四川黄龙

阁 一种架空的小楼房,中国传统建筑物的一种。其特点是通常四周设隔扇或栏杆回廊,供远眺、游憩、藏书和供佛之用。汉时有"天禄阁""石渠阁",清时有"文津阁""文汇阁";指供佛的地方,如文渊阁、佛香阁、阁斋、阁本等。

■ 黄龙风光

水底藻类千姿百态，令人赏心悦目。

告别迎宾池，沿着曲折的栈道蜿蜒而上，但见千层碧水，冲破密林，突然从高约10米、宽60余米的岩坎上飞泻而来。

几经起伏，多次跌宕，形成数十道梯形瀑布。有的如珍珠断线，滚落下来，银光闪烁；有的如水帘高挂，雾气升腾，云蒸霞蔚；有的如丝匹流泻，舒卷飘逸，熠熠生辉；有的如珠帘闪动，影影绰绰，姿态万千，令人神往。

瀑布后面的陡崖，多是凝翠欲滴的马肺状和片状钙华沉积，色彩以金黄为主要基调，使整个画面显得富丽壮观。纵观全景，飞瀑处处，涛声隆隆，气势不凡。一早一晚，经过朝阳和落日的点染，钙华群从不同的角度反射不同的色彩，远远望去犹如彩霞从天而降，分外辉煌夺目，游人宛如置身于迷人的仙境中。

莲台飞瀑瀑布长167米，宽19米，落差高达45米。金黄色的钙华滩如吉祥的莲台，又似嬉水的龙爪，银色飞泉从钙华滩内的森林中直泻潭心，水声震耳，气势磅礴。

洗身洞处在黄龙沟的第二级台阶上。从金沙滩下泻的钙华流，在这里突然塌陷，跌落成一堵高10米、宽40米的钙华塌陷壁，它是目前世界最长的钙华塌陷

藏传佛教 或称藏语系佛教，又称为喇嘛教，是指传入西藏的佛教分支。藏传佛教与汉传佛教、南传佛教并称佛教三大体系。藏传佛教是以大乘佛教为主，其下又可分成密教与显教传承。虽然藏传佛教中并没有小乘佛教传承，但是说一切有部及经量部对藏传佛教的形成，仍有很深远的影响。

壁。奔涌的水流从堤埂上翻越而下，在壁上跌宕成一道金碧辉煌的钙华瀑布，十分壮观。

洗身洞洞口水雾弥漫，飞瀑似幕，传说是仙人净身的地方，入洞后方可修行得道。自明代以来，各地道教、藏传佛教的僧人，都要来这里沐浴净身，以感受天地灵气。

相传，本波教远古高僧达拉门巴曾在洞中面壁参禅，终成大道。所以，洗身洞还是本波教信徒心中的一大圣迹。

另外，据传说，不育妇女入洞洗身可喜得贵子。虽无科学道理，但常有妇女羞涩而入，以期生育。

金沙铺地距涪源桥约1338米。据科学家认定，金沙铺地是目前世界上发现的同类地质构造中，状态最好、面积最大、距离最长、色彩最丰富的地表钙华滩流。

这里最宽的地方约122米，最窄处约40米。由于碳酸盐在这里失去了凝结成池的地理条件，因此慢坡的水浪，在一条长约13米的脊状斜坡地上翻飞，并在水底凝结起层层金黄色钙华滩，好似片片鳞甲，在

黄龙美景

黄龙美景

阳光照耀下发出闪闪金光,是黄龙的又一罕见奇观。

盆景池群面积2万平方米,有彩池300多个。池群形态各异,堤连岸接。池堤的大小、高低随树的根茎与地势的变化而各不相同。

池壁池底呈黄色、白色、褐色、灰色,斑斓多姿。池旁和池中,木石花草,千姿百态。有的如怪石矗立,有的如倒垂水柳,宛若一个个精妙奇绝的天然盆景。

明镜倒映池面积3600余平方米,有彩池180个。池面光洁如镜,水质清丽碧莹,倒映池中的天光云影、雪峰密林,镜像十分清晰。更有趣的是,同样的景物,在各个彩池中呈现的模样也各不相同,游人到此,临池俯照,整视容颜,情趣盎然。

这一个个明镜似的彩池,从各个角度将天地万物的面目展示得淋漓尽致,观池水如同看到另一个世界,一种空灵、隽永的意境油然而生,神秘而惊艳。

娑萝映彩池的面积为6840平方米,由400多个彩池群组成。娑萝就是杜鹃花,藏族人称作"格桑花",羌族人称作"羊角花",彝族人称作"胖婆娘花"。

据植物学家调查，黄龙的杜鹃花品种繁多，花色花形异彩纷呈。有烈香杜鹃、头花杜鹃、秀雅杜鹃、黄毛杜鹃、青海杜鹃、大叶金顶杜鹃、雪山杜鹃、无柄杜鹃、山光杜鹃、红背杜鹃、凝毛杜鹃等。

春末夏初，杜鹃花盛开，白色、红色、紫色、粉红等五彩纷呈，花色与水色交相辉映，诗情画意伸手可掬。

龙背镏金瀑瀑布长84米，相对高差39米。宽大的坡面上钙华呈鳞状层叠而下，形成一道形状奇异的玉垒，一层薄薄的水被流淌在坡面上，阳光下水被荡漾起银色涟漪，远远看去宛如一条金龙的脊背。

这处景观的色彩以金黄为主，中间零星散落着乳白、银灰、暗绿等色块，生长在钙华流上的簇簇水柳、山花，像河中停泊的彩船，动静相宜，别具特色。

争艳池面积2万平方米，由658个彩池组成，是目前世界上景象最壮观、色彩最丰富的露天钙华彩池群。由于池水深浅各异，堤岸植被各不相同，因此，在阳光的照射下，整个池群一抹金黄、一抹翠绿、一抹酒红、一抹鲜橙，争艳媲美，各领风骚。

走过争艳池，蓦然回首，人们会惊讶地发现，身后一座巨大的山

四川黄龙翠玉彩池

▪ 黄龙风光

梁,顿时化作了一位美丽的藏族姑娘。蓝天白云之下,她静静地躺在群山怀抱里,身着藏族长裙、头佩饰物,头、胸、腹及腰身都惟妙惟肖,甚至挺拔的鼻梁、微笑的嘴唇也清晰可见。

气质非凡的"藏族姑娘",就像一位在云中驰骋的仙女,累了之后安详地静卧在林海雪原之中。

宿云桥是黄龙沟内的道教文化遗址。桥畔常年云雾缭绕,传说曾有修行之人在此桥夜宿,梦中得道,羽化登仙,故又称为"迎仙桥"。

接仙桥也属道教文化遗址。传说有虔诚的朝圣者踏上此桥,便听见天际传来袅袅仙乐。过桥后,又看见许多仙人在彩池边舞蹈,七色祥云中,仙人们迎接他进入了瑶池仙境。

玉翠彩池是钟灵毓秀的大自然在这里留下的一块神奇的宝石。过了接仙桥,在迂回的山道旁,一汪碧玉似的湖水突然映入游客的眼帘,湖水颜色浓艳而透明,顿使人情绪高昂,忘记了登山的疲乏。

来到水边,会发现池水的奇妙:同一池水,色彩随人的位置不同而千变万化,或墨绿,或黛蓝,或赤橙,宛如一块露出地面的翡翠,晶莹剔透,闪烁着灵动的光芒,玉翠彩池因此而得名。

两海是黄龙自然保护区内唯一被称作"海"的

簸箕 有三种物品被称作簸箕:一是一种铲状器具,用以收运垃圾;二是用藤条或去皮的柳条、竹篾编成的扬米去糠的器具;三是指簸箕形的指纹。每个人的指纹都是不一样的,中间成封闭圆形的谓之"箩",如果开口延伸出去谓之"簸箕"。

两个彩池。它们一大一小，相距数米，大的形似簸箕，小的状如马蹄。两海静静地隐匿于林荫之中，显得恬静妩媚。它们为什么被称为"海"，至今仍未被考证出来，这似乎又为黄龙抹上了一笔神秘的色彩。

黄龙寺占地千余平方米，属道教观宇。据《松潘县志》记载："黄龙寺，明兵马使马朝觐所建，也名雪山寺。"传说中的黄龙真人就在这座古寺中修炼，并得道成仙。

在古时洪水滔天，大地变为一片汪洋。大禹为治水沿岷江向上，视察江源，来到汶川县的漩口、映秀之间的江岸，早有九条神龙，合计投奔大禹王；求其封位，助禹治水。

九条神龙见到禹王视察江源的时候，认为正是好机会，就一同约定去拜见禹王。就在相遇的地方，九条龙卧地叩头朝拜。

大禹王突然见九条大虫在前进的道上拦阻，一时惊恐，喊道："蛇！蛇！蛇！"

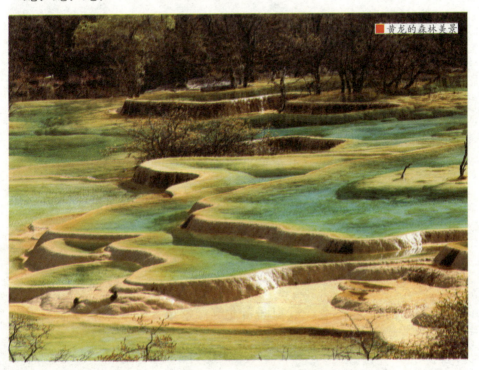

黄龙的森林美景

■ 黄龙风光

为首的一龙听到被称为虫类,一气之下便死去了,其他的龙掉头而走,黄龙当时就在卧龙身后,它受惊往回跑,一直沿岷江跑到源头,腾飞在雪宝鼎之上空,蓄意发起怒火,对大禹进行报复。

大禹王看到九条龙已经逃走了,就继续视察江源。

一天禹王来到了茂州这个地方,江面上突然卷起一层黑浪,想要将大禹所乘坐的木舟掀翻,就在这千钧一发之际,突然从江面飞来金光四射的黄龙,与黑风展开了一场生死的搏斗,黄龙获胜,背着大禹所乘坐木舟,帮助禹王到了岷江之源。

本来黄龙正想要报复禹王,没想到忽然看见茂州的江中黑风妖有意谋害禹王,黄龙想到大禹为了百姓治水不辞辛苦,于是变报仇为报恩,从而战败了黑风妖,助禹治水。

后来,大禹治水成功,向天地祷告,赞黄龙助他治水有功,求封为天龙。黄龙谢封,不愿升天,他留恋这岷山源头,躲藏进原始森林中去了。人们修庙纪念,故得名黄龙寺。这里人们至今歌颂他不记私仇,顾全大局,为民造福的美德。

黄龙寺随山就势而造，宏伟壮观。飞檐斗拱，雕梁画栋，富丽堂皇。原有前、中、后三寺，殿阁相望，各距五里。现前寺已毁，只剩下一副著名的楹联供后人凭吊：

玉嶂参天，一径苍松迎白雪；
金沙铺地，千层碧水走黄龙。

寺门绘有彩色巨龙，楣上有一古匾，正面书写"黄龙古寺"，左面书写"飞阁流丹"，右面书写"山空水碧"，书法端庄，气势雄浑，堪称一绝。

门前也有一副楹联是"碧水三千同黄龙飞去，白云一片随野鹤归来"，体现着道家天人合一、顺其自然的恬淡风格。

黄龙寺前面，有近万平方米的开阔地，每年都要举办庙会。黄龙古寺是考察川西藏民族历代道教文化演变的重要遗址，也是追溯川西北高原大禹治水史迹的重要佐证。

黄龙洞位于黄龙古寺山门左侧10米处。高30米，宽20米，洞深至

■四川黄龙寺

四川黄龙雪山风光

今无法考证。黄龙洞又称归真洞、佛爷洞,传说是黄龙真人修炼的洞府。在这里,真人、佛爷合二为一,道教、佛教融为一体,是中国宗教的罕见珍品。

黄龙洞洞口仅两米见方,垂直下陷,游人需借助数十级木梯才可下行。春天百花盛开,洞口掩映在一片花海之中。洞口边有一株青松,鳞干遒劲,枝柯盘曲。冬天,大地一片银装素裹,青松宛如一条随时准备腾空而起的银龙。

黄龙洞其实是一处地下溶洞,洞内幽静,只听见弹琴般的滴水声和地下河低沉喑哑的流动声,它们彼此唱和着,仿佛一曲远古传来的背景音乐。溶洞内钟乳石比比皆是,给人以神秘而圣洁的感觉。

三块天然形成的钟乳石,如盘膝打坐的三尊佛像,伴着宝莲神灯,正在面壁修行。传说这三尊佛像是黄龙真人与他两个徒弟的肉身所化。黄龙真人与徒弟修炼成仙,即登天庭之时遗下肉身在此盘膝打坐,以引导有缘道人。据传说,每逢庙会,佛像胸口还有热气冒出。

洞顶有天然形成的两条飞龙,形象逼真,线条流畅。洞壁还有许多菩萨影像,形神皆备,惟妙惟肖。整个溶洞,密布着无数的石幔、石瀑,精巧玲珑,色泽晶莹,神妙莫测,引人遐想无限。

黄龙洞洞顶时有水珠滴下,传说此水是龙宫酒池溢出的玉液琼浆,饮后可治百病,常饮可长生不老,因此当地藏族同胞经常来这里接水饮用。也有传说,这水是黄龙真人精气所化,神水能辨善恶。善良的人,久淋不湿衣;邪恶的人,稍经水滴便衣衫尽湿。

洞内绝壁处有一条阴河,河水深不可测。据《松潘县志》记载:清同治四年,有远道而来的喇嘛前来归真洞内拜见真人,临走时,将僧帽失落在河中。几个月后,僧人的帽子在距此5600米处的松潘县城南观音崖鱼洞中浮出,由此可以窥见黄龙洞阴河之长。

五彩池面积约2万平方米,有彩池693个,是黄龙沟内最大的一个彩池群。池群由于池堤低矮,汪汪池水漫溢,远看去块块彩池宛如片片碧色玉盘,蔚为奇

程咬金(589—665),字义贞,本名咬金,后更名知节。汉族,济州东阿斑鸠店人。唐朝开国名将,封卢国公,位列凌烟阁二十四功臣。唐太宗贞观年间,官拜左金吾大将军。隋末,程知节和秦琼、尤俊达等入瓦岗军,后投王世充,之后归顺唐军,成为秦王李世民之骨干成员。

■ 黄龙王彩池

观。在阳光的照射下，一个个玉盘或红或紫，浓淡各异，色彩缤纷，令人叹为观止。

隆冬季节，整个黄龙玉树琼花，一片冰瀑雪海，唯有这群海拔最高的彩池依然碧蓝如玉，仿佛仙人撒落在群山之中的翡翠，诡谲奇幻，被誉为黄龙的眼睛，是黄龙沟的精华所在。

五彩池中，有一座石塔，据考建于明代，相传是唐代开国功臣程咬金的孙子程世昌夫妇的陵墓。石塔现在大部分已被钙华沉淀埋没，只留下两对石塔尖和翘檐石屋顶静立于碧蓝的水中，给人一种久远、神秘的感觉。

五彩池10米外有一座转花池，藏匿在高山灌木群的绿荫之中，数股泉水从地下涌出，在池面形成无数的波纹，若有人向池中投入鲜花、树叶，它们便会随着不同节奏的涟漪朝不同的方向旋转起来，十分奇异。偶然又会有两朵鲜花和上了同样的节奏，朝着相同的方向旋转在一起，其原因至今未明。

黄龙庙会期间，许多青年男女来这里投花、投币，以占卜爱情的成败，把转花池围得水泄不通，十分热闹。

阅读链接

映月彩池池边的丛林随季节的变化而四季各异，春夏清姿雅赏，入秋红晕浮面，为景区平添了不少情趣。夜晚，月池中万籁无声，一阵清风拂过，细碎的光影如月中的桂花撒落，清香缕缕。良辰美景融为一体，恍若人间天堂。

传说嫦娥在此沐浴时曾留下姻缘线，人们若有兴趣，可默祷静心后，将手探入池中，如遇到有缘人，必能心灵感应，喜结良缘。

野生动植物生长的理想地

　　黄龙自然保护区山高谷深,原始林十分广茂,是大熊猫等众多野生动物理想的栖息环境。

　　保护区内野生动物资源十分丰富,种类繁多。其中兽类71种,鸟类183种,爬行类12种,还有两栖类、鱼类等。

黄龙自然保护区

黄龙阔叶林

属国家一级保护的有大熊猫、金丝猴、牛羚、云豹、绿尾虹雉、斑尾榛鸡等9种；属二级保护的有小熊猫、大灵猫、猞猁、兔狲等21种，有的为当地特有种群。

黄龙自然保护区是四川省自然保护区中兽类种类较多的保护区之一。保护区生态系统复杂多样，生境多样性很高。其境内自然条件优越，山体高大、河谷深切，海拔跨度大。区内生境按照动物的栖息地类型大致可分为8种。

从下至上分别为常绿阔叶林、低山次生灌丛、针阔混交林、针叶林、高山灌丛草甸，另外还有溪流和裸岩。

一般情况下，由于常绿阔叶林生境多样性高，食物丰富，因而哺乳动物种类最丰富。其次是低山次生灌丛，然后依次是针阔混交林、针叶林、高山灌丛草甸。在裸岩和溪流生境中哺乳动物种类最少。

由于常绿阔叶林地处低海拔地带，人类活动频繁，破坏严重。因而，处于原始状态的常绿阔叶林很少，多处于次生状态，而且面积小，故哺乳动物中的大中型动物偶尔下到低海拔的常绿阔叶林中。

常绿阔叶林仅分布在保护区的东面，而且呈零星分布，所有动物都不是栖息于某一类生境，而是随着季节变化，或者食物、求偶原因等会迁徙到其他生境活动。说它们栖息于某种生境，仅仅是认为它们主要活动于该类生境。

常绿阔叶林中小型动物中主要有长吻鼩、岩松鼠、巢鼠、高山姬鼠、大耳姬鼠、龙姬鼠、白腹鼠、社鼠、黑腹绒鼠、甘肃绒鼠、普通竹鼠、四川林跳鼠、豪猪等；大中型动物中，有豹、赤狐、黑熊、黄喉貂、黄鼬、猪獾、毛冠鹿、水鹿、苏门羚等。

在低山次生灌丛生境中，小型动物是主要栖居者。低山次生灌丛多为人类破坏后演替形成的，人类活动频繁，大型动物很难找到适宜的隐蔽场所。在黄龙自然保护区，低山次生灌丛主要分布于公路两旁、各条山沟的沟谷及保护区边缘与社区接壤地带。

针阔混交林是黄龙自然保护区主要生境之一，分布于区内2400～3600米之间。生境多样性较高，植物种类复杂，层次丰富，这也是哺乳动物较为理想的生境。

在常绿阔叶林中分布的动物几乎都可分布于针阔混交林中，除此以外，由于适中的海拔、良好的隐蔽场所，许多大中型兽类常活动于此，如猕猴、金丝猴、黑熊、大熊猫、金猫、豹、云豹、牛羚等。

黄龙沟彩池及植被

■ 黄龙针叶林景色

针叶林是保护区又一主要生境，分布于3600～4100米之间，植物多样性较低，树种较单一，层片较单调，由于生境下层透光度较差，灌木、草本植物生长受到影响，再加上海拔较高，水热条件较差，生境多样性不高。

林麝、马麝、马熊、牛羚、兔狲、猞猁、大熊猫等都可栖息于该生境中。在腐殖质较厚的生境中，食虫类和鼠兔类也较常见，如藏鼠兔、间颅鼠兔等。

高山灌丛草甸生境在林线以上，区内以金露梅和杜鹃灌丛为主。它的主要特点是干旱、寒冷，主要有古北界高地型、中亚型动物，它们是北方动物向南迁徙而形成的种群，都耐干旱和寒冷。

这里常见的哺乳类有鼠兔类、高原兔、松田鼠、高原松田鼠、四川田鼠、喜马拉雅旱獭、马麝及一些以鼠兔、田鼠为食的中小型食肉动物，如香鼬、兔狲、猞猁、狼、赤狐、藏狐、金猫等。岩羊也经常下到高山草甸觅食。

裸岩生境是一些动物临时的栖息地，它们不能在该类生境中完成生命的全过程，在裸岩生境中栖息的动物有岩羊、猕猴、金丝猴等。

保护区内有国家一级保护鸟类绿尾虹雉、雉鹑、斑尾榛鸡；二级保护鸟类鸢、雀鹰、苍鹰、血雉、藏马鸡、红腹角雉、蓝马鸡、勺鸡、红腹锦鸡等。

属于中国特产鸟类的有20种，即斑尾榛鸡、雉鹑、绿尾虹雉、藏马鸡、蓝马鸡、血雉、红腹锦鸡、棕背黑头鸫、大噪鹛、山噪鹛、斑背噪鹛、橙翅噪鹛、高山雀鹛、白领凤鹛、棕头鸦雀、三趾鸦雀、白眶鸦雀、白眉山雀、黄腹山雀、红腹山雀、银脸长尾山雀、酒红朱雀。

从分布环境上看，主要活动在森林、灌丛的鸟类有163种，主要活动在高山草甸生境的鸟类11种，水域鸟类有12种。

保护区内鉴定到属种的昆虫有196种。其中鳞翅目、鞘翅目、膜翅目和双翅目昆虫共有45科。鳞翅目科数最多，有21科，其次为鞘翅目，有11种。从种的数量上看，鳞翅目最多，有95种；其次为鞘翅目35种，双翅目32种，膜翅目21种。

由于保护区的特殊地理环境，昆虫的垂直分布随植被带的垂直分布变化这一特点非常明显。昆虫的垂直分布规律和特点，取决于立地条件和昆虫本身对环境的适应与占领能力。

自然保护区分布有两栖纲动物、爬行动物共18种。西藏山溪鲵在保护区内分布范围最广，不论是海拔较高的淘金沟、上游主河道，还是海拔较低的西沟、下游主河道均可采集到该种类。

另一分布较广的种类为林蛙，

黄龙秋季森林

■ 黄龙原始森林

在黄龙保护区附近和黄龙乡附近及西沟都采集到了大量林蛙标本。其他两栖爬行物种则分布范围较小，尤其是爬行动物，仅仅分布在黄龙乡的保护区内。

黄龙自然保护区内植被类型异常复杂，基本上可以包括阔叶林、针叶林、灌丛、草甸及流石滩植被等各种类型。在河谷两旁或山凹的潮湿地段可以看到成片的落叶阔叶林，树种主要为桦木和杨柳等。

针阔混交林垂直分布于海拔2400～3200米地带，保护区内的常绿针叶林分布非常广，组成树种以松树、云杉、冷杉及柏木为主。区内杜鹃、绣线菊和高山柳非常丰富，构成大面积的高山灌丛。

保护区内的亚高山落叶阔叶林属于寒温性针叶林，分布在海拔2900～3800米，包括桦木林、杨柳林、沙棘林以及黄龙河谷落叶阔叶林。

桦木林包括糙皮桦林和白桦林。糙皮桦林主要分布在山凹土壤比较潮湿的地方，海拔在3800米以下，直达山谷边，呈块状分布。群落外貌呈绿色，林冠参差不齐，结构简单。

糙皮桦的树高可达近20米。乔木层中糙皮桦的优势很明显，只是在群落边缘多渗入一些槭树、紫果云杉、岷江冷杉等植物，它们高于糙皮桦，属伴生种。

白桦林在保护区内呈斑块状分布于海拔3000～3300米的山坳中或其边缘的阴坡上。群落外貌呈暗绿或黄绿色，林冠较整齐，树高可达15米。

白桦林结构简单，除白桦为乔木层的建群树种外，还常有其他桦木、云杉、冷杉、松树与其伴生，林下植物组成与糙皮桦林相似。

杨柳林中的青杨，是亚高山针叶林和针阔混交林常见的树种，它具有速生、耐旱和种子容易传播的特性，对土壤的要求也不太严格。当亚高山针叶林和针阔混交林被砍伐后，青杨能迅速占领这些旷地而成林，所以它主要分于华山松、糙皮桦次生林下缘。

青杨林垂直分布海拔为2900～3200米，呈块状分布。群落外貌呈浅绿色，林冠参差不齐。青杨为群落

> **冷杉** 属常绿乔木。其树干端直，枝叶茂密，可做园林树种。冷杉发生于晚白垩世，至第三纪中新世及第四纪种类增多，分布区扩大，经冰期与间冰期保留下来，繁衍至今。在中国秦岭以南及东南的平原和西南低山冷杉地区的晚更新世沉积物中发现了冷杉花粉。

■ 黄龙沟森林

■ 黄龙沟的沙棘林

的建群树种，平均树高8米。糙皮桦、华山松、黄果冷杉能在不同海拔高度的青杨林中出现，成为青杨林的伴生树种。低海拔的青杨林中可见紫果云杉。

沙棘林主要分布在黄龙沟河谷两旁的山坡上，海拔在2600～3200米，面积较大。群落外貌呈灰绿色，林冠整齐。沙棘为乔木层的建群树种，高4～6米。

在沙棘林中常伴生有多种柳，与沙棘几乎同高。沙棘林下灌木主要为蔷薇、枸杞子、珍珠梅、绣线菊和忍冬等。

川鄂柳、青榨槭和沙棘为共建种的河谷落叶阔叶林，主要分布在保护区内西沟、淘金沟的河谷两旁。由于水量充沛，土壤湿润，该群落结构复杂。

群落外貌呈黄绿色，林内光亮透明，树高均在4～7米。林下灌丛植物主要有忍冬、胡枝子、金露梅及樱木等。林中有时夹杂着几棵山桃、杏、勾儿茶及

枸杞子 为茄科植物宁夏枸杞的干燥成熟果实。其味甘、性平具有补肝益肾之功效，《本草纲目》中说："久服坚筋骨，轻身不老，耐寒暑。"枸杞是宁夏五宝之一，宁夏中宁县更是中国著名的枸杞之乡，已经有600多年的种植历史，早在明朝，这里的枸杞就被列为贡品。

野樱桃等。

松科植物在黄龙自然保护区的分布比较广，处于海拔3200～4000米的山坡上，种类组成主要包括华山松、红杉等。华山松主要分布于额溪沟一带，既有次生林，也有原始林。

树种比较单一，群落外貌呈葱绿色，层次明显，结构简单。华山松树最高可达15米，树干挺直。

在低海拔的山坳处，由于土壤比较潮湿，便夹杂着少量的白桦、红桦、糙皮桦、山杨等阔叶树种。华山松的原始林分布海拔较高，林内明亮、透光，平均树高20米。

红杉林在保护区内下渡沟的局部山坡上分布，海拔为3600～3900米。上限为小叶类杜鹃灌丛、高山栎类灌丛或高山草甸，下限为紫果云杉、冷杉。

与红杉林平行的山坳中，偶尔出现红桦、糙皮桦

青榨槭 属槭树科。槭属落叶乔木，为园林绿化优美观赏树种。青榨槭树皮绿色，并有墨绿色条纹，一年生枝条皮银白色，青榨槭因树皮颜色绿色似青蛙皮而得名。其多生长于常绿阔叶林、灌丛、河边草甸和落叶混交林中。

■ 黄龙沟的红杉林

黄龙原始森林

类阔叶林树种,有时红杉林中又伴生着冷杉、紫果云杉或华山松等针叶树种。

它的群落外貌呈翠绿色,结构简单,林内明亮,红杉高20~30米,胸径可达0.4米。

林下灌木主要有高山绣线菊、黄背栎、糙皮桦、陇塞忍冬、西南花楸、散生枸子、峨眉蔷薇、淡黄杜鹃等。草木层植物丰富度一般,主要是羊茅、圆穗蓼、凤毛菊、苔藓和蕨类等。

云杉林在保护区内的分布比较广,处于海拔3700~4400米的山坡上,种类组成主要包括紫果云杉等。紫果云杉林在保护区内的分布比较广泛,海拔3600~4100米间均有分布,并成疏林或块状分布。群落外貌呈深绿色,林冠整齐。

林下草本层植物种类丰富,其常见植物种类有猪芽蓼、苔草、蒿草、粗齿冷水花、直梗高山唐松草、银莲花、碎米荠蕨类等。

冷杉林中的黄果冷杉林,是青藏高原东南边缘、横断山脉中南部高山峡谷区主要针叶林型。它在黄龙分布比较分散,一般出现在海拔

3700～4100米的山坡上。群落外貌呈绿色，林冠整齐，结构简单，层次明显。

乔木层混有少量的红杉、紫果云杉等。其草本层植物主要包括钉柱委陵菜、缘毛紫菀、金毛铁线莲、独叶草、大车前、毛子草、淡黄香青、车前、叶垂头、刺参、球花蒿等。

柏树林中的方枝柏林在黄龙自然保护区分布于海拔4000～4500米的阳坡上，上限接高山桦树林，下缘接冷杉林或云杉林。群落外貌呈灰绿色，林木稀疏，乔木树种单一，结构简单。

方枝柏平均高为10米左右。林中渗入少量香柏，呈灌丛状分布。林下灌丛，主要是大白杜鹃，平均高达三米，也有少量忍冬、花楸、绣线菊及小檗类植物等。

其草本层植物种类丰富，除了禾草和莎草外，还有较多的委陵菜、毛茛、凤毛菊、草莓、鸢尾、蓼、苔藓等。

在保护区灌丛主要有三类，即常绿阔叶灌丛、落叶阔叶灌丛、常绿针叶灌丛。

黄龙保护区植被

狼毒 瑞香科

多年草本植物。在高原上，牧民们因它含毒的汁液而给它取这样一个名字。狼毒花根系大，吸水能力强，能够适应干旱寒冷的气候，生命力强，周围草本植物很难与之抗争，在一些地方已被视为草原荒漠化的"警示灯"。

淡黄杜鹃和光亮杜鹃为共建树种的常绿阔叶灌丛，分布在保护区内的海拔为4300千米的山坡上。该群落在每年6月开花，外貌呈灰黄蓝色，丛冠整齐。

其草本层植物种类丰富，主要包括刺参、狼毒、圆穗蓼、珠芽蓼等和毛茛、禾草、委陵菜类植物。

常绿阔叶灌丛中的紫丁杜鹃灌丛，主要分布在海拔4500～4800米的阴坡。紫丁杜鹃群落外貌呈灰绿色，灌丛低矮密集。

在保护区内，落叶阔叶灌丛中的窄叶鲜卑花灌丛主要分布于海拔4400～4700米的阴坡和宽谷地带，生长地区土壤深厚、湿润。群落外貌呈红绿色，丛冠较整齐，丛内结构简单密集。

窄叶鲜卑花为灌木层的建群种高0.7～1.2米。一般其灌丛多夹杂一些绣线菊、忍冬、锦鸡儿和多种柳类灌木。草本植物种类多，主要植物种类组成为羊

■ 黄龙自然保护区的植物

黄龙落叶森林

茅、细柄茅、垂穗披碱草、草玉梅等。

落叶阔叶灌丛中的金露梅、高山绣线菊灌丛，主要见于保护区内海拔4000～4600米的高山、高原地带、多呈零星块状分布。群落外貌绿色或深绿色，矮小且呈团状，丛高常在1米以下，高山绣线菊的枝条常高于灌丛。

灌木层中除了以金露梅、高山绣线菊灌丛为优势种外，有时还夹杂一些细枝绣线菊、小叶杜鹃和多种锦鸡儿、高山柳等。

草本层植物多属耐旱植物，如红景天，它与圆穗蓼一起构成该层的优势树种。香柏林下草本层种类丰富，主要包括矮生蒿草、多茎委陵菜、迭裂银莲花、披针叶黄华、菊草、报春、百合类等。

在保护区内分布在较高的山顶上，海拔4500米以上，土壤为草甸土，而且多砾石，表层草根紧密盘结，通气与透水性差。群落特点表现为草群低矮，分层不明显，以地面芽密丛性的羊茅为优势种草，其次为四川蒿草。

保护区内的草甸主要分布在海拔4400～4600米的宽谷、阶地、山坡上，面积不大，并在下限与森林连接或呈犬牙交错之态。

草层低矮密集，分层明显，种类组成较为简单，为35种，以高山蒿草为优势种；其次是四川蒿草、矮生蒿草等。另外，常见的植物主要有苔草、毛茛、禾草、凤毛菊、橐吾、香青类等植物及圆穗蓼、珠芽蓼、独一味等。

在黄龙自然保护区的海拔4500～4700米的山坡上，分布有淡黄香青和坚杆火绒草为优势种的高山杂类草甸，面积不大，其下缘主要是小叶类杜鹃灌丛。

组成该群落的植物种类较多，有五十多种，除优势种淡黄杜鹃和坚杆火绒草，还有条叶银莲花、鹅绒委陵菜、羊茅、矮生蒿草、圆穗蓼、珠芽蓼、东俄洛橐吾等以及马先蒿、龙胆、报春、鸢尾类植物。草丛低矮，群落分层不明显。

在黄龙自然保护区，海拔在4700千米以上的部分高山顶上，常分布有局部的高山流石滩植被。组成该类型的植物以主根型为主，不少地下部分远远超过地上部分，甚至可达10倍左右。其次，丛生、垫状、鳞茎等类型均有一定数量。

在流石滩内常见的植物有鼠麹风毛菊、长叶风毛菊、水母雪莲

黄龙保护区的针叶林

黄龙森林风光

花、红景天、垫状点地梅、线叶芯菔、红茎虎耳草、甘肃蚤缀等。

在流石滩下部边缘还有高山草甸植被,如高山蒿草、羊茅、川滇橐吾、垫状女娄菜,以及苔草属、葱属等。在缓坡、洼地,雪茶、地衣等常形成小群聚。在海拔高处也可见黄地衣的分布。

黄龙自然保护区是天然动植物种资源的绿色宝库。许多动植物具有重要的科研和经济价值。各种动植物与黄龙自然保护区的特殊岩溶地貌与珍稀动植物资源相互交织,浑然天成。

阅读链接

金丝猴的珍贵程度与大熊猫齐名,同属"国宝级动物"。

它们毛色艳丽,形态独特,动作优雅,性情温和,深受人们的喜爱。金丝猴群栖于高山密林中。主要在树上生活,也在地面找东西吃。以野果、嫩芽、竹笋、苔藓植物为食。主食有树叶、嫩树枝、花、果,也吃树皮和树根,爱吃昆虫、鸟和鸟蛋。吃东西时总是显得那么香甜。

金丝猴具有典型的家庭生活方式,成员之间相互关照,一起觅食,一起玩耍休息。

具重要保护价值的自然遗产

黄龙自然保护区规模大、类型多、造型奇、景观美、生态完整，具有科学和美学等重要保护价值。

黄龙自然保护区自然遗产价值主要表现在巨型地表钙华景观、过渡型的地理结构、最东冰川遗存、高山峡谷江源地貌、生物物种资源宝库、优质的矿泉和浴泉等。

四川黄龙风景

■ 黄龙钙化池

黄龙的巨型地表钙华景观成为中国自然遗产一绝。黄龙自然保护区的主要景观是地表钙华群，它们规模宏大、类型繁多、结构奇巧、色彩丰艳。

黄龙自然保护区内高山摩天，峡谷纵横，莽林苍苍，碧水荡荡，其间镶嵌着精巧的池、湖、滩、瀑、泉、洞等各类钙华景观，点缀着神秘的寨、寺、耕、牧、歌、舞等各民族乡土风情。

这些奇特的自然景观，景类齐全，景色特异，在高原特有的蓝天白云、艳阳骤雨和晨昏时光的烘染下，呈现出神奇无穷的天然画境。

保护区内的钙华景观分布集中。例如，在全区广阔的碳酸盐地层上，钙华奇观仅集中分布在黄龙沟、扎尕沟、二道海等四条沟谷中，海拔3000～3600米高程段。

保护区内黄龙沟、二道海、扎尕沟分别处于钙华

寺 《说文》中解释为"廷也"，即指宫廷的侍卫人员，以后寺人的官署称之为"寺"，如"大理寺""太常寺"等。大理寺是中央的审判机关，太常寺则为掌管宗庙礼仪的部门。西汉时建立三公九卿制，三公的官署称为"府"，九卿的官署则称为"寺"。

■ 黄龙保护区的钙化池

的现代形成期、衰退期和蜕化后期，给钙华演替过程的研究提供了完整现场。

过渡型的地理结构为探索自然奥秘提供了依据。黄龙自然保护区在地理空间位置上处于单元间的交接部位。在构造上，保护区处在扬子准台地、松潘、甘孜褶皱系，与秦岭地槽褶皱系三个大地构造单元的接合部。

在地貌上，它属中国第二地貌阶梯坎前位，青藏高原东部边缘与四川盆地西部山区交接带。在水文上，它是涪江、岷江、嘉陵江三江源头分水岭。

在气候上，它处于北亚热带湿润区与青藏高原和川西湿润区界边缘。在植被上，它处于中国东部湿润森林区向青藏高寒、高原亚高山针叶林草甸草原灌丛区过渡带。动物群落也处于南北区系混杂区。

岷江 古称汶江和都江，以岷山导江而得名，发源于岷山弓杠岭和郎架岭，是古蜀文明的发源地，对四川方言的形成和发展有很大影响，至今在语言学分类中，被称为西南官话代表的四川方言还有一个分支叫岷江话，又叫岷江小片。

保护区被东西向雪山断裂、虎牙断裂和南北向岷山断裂、扎尕山断裂、交叉切错。而且黄龙本部与牟尼沟在岩性、层序、沉积等古地理条件和地层构造、构造形迹上均有较大差异。

这种空间位置的过渡状态，造成自然环境的复杂性，为各学科提供了探索自然奥秘的广阔天地。

黄龙自然保护区是中国最东部的冰川遗存地。海拔3000米以上的黄龙自然保护区留有清晰的第四纪冰川遗迹，其中以岷山主峰雪宝鼎地区最为典型。它的特点是类型全面，分布密集，最靠东部。

这一地区山高地广，峰丛林立，仅海拔5000米以上高峰就达7座，其中分布着雪宝鼎、雪栏山和门洞峰3条现代冰川，这一区域成为中国最东部的现代冰川保存区。这一地区主要冰蚀遗迹有角峰、刃脊、冰蚀堰塞湖等。

雪宝鼎 为岷山主峰，海拔5588米。其山势雄伟，峰体挺拔，崖壁陡峭，奇峰掩映，终年积雪。是道教、藏传佛教圣地。雪宝鼎山区角峰众多，大多四壁陡峭，峰顶尖锐，山势险峻，雄奇巍峨，被人们作为崇高、伟大、圣洁的象征，藏族群众尊之为"神山"。

黄龙保护区的冰碛地貌

主要冰碛地貌有终碛、中碛、侧碛、底碛等，分布在各冰川谷中，其中终碛主要分布高程约为3000～3100米、3600～3700米、3800～3900米。总之，这里的现代冰川和古冰川遗迹与钙华之间的关系，都具有重要的科研价值。

高山峡谷形成独特的江源地貌。黄龙自然保护区地貌总体特征是山雄峡峻，角峰如林，刃脊纵横；峡谷深切，崖壁陡峭；枝状江源，南直北曲。这里高程范围大多数是冰蚀地貌，气势磅礴，雄伟壮观。

保护区的喀斯特峡谷也比较多见，这些喀斯特峡谷空间多变，崖峰峻峭，水景丰富，植被繁茂。依谷底形态分，有丹云喀斯特溪峡、扎尕钙华森林峡和二道海钙华叠湖峡等数种。

黄龙自然保护区境内涪江江源为一个主干东西树枝状水系，上游河床宽平，下游峡谷深曲，南侧支流平直排列，北侧支流陡曲排列，形成上宽下深、南直北曲的独特江源风貌。

黄龙喀斯特岩洞

■ 黄龙彩池风光

黄龙自然保护区具有优质的矿泉和浴温。矿泉水主要出自于牟尼沟。经国家有关部门鉴定，这里的水质富含锶、二氧化碳，是优质天然饮用矿泉水。

此外，在牟尼沟的二道海沟，还有一处温泉群，水温在22摄氏度左右，温泉喷出的水柱近半米高，每升含硫0.16毫升，更是优质的药用浴泉。

> **阅读链接**
>
> 　　黄龙自然保护区内主景沟是一条浅黄色地表钙华堆积体，形似一条金色的巨龙。钙华体上，彩池层叠，飞瀑轰鸣，流泉轻唱，奇花异草，古木老藤点缀其间，大熊猫等珍稀动物常有出没。还有保护区的3400多个钙华彩池在阳光照射下，一尘不染，流光溢彩。
>
> 　　在黄龙沟区段内，同时组接着几乎所有钙华类型，并巧妙地构成一条金色巨龙，翻腾于雪山林海之中，实为自然奇观。

崇山峻岭中的人文风情

黄龙自然保护区被联合国教科文组织评为世界自然遗产的众多原因中很重要的一条，就是它隐藏在川西北的崇山峻岭之中，几乎没有受到人类活动的干扰。

此外，这里独特的人文历史，也是吸引众多观光者的原因之一。如今承载人文历史文化的松潘古镇，也向人们揭开了神秘的面纱。

松潘，古名松州，是历史上有名的边陲重镇，被称作"川西门

■ 黄龙保护区的松潘古镇

黄龙保护区内的松潘古城

户"，古为用兵之地。史载古松州"扼岷岭，控江源，左邻河陇，右达康藏"，"屏蔽天府，锁阴陲"，故自汉唐以来，此处都设有关尉，屯有重兵。

进入松潘县城，城门城墙高大古老，保存完好。据《松潘县志》记载，明洪武十二年，平羌将军丁玉在平定董贴里叛乱军，挥师北进，进驻松州之后，上书皇帝朱元璋，建议在松州设置军卫。

松州设卫时，丁玉调宁州卫高显来权负责筑城事宜，在西缘山麓，东傍江岸以上筑墙，历时五年，筑成一段城墙。

松潘古镇古墙砖长0.5米、宽0.25米、厚0.12米，所用灰浆是用糯米、石灰、桐油熬制而成，每块青砖重达30千克，砌成10多米高，6200多米长的城墙，工程艰巨。今天，在松潘的窑沟、窑坝山上，遗留有为筑城烧制青砖而造的古窑遗迹。

明英宗正统年间，负责松潘的御史冠琛，将西部城墙由山麓筑到山巅。嘉靖年间，松潘总兵又增修外城约1千米，历时六十年，才使松潘城制初具规模。

松潘古城有7道门，东门叫作觐阳门、南门叫作延熏门、西门叫作

黄龙真人 是元始天尊门下，为阐教"昆仑十二金仙"之一，古代传说中的神仙。洞府为二仙山麻姑洞。号称是五无道人，无法宝、无法力、无弟子、还毫无头脑，从无胜绩，每战必败。他的坐骑为鹤。

威远门、北门叫作镇羌门，西南山麓门叫作小西门。外城有两门，东西向的门叫作临江门、南北的门叫作阜清门。

各城门以大块平行六面的条石垒成拱圈，使顶部呈半圆形，门基大石上镂有各种雕花图案，别具匠心，耐人寻味。临江门旁石壁上，镌刻着崇祯年间关于减免苛赋的布告。

古城墙门堡始建于明太祖洪武年间，松州卫和潘州卫合并为松潘卫时。门洞造型坚实，经数百年风雨而不蚀不坏，登上城墙可饱览周围的雄壮景色。

松潘城内，小桥流水，景观独特，一条湍急而清澈的河流，从松潘古城的东端穿过环城路向西流，在切过中央大街后，转往南流，从南城门左侧流出松潘古城，使得整个松潘古城顿时活泼生动起来。

尤其河两岸的人家，依着河岸在河面上架起古意盎然的竹楼，欣赏远山近水，非常写意。

■ 黄龙古寺

■ 黄龙自然风景区

黄龙古寺始建于明代，位于黄龙沟保护区，占地千余平方米，属道教观宇。相传助大禹治水的东海黄龙功成身退，修道成仙，成为黄龙真人，在黄龙自然保护区化身为十里金沙，它的鳞片更化作千座彩池。后人为纪念其功德，便建起了这座黄龙寺。

黄龙寺有罗汉堂、中寺、后寺、禹王庙等，现罗汉堂已成废墟，后寺主供黄龙真人，后寺下的溶洞黄龙洞有天然钙化黄龙真人座像。黄龙寺以道家为主流，浸润藏传佛教、本教和儒家等文化，是中国民间宗教文化儒、释、道互补的典型代表。

整个黄龙自然保护区属于藏区，信奉佛教。紧邻黄龙沟的岷山主峰雪宝鼎是当地藏传佛教、本教的圣山，中寺是佛教寺庙，而且都有佛教信徒朝拜。

黄龙洞洞口，有一棵龙形松树上经常挂满洁白的哈达，那是当地藏族同胞为神秘的黄龙洞敬献的供品，洞口还有几处玛尼堆，青色的石块上镌刻着藏传

本教 是世界上最古老的宗教之一，发源于中亚，其历史距今有18000多年。它涵盖了藏医、天文、历算、地理、占卦、绘画、因明、哲学、宗教等方面，对西藏及其周边地区的民族文化产生了重要的影响，直至今日，仍然深刻地影响着当地人们精神文化生活的方方面面。

■ 龙美景

佛教的经文,在一个道家高人修行的地方,见到众多佛教信徒虔诚地叩拜,不能不说是一道奇观。

每年农历六月十五至十七,是一年一度的黄龙庙会。庙会期间,游客能领略到藏、羌、回、汉各族男女拜祭为民造福的黄龙真人的盛大场面,能品尝到酥油糌粑、黄龙豆腐、洋芋糍粑等各种风味小吃,能观看到舞龙、舞狮、跳锅庄、对情歌等热闹场面,能够购买到各种别致的民族工艺品。

整个庙会期间人潮涌动、帐篷连营、笑语欢歌,寺庙香火鼎盛。

每年农历六月十七,庙会刚一结束,黄龙都会下一场雨。当地人喜欢在雨中淋浴,认为是上苍对众生行善结缘的感应。雨过之后,天朗气清,山林如洗,群池澄碧,因此,当地人把它叫作"洗山雨"。这种情况千年不变,不能不说是一个奇迹。

每逢农历五月左右,在岷江乡的观音崖鱼洞中就有大量的鱼涌出。这种鱼十分奇特,鱼头上都长着一

禹 姒姓,夏后氏,名文命,号禹,后世尊称大禹,是黄帝轩辕氏玄孙。通过禅让制得到帝位。大禹为了治理洪水,长年在外与民众一起奋战,置个人利益于不顾,治水13年,耗尽心血与体力,终于完成了这一件名垂青史的大业。

个红色斑点类似纺梭,因此,当地人称之为梭子鱼。传说这些鱼是由黄龙洞的阴河中游来的。

相传,远古时期,黄龙负舟助禹治水。禹治水成功后,邀请黄龙前去做官,黄龙婉言谢绝,执意要留在黄龙寺修炼。

大禹为表彰其功绩,知道黄龙爱吃鱼,便切下南海的一角移来洞中,又在南海之鱼头顶上点了一下,以示区别于其他鱼,专供黄龙食用。

黄龙修行成仙后,不再食鱼,因此,洞内鱼越来越多,只好顺着阴河往外涌。据观音崖鱼洞周围的人讲,有一年,他们竟在这里捕捞了5000多千克头上缀有红点的梭子鱼。

牟尼沟不仅自然风光瑰丽,还有浓郁的宗教文化氛围,藏传佛教在此与自然美景融合在一起,形成极其独特的韵味。

牟尼沟的藏传佛教主要是格鲁派,主要寺庙有肖包寺和牟尼后寺,它们是黄龙自然保护区较有影响的

格鲁派 是中国藏传佛教宗派。藏语格鲁意即善律,该派强调严守戒律,故名。该派僧人戴黄色僧帽,故又称黄教。创教人宗喀巴,原为噶当派僧人,故该派又被称为新噶当派。格鲁派既具有鲜明的特点,又有严密的管理制度,因而很快后来居上,成为藏传佛教的重要派别之一。

■ 黄龙自然风光

黄龙飞瀑

寺庙。主要节日有每年农历五月十五的卓锦节等。

肖包寺至今已有500余年历史。寺院内有一块佛石，上面有天然生成的佛教图像，肖包寺因此而得名。肖即佛石，包即佛石的图像。

肖包寺由于地处牟尼沟旅游必经之地，加之地势开阔，既有草地风光，又兼具了峡谷景观，吸引不少游人前来。

牟尼后寺位于扎嘎沟内，寺院背面是茂密的原始森林，正面是隆岗沟，左面是气势宏伟的扎嘎瀑布。寺院始建于1663年，寺内藏有大量珍贵藏传佛教文物。牟尼后寺每年农历正月十五和七月十五都会举行大型宗教活动。

在黄龙自然保护区，经常可见到一座座雪白的佛塔，在蓝天白云的衬托下，佛塔显得格外圣洁庄严，形成一道独特的宗教文化景观。

关于佛塔的来源有两种说法：一种说法是，佛塔的雏形形成于印度，据史料记载，古代印度王公贵族去世之后皆入土安葬，用土、石建成半圆的拱形墓。佛教高僧圆寂之后，这种拱形墓建得更加高大壮观，以后就逐渐演变成了佛塔。

另一种说法是，佛教始祖释迦牟尼圆寂后，弟子们将其遗体火化，得到了神秘的舍利子，信徒们便虔诚地建造了高大、雄伟的塔形墓供奉佛舍利。

后来，这种安葬佛教高僧骨灰的方法一直被各地佛教寺院延用，于是佛塔越来越多、越建越高，成为佛教寺院的圣地。

在黄龙自然保护区的草原、牧场，在十字路口、路旁、湖边和村寨的出入口处，常常可见到一堆堆刻着佛像和佛教经文的石头，这就是嘛呢堆，也被称为神堆。

这些石堆，藏语称"朵帮"，就是"垒起来的石头"之意。朵帮又分为两种类型："阻秽禳灾朵帮"和"镇邪朵帮"。阻秽禳灾朵帮大都设在村头寨尾，石堆庞大，而且呈阶梯状垒砌，石堆内藏有阻止秽

■ 嘛呢堆 是由许多嘛呢石组成的，嘛呢石是藏族的传统民间艺术，大都刻有六字真言、慧眼、神像造像、各种吉祥图案，以期祛邪求福。嘛呢石可组成为嘛呢堆或嘛呢墙，在西藏各地的山间、路口、湖边、江畔，几乎都可以看到。

■ 黄龙石塔风光

恶、襄除灾难、祈祷祥和的经文，并有五谷杂粮、金银珠宝及枪支刀矛。

镇邪朵帮大都设在路旁、湖边、十字路口等处，石堆规模较小，呈圆锥形，没有阶梯，石堆内藏有镇邪咒文，也藏有枪支刀矛。

在藏传佛教地区，人们把石头视为有生命、有灵性的东西。刻有佛像及佛教经文的嘛呢石，并没有统一的规格和形状，制作者用不着刻意选择，捡着什么石头就在上面刻画，经文多是六字真言和咒语。

在黄龙自然保护区内，散落着许多藏族、羌族和回族人居村寨。由于历史原因以及特殊地理环境的影响，这些藏民族、羌族和回族居民，无论是建筑家居、丧葬习俗、饮食习惯、禁忌习俗、服装服饰、娱乐文化、宗教信仰都十分独特。

正是这里的多民族风情，给黄龙自然保护区原始的神奇自然景观又增添了一道独特的人文风景。

藏寨木楼是一种石木结构的楼房，两三层不等，

真言 梵语。音译曼怛罗、曼荼罗。又作陀罗尼、咒、明、神咒、密言、密语、密号。即真实而无虚假之语言之意。或又指佛、菩萨、诸天等的本誓之德，或其别名；或指含有深奥教法之秘密语句，而为凡夫二乘所不能知者。广义言之，不但以文字、言语表示之秘咒者称为真言，乃至法身佛之说法，也均为真言。

立原木为柱,四周砌石墙,墙上搭木铺木杆,再铺土夯紧。底层作为畜圈,二层以上四周用木板围墙,各房间也用木板间隔,做客厅、经堂、厨房、卧室。各家房屋坐向不一,房前屋后及寨前均立经幡。

这些藏式木楼外形美观,二层以上开大窗,设阳台。房屋内外雕镂精美,墙上、壁板上用五色颜料绘有各种花卉、鸟兽图案,门上贴狮、虎等动物图画,色彩鲜艳,花纹吉祥。

羌寨中的碉房是羌族的石砌民居,一般高达三四层。底层圈养牲畜,中层住人,上层储藏粮食,屋顶为平台,既可以用来摊晒粮食,又可以作为老人歇息、妇女针织、孩子游戏的场所。

碉房建造时就地取材,以土石为原料,不用绘图、吊线,全凭高超的技艺和经验。

碉房形式多样,层次不一,结构严密,棱角整齐,不仅坚固、耐久、实用,而且冬暖夏凉,充分体现了羌族人独特精湛的建筑艺术。《汶川县志》记载:"羌土寨居,远视如西式洋楼。"

羌碉邛笼是羌族的另一特色建筑,羌碉邛笼高的达30多米,建造时间常常延续数年甚至更久。邛笼用石块砌成,分四棱、六棱、八棱多种,线条垂直分明。一般建于寨口,战时起防御作用,兼备烽火台

黄龙保护区传统民居

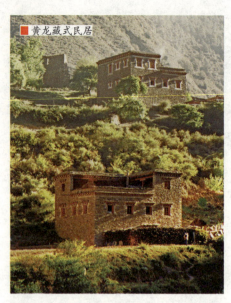

黄龙藏式民居

的功能。

藏族的雕刻艺术，从画风上可分为宫廷雕刻与民间雕刻两种。宫廷雕刻拘谨刻板，民间雕刻自由豪放。民间雕刻更多渗透着世俗生活风采，多见于经板、嘛呢石、岩石、古建筑及法器上。

羌族民间文学极为丰富，著名的叙事长诗《木吉珠与斗安珠》和《羌戈大战》，不仅是民族史诗，更是珍贵的文化瑰宝。《洪水朝天》《开天辟地》等民间故事更反映出羌族独特的审美观和艺术观。

羌族是一个能歌善舞的民族，优美的莎朗舞和动人的山歌，都是民族传统文化的结晶。羌族的挑花刺绣工艺十分精湛，在中国工艺美术史上占据重要地位。

阅读链接

很久以前，有两位老人生了两个儿子、一个姑娘。没多久两位老人先后去世，只剩下3个孩子。

有一年，洪水淹没了整个大地。老大老二各做了一个鼓，准备坐在上面任其去漂。老大做的鼓只够一个人坐，老二做的是一个大木鼓，他喊妹妹与他坐在里面。

洪水越涨越高，老大的鼓就看不见了，老二和他妹妹坐的木鼓却一直升到了天上，老天爷于是放出龙猪到地上拱出许多大沟大洞让水漏走。

于是，兄妹二人活了下来。后来兄妹俩只好成婚，从此，人类才慢慢地发展起来，这就是羌族"洪水朝天"的故事。

大自然迷宫 湖南武陵源

　　武陵源风景名胜区位于中国湖南省张家界市与慈利、桑植两县交界处。

　　武陵源的景观类型主要为砂岩峰林景观,次为灰岩喀斯特溶洞景观、灰岩喀斯特峡谷景观、高山湖泊景观和人文景观等。这里集"山峻、峰奇、水秀、峡幽、洞美"于一体,到处是石柱石峰、断崖绝壁、古树名木、云气烟雾、流泉飞瀑和珍禽异兽,风光秀美,堪称人间奇迹,鬼斧神工,生态价值极高,是世界自然遗产的宝贵财富。

奇特瑰丽的地质地貌

武陵源自然保护区的地质地貌以规模大、造型奇、景观美、生态完整、科学价值和美学价值高等特点，具有重要的保护价值。

武陵源峰林造型景体完美，像人、像神、像仙、像禽、像兽和像物，变化万千。

武陵源山川

■ 武陵源溪流

　　武陵源石英砂岩峰林地貌的特点，属于层状层组结构，即厚石英砂岩夹薄层和极薄云母粉砂岩或页岩，这一组成结构，有利于大自然的造型雕塑。岩层裸露平缓，增加了岩石的稳定性，为峰林拔地而起提供了先决条件。

　　武陵源岩层垂直节理发育还显示出等距性特点，节理间距一般在15～20多米，为塑造千姿百态的峰林地貌和幽深峡谷提供了条件。

　　基于上述因素，加之地壳在区域新构造运动的间歇抬升、倾斜，流水侵蚀切割、重力作用、物理风化作用、生物化学等多种外营力的作用下，这里的山体按复杂的自然演化过程形成峰林，显示出高峻、顶平、壁陡等特点。

　　武陵源石英砂岩质纯、石厚，石英含量高，岩层厚，为国内外所罕见，极具独特性。

鹞子寨　位于张家界国家森林公园东北方向，与黄石寨、杨家界形成三足鼎立之势。鹞子寨顶海拔1500米，以险著称，据说鹞子都难以飞过，所以取名叫鹞子寨。原名腰子寨，因形似腰子而得名。据说明清和民国年间，这里是当地百姓躲避兵匪的地方，现存有石寨遗址。

武陵源石英砂岩峰林

武陵源石英砂岩峰林地貌，是在晚第三纪地质年代以来漫长的时间里，由于地壳缓慢产生的歇性抬升，经流水长期侵蚀切割的结果。它的发展演变，经历了平台方山、峰墙、峰林、残林四个主要阶段。

石英砂岩峰林地貌形成的最初阶段，为边缘陡峭、相对高差几十米至几百米，顶面平坦的地貌类型，顶面由坚硬的含铁石英砂岩构成，如天子山、黄石寨、鹞子寨等处的平台方山地貌。

随着侵蚀作用的加剧，沿岩石共轭节理中发育规模较大的一组形成溪沟，两侧岩石陡峭，形成峰墙，如百丈峡即属此类型。

流水继续侵蚀溪沟两侧的节理、裂隙、形成峰丛，当切割至一定深度时，则形成由无数挺拔峻峭的峰柱构成的峰林地貌。如十里画廊、矿洞溪等处的地貌特征。

峰林形成后，流水继续下切，直至基座被剥蚀切穿，柱体纷纷倒塌，只剩下孤立的峰柱，即形成残林地貌。随着外动力地质作用的继续，残林将倒塌殆尽，直至消亡，最终形成新的剥蚀地貌。在武陵源泥盆系砂岩分布区的外围地带则为此类地貌类型。

在地球上，与武陵源石英砂岩峰林地貌类似的典型地貌主要有喀斯特石林地貌及丹霞地貌等。

武陵源石英砂岩峰林地貌是世界上独有的,具有相对高差大,高径比大,柱体密度大,拥有软硬相间的夹层,柱体造型奇特,植被茂盛,珍稀动植物种类繁多等特点。

特别是它拥有独特的,而且目前保存完整的峰林形成标准模式,即平台、方山、峰墙、峰林、峰丛、残林形成的系统地貌景观,在此地区得到完美体现,至今仍保持着几乎未被扰动过的自然生态环境系统。

因此,无论是从科学的角度还是从美学的角度评价,张家界砂岩峰林地貌与石林地貌、丹霞地貌以及美国的丹佛地貌相比,其景观、特色都更胜一筹,是世界上极其特殊、珍贵的地质遗迹景观。

武陵源石英砂岩峰林地貌包含的地球演化、地质地貌形成机理、独特的自然美、典型的生态环境系

> **丹霞地貌** 系指由产状水平或平缓的层状铁钙质混合不均匀胶结而成的红色碎屑岩,受垂直或高角度节理切割,并在差异风化、重力崩塌、流水溶蚀、风力侵蚀等综合作用下形成的有陡崖的城堡状、宝塔状、针状、柱状、棒状、方山状或峰林状的地形。

■ 武陵源石英砂岩

统、人地协调的和谐美及丰富多彩的民族文化艺术等,成为国内外少有的教学科研基地。

来自中国和世界各国的专家学者,在公园从事过地质学、民族学、生物学、生态学、民俗文化学、旅游开发与管理等的研究,积累了丰富的研究资料,形成了石英砂岩峰林地貌形成机理、发育特征等一整套完整的理论体系,进一步丰富了地球科学的研究。

武陵源构造溶蚀地貌,主要出露于两叠系、三叠系碳酸盐分布地区,面积达30.6平方千米,可划分为五亚类,堪称湘西型岩溶景观的典型代表。

溶蚀地貌主要形态有溶纹、溶痕、溶窝、溶斗、溶沟、溶槽、石芽、埋藏石芽、石林、穿洞、洼地、石膜、漏斗、落水洞、竖井、天窗、伏流、地下河和岩溶泉等。

武陵源的溶洞主要集中在索溪峪河谷北侧及天子山东南缘,总数达数十个。以黄龙洞最为典型,被称为"洞穴学研究的宝库"。黄龙洞在洞穴学上,具有游览、探险以及科学考察方面的特殊价值。

武陵源剥蚀构造地貌分布在志留系碎屑地区,有三大类。碎屑岩中山单面山地貌,分布在石英砂岩峰林景观外围的马颈界至白虎堂,和朝天观至大尖一带。

武陵源的河谷侵蚀堆积地貌,可分为山前

武陵源石英砂岩峰林

冲洪扇、阶地和高漫滩三大类型。山前冲洪扇类型分布于武陵源沙坪村，发育于插旗峪至施家峪一带；阶地类型主要分布在索溪两岸，它的二级为基座阶地，高出河面5米左右；高漫滩类型主要分布在军地坪至喻家嘴一线，面积达5平方千米。

武陵源回音壁一带上泥盆系地层中的砂纹和跳鱼潭边岩画上的波痕，是不可多得的地质遗迹，不仅可供旅游参观，而且是专家学者研究地球古环境和海陆变迁的证据。分布在天子山两叠系地层中的珊瑚化石，形如龟背花纹，称为龟纹石，是雕塑各种工艺品的上好材料。

武陵源的自然景观绚烂多彩，种类齐全。峥嵘的群山，奇特的峰林，幽深的峡谷，神秘的溶洞，齐全的生态，幻变的烟云，丰富的水景，清新的空气，宜人的气候，幽雅的环境，被誉为科学的世界、艺术的

武陵源天子山

因明朝初期土家族农民起义领袖向大坤自号为"向王天子"而得名。天子山东临索溪峪，南接张家界，北依桑植县，是武陵源景区四大风景之一。天子山位于"金三角"的最高处，素有"扩大的盆景，缩小的仙境"的美誉。

■ 武陵源金鞭溪

世界、童话的世界和神秘的世界。

登上天子山、黄狮寨、腰子寨、鹰窝寨等高台地，举目四顾，无论是高山之上，还是群山环抱之中，都耸立着高低参差、奇形怪状的石峰。俯瞰千峰万壑，如万丛珊瑚出于碧海深渊，奥妙无穷。

武陵源石峰从峰体造型看，或浑厚粗犷，险峻高大，或怡秀清丽，小巧玲珑。阳刚之气与阴柔之姿并存。从整体气势上来品评，武陵源石峰符合"清、丑、顽、拙"的品石美学法则。

从峰体的色彩来看，由于石英砂岩的特殊岩质，武陵源峰体或者像潇洒倜傥的少男，或者像鲜活红润的少女，朝气勃勃，伟岸不群。

武陵源石峰还具有奔放不羁的野性美，形态变化多端，各有其妙。有的像金鞭倚天耸立，直入云端；有的似铜墙铁壁，威武雄壮，坚不可摧；有的像宝塔倾斜，摇摇欲坠，似断实坚。

金鞭岩三面如刀劈斧削一般，棱角分明，金黄微

> **罗汉** 是阿罗汉的简称。有杀贼、应供、无生的意思，佛陀得道弟子修证最高的果位。罗汉者皆身心六根清净，无名烦恼已断。已了脱生死，证入涅槃。堪受诸人天尊敬供养。于寿命未尽前，仍住世间梵行少欲，戒德清净，随缘教化度众。

赤岩身，拔地突起，直入霄汉，垂直高度达300余米，在阳光照射下，鞭体光彩熠熠，气势咄咄逼人。

在金鞭岩对面，又有一座垂直高度为300多米，被人比作比萨斜塔的醉罗汉峰，它由西向东倾斜10度左右，站在峰下仰望，顿觉风动云移，罗汉摇摇欲坠。像这样野性十足、不拘一格的奇峰怪石，在武陵源不胜枚举。

武陵源有"水八百"之称，素有"久旱不断流，久雨水碧绿"的说法。这里的溪、泉、湖、瀑、潭，门类齐全，异彩纷呈。金鞭溪连着索溪，把沿途自然风景珠玑缀成一串，构成一幅美妙的山水画卷。

鸳鸯瀑布从高达百余米的悬岩飞泻直下，远处听声，如雷隆隆，回荡峰壁；近观瀑形，好像有大小银龙在跳跃，形、声、色俱佳，豪情四射。

武陵源的金鞭溪、十里画廊、黑槽沟等峡谷，都是幽深奇秀、隐天蔽日的地方。这里的峡谷蜿蜒伸展，两旁树木葱茏，杂花香草点缀其中。

武陵源黄龙洞奇观

武陵源的地下溶洞壮美神奇，构景妖娆，妙趣横生。丰富多彩的自然景观有机地排列组合，相互衬托，交相辉映，构成虚实相济、含蓄自由的山水佳境，具有独特的审美情趣与美学价值。

景观奇美齐全的黄龙洞，是中国超级地下溶洞长洞，规模庞大，最宽处200米，最高处51米，总面积为52 000平方米，被称为"洞穴学研究宝库"。

武陵源植被繁茂，种类繁多，尤其以武陵源松生长奇特，造型奇美，耸立峰顶，其形古朴，其神逸远。

武陵源具有多姿多彩的气候景观。雨后初霁，先是缥缈大雾，继而化为白云沉浮，群峰在无边无际的云海中时隐时现，如蓬莱仙岛，玉宇琼楼，置身其间，飘飘欲仙，有时云海涨过峰顶，然后以铺天盖地之势飞滚直泻，化为云瀑，蔚为壮观。

武陵源秀美和谐的田园风光共有7处，尤其以沙坪风光最佳。这里，索溪与百丈溪合流，田园平缓上升，直至峰峦，相互衔接，融为一体。田园之中，村宅点缀，绿树四合，翠竹依依，朝夕炊烟弥漫升腾，景致淡雅怡适。田野风光，又因四时农作物不同而变化多彩，创造出一种具有浓烈抒情氛围的田园乐章。

阅读链接

空中田园坐落在天子山庄右侧经老虎口、情人路方向2000米处的土家寨旁，海拔1000余米。

它的下面是万丈深渊的幽谷，幽谷上有高达数百米的悬崖峭壁，峭壁上端是一块有3公顷大的斜坡梯形良田。田园三方峰峦叠翠，林木参天，白云缭绕，活像一幅气势磅礴的山水画。

登上空中田园，清风拂袖，云雾裹身，如临仙境，使人有"青峰鸣翠鸟，高山响流泉。身在田园里，如上彩云间"之感。

古老珍贵的动植物资源

武陵源地区在第四纪冰川期,未被大陆冰川完全覆盖,因而成为植物在第四纪冰川期的避难所。所以古老孑遗植物得以延续下来,使之成为中国植物区系中最有代表性的自然遗产保存地之一。

武陵源具有多姿多彩的气候景观。其春、夏、秋、冬,阴、晴、朝、暮,气候万千。云雾是武陵源最多见的气象奇观,有云雾、云海、云瀑和云彩五种形态。雨后初霁,先是朦胧大雾,继而化为白云,缥缈沉浮。

每当晴天的清晨,一轮红日在朵朵红云的陪伴下,从奇山异峰中冉冉升起;傍晚,伴五彩云

武陵源奇山风光

神农架 位于湖北省西部边陲，是中国唯一以"林区"命名的行政区。神农架是中国内陆唯一保存完好的一片绿洲和世界中纬度地区唯一的绿色宝地。动植物区系成分丰富多彩，古老而且珍稀。苍劲挺拔的冷杉、古朴郁香的岩柏、雍容华贵的杪椤、风度翩翩的珙桐、独占一方的铁坚杉等，枝繁叶茂，遮天蔽日。

霞徐徐下降，那林立的峰石，在云霞的沐浴下，更显韵姿绰约，分外迷人。而冬日雪后，那层层山峦座座石峰又是银装素裹、冰帘垂挂，其玉叶琼枝玲珑剔透，俨然是童话中的水晶世界。

这种气候有利于各种动植物的生长繁殖。再加上武陵源位于中国西部高原亚区与东部丘陵平原亚区的边缘，东北接湖北神农架等地，西南连于贵州东梵净山，各地生物相互渗透。

因此，物种丰富，特别是这里地形复杂，坡陡沟深，加上气候温和，雨量丰富，森林发育茂盛，给众多物种的生存和繁衍提供了良好的环境条件。

加上这里交通不便，人口稀少，受人为干扰较少，从而保存了丰富的生物资源，成为中国众多孑遗植物和珍稀动植物集中分布地区。

据考证，千百年来武陵源从未发生过较大的气候

■ 武陵源山峰绝壁

武陵源森林里的猕猴

异常、水土流失、岩体崩塌或森林病虫害等现象，证明武陵源保持了一个结构合理而又完整的生态系统，具有极其重要的科研价值。

武陵源是生物宝库，具有完整的生态系统和众多的野生珍稀动植物物种资源，植被覆盖率达到97%，保存了长江流域古代孑遗植物群落的原始风貌，有高达30多米、胸径近2米的古老银杏树，被称为"自然遗产中的活化石"。

还有伯乐树、香果树等树种，区内植物垂直带谱明显，群落结构完整，生态系统平衡，属中国至日本植物区系的华中植物区，是该植物区核心地带，蕴藏着众多的古老珍贵植物和中国特有植物资源。

这里森林覆盖率达88%。高等植物有3000余种，其中木本植物有700多种。首批列入《中国珍稀濒危保护植物名录》的重点保护植物有35种。在众多的植物中，武陵松分布最广，数量最多，形态最奇。

武陵源古木是自然遗产中的活文物，这里的古树名木具有古、大、珍、奇、多的特点。神堂湾、黑枞脑保存有完好的原始森林。

生长于鹞子寨的珙桐，是国家一级保护珍贵树木。这些植物种质

武陵源森林

资源，有着极高的科研价值，它们的生存环境、林相结构及其保护、保存等都是重大的研究课题。

由于自然条件差异大，这里植物的垂直分带明显，群落完整，生态稳定平衡，为野生动物提供了良好的栖息环境。

武陵源在动物地理分布上属于东洋界华中区，这里森林茂密，给动物的生活、繁衍创造了良好的环境条件。经初步调查，这里的陆生脊椎动物共有50科116种。其中，属于《国家重点保护动物名单》中的一级保护动物3种，二级保护动物10种，三级保护动物17种。

武陵源动物世界中，较多的是猕猴，据初步观察统计为300只以上。当地人叫作娃娃鱼的大鲵，则遍见于溪流、泉、潭中。

阅读链接

武陵松于1988年由中南林业科技大学植物分类专家祁承经教授发现并命名。它与马尾松的区别在于树形较矮小，针叶短而粗硬，果球种子较原种小。喜生于悬崖绝壁或山顶之上。

武陵松是张家界国家森林公园所特有的一树种，因身材矮小、耐旱生长在武陵山脉一带而得名。三千奇峰只要有缝隙的地方就生长有武陵松，它因奇峰而挺拔、傲立，三千奇峰又因武陵松而英俊，充满灵气。有"武陵源里三千峰，峰有十万八千松"之誉。

万象之美的天然画卷

武陵源由张家界国家级森林公园、索溪峪国家级自然保护区、天子山国家级自然保护区和杨家界省级自然保护区组成。武陵源保护区内,集山、水、林、洞于一地,融万象之美于一体。

独特的石英砂岩峰林、奇妙的溶洞、幽静的峡谷、茂密的森林、多姿的溪涧、变幻的云海和充满浓郁乡土气息的田园风光,构成了一幅雄、奇、幽、野、秀的天然画卷,被誉为自然博物馆和地质纪念馆。

张家界又名青岩山,面积130平方千米,是中国第一个国家森林公园,它地处武陵源山中,被誉为一颗璀璨的风景明珠。

张家界地貌奇特,有石峰2000多

武陵源溪水风光

■ 张家界险峻山峰

座,形态各异,树木茂盛,森林覆盖率达80%,四周山地环抱,坡陡沟深,气候暖湿,区内景观众多,尤其以九天洞、茅岩河等,以及南天一柱、琵琶溪等最为著名。

九天洞坐落在张家界市区以西,桑植县西南的利福塔乡水洞村境内,洞因天生有9个天窗与外界相通而得名。洞口南侧有集自然风光和浓郁民族风情于一体的峰峦溪天然森林公园与之相依相衬。

洞口东南澧水像条银色飘带,蜿蜒流过。九天洞百余处景观,景观堆珍叠玉、藏奇纳秀、神秘莫测、幽深无堰,享有"世界奇穴之冠""亚洲第一大洞"等美誉。

九天洞属喀斯特地貌溶洞,总面积为250多万平方米,是目前发现的亚洲地区面积最大的溶洞。溶洞构造复杂,最低层低于地面470米。

由于地表上方有裂缝处渗水中的碳酸氢钙与空气中二氧化碳反应凝固成碳酸钙,经长年累月积累沉淀形成了形态各异的钟乳石。

洞分上、中、下三层,最下层低于地表面400米。洞内36个洞交错相连，内有30个大厅、10座洞中山、6处千丘田、5座自生桥、3段阴河、3个天然湖、12道瀑布、3口井等景观。洞中石林密布，钟乳悬浮，岩浆铸成的各种精致景物婀娜多姿。

洞中的石笋、石柱、石幔、石花、石人、石兽等千姿百态，不可名状，呈红黄绿白黑灰诸色，可谓五彩缤纷，琳琅满目。其中九星山玉柱、九天玄女宫和寿星宫三大奇观堪称景绝盖世。

水晶山位于九天洞水晶宫内。由于地表水汇集成溪沿洞顶缝隙渗漏而下，方解石和次生碳酸钙的沉淀形成底流石。水晶山在干燥时闪闪发亮，有水流过时则形成石瀑布群景象。

茅岩河主要景观有血门沟、洞子坊、茅岩滩、夹儿沟、温塘温泉、麻阳古渡、茅岩河峡、水洞子瀑布、苦竹寨、血门沟、七年寨、黑蛇湾、火烧鱼鬼门

苦竹寨 古寨建于唐宋，盛于明清，已有近2000年的历史。曾是澧水上游"千帆林立的老码头，商贾云集的古集市，艄公荡魂的逍遥宫，明清社会的万花筒"。古寨上承县府，下临险峻峡谷，又居山临水，地势险要，历来被称为桑植的咽喉之地。

■ 武陵源群山风光

武陵源晨雾

关、鸳鸯洲、仙女沐浴和水洞子瀑布等40多个。沿河两岸青山绿水、风光如画，因此又称"百里画廊"。

印花墙位于茅岩河平湖游区内。由于丰富的有机质溶蚀物顺水流而下，洗刷着两岸凹凸不平的岩壁，形成了奇形怪状的壁画、板画、水彩画、喷墨画，令人眼花缭乱。

水洞子瀑布位于茅岩河漂流下游，地下水从石壁的大溶洞中流出形成瀑布，高约70米，宽约45米，既不是循岸而落，也不是一泻而注，而是先顺崖隙而出，时开时合。

八大公山位于武陵山脉北端，湖南省张家界市桑植县西北部，西与湖北的宣恩、鹤峰两县毗邻，是湖南四大水系中澧水的发源地。

八大公山林海苍茫，山势巍峨，总面积250平方千米，境内夏秋短、冬春长，年均降雨在2100毫米以上，是湖南四大暴雨中心之一。区内群山起伏，山脉纵横交错，599座山峰星罗棋布，奇峰突起，溪流、瀑布众多。

八大公山群峰高耸，层峦叠嶂，幽谷清澈，海拔千米以上的高峰多达351座，有的尖如利刃，有的弯若牛角，有的直如笔杆，形成了如一线天、牛头山、棋盘岩等独特的自然景观。

区内还有小溪沟252条，溪沟纵横，多样的地形地貌使区内水景丰富多彩，情人瀑、彩虹瀑、百丈瀑、乌龙瀑等521个瀑布点缀在万绿丛中。

独特的环境使八大公山孕育和保存了亚热带最完整、面积较大的原生性常绿阔叶林，被誉为绿色宝库、天然博物馆和世界罕见的物种基因库。

八大公山是中国生物多样性关键地区之一，这里有高等植物206科2408种，其中属国家一、二级野生植物有珙桐、光叶珙桐、红豆杉、南方红豆杉、钟萼木等23种，天然野生花卉植物160种，其中珙桐在区内成群分布。

这里可观赏到形神兼备的夫妻树、醉汉林、七姊

夫妻树 在古代称为"连理枝"，又称"生死树"，这是树林中如人类夫妻般相依而生的一种现象，也就是同根生的树。在中国多地有发现，如四川省蒲江县境内西来古镇，临溪河边的"夫妻树"，两棵分离的树干在离地约2米处合抱在一起，左边较细的是"妻子"，右边较粗的是"丈夫"。

■ 武陵源山峰

■ 武陵源"南天一柱"

妹、十六兄弟以及匍地爬壁、攀树悬木的藤蔓等植物景观。

珙桐花序奇特而美丽，花开时满树如鸽群栖立，最称胜景。珙桐湾的珙桐王被称为世界之最。

这里是天然的药园和动物园，药用植物1000多种，脊椎动物146种，鸟类64种，爬行类19种，两栖类18种，其中一、二级保护动物金钱豹、云豹、林麝、红腹角雉、黑熊等40余种，此外还有各类昆虫4175种，极富观赏价值。

武陵源怪石繁多，南天一柱为典型代表。南天一柱位于张家界国家森林公园内黄石寨游览线一带。南天一柱高300米，一头托住云天，一头稳扎大地，挺拔坚实，如擎天柱石。

穿过南天门，只见一个石峰从深不可测的沟谷中冲天而立，上下一般粗细，有如镇山的卫士一般，精悍潇洒，超凡脱俗。

琵琶溪一带林木繁茂，岩峰嶙峋，是张家界国家森林公园又一道精彩的风景线。

主要景观有九重仙阁、望郎峰、夫妻岩、朝天观等。其中望郎峰最为奇妙，从不同角度观看，望郎峰会呈现三种仪态，由天真烂漫的少女变成成熟稳重的中年妇女，再变成老态龙钟的老婆婆。

定海神针位于黄石寨游览线一带。5座山峰座座如针插地。这是黄龙洞的标志景观，全高19.2米，围径0.4米，为黄龙洞最高石笋，两头粗中间细，最细处直径只有0.1米。

如果按专家测定的黄龙洞石笋的年平均生长速度仅为0.1毫米，那么依此推算，定海神针生长发育至今已有20万年历史了。

宝峰湖位于索溪峪镇南，是一个拦峡筑坝而成的人工湖。湖水依山势呈长形，约9千米。湖畔青峰与湖中绿水互相映衬，水面如镜，倒映着群峰。进入"别有洞天"，拾三百余级凿于宝峰山岩壁上的险峻石阶登达山巅，近百米高的大坝顶上蓄拦着一汪碧水，因此，宝峰湖被誉为"天上瑶池"。

宝峰湖主要景观由宝峰湖和鹰窝寨两大块组成。其中宝峰湖、奇峰飞瀑、鹰窝寨、一线天被称为"武陵源四绝"，是武陵源风景名胜

宝峰湖风景

武陵源雾海神龟

中的精品景观。

宝峰湖是一座罕见的高峡平湖，四面青山，一泓碧水，风光旖旎，是山水风景杰作。湖水深72米，长2500米，湖中有两座叠翠小岛，近岸奇峰屹立，峰回水转。泛舟漫游，只见一湖绿水半湖倒影，充满诗情画意。

天桥遗墩是6座高200多米的圆形石柱，位于黄石寨西面的沟谷溪涧，相互间距300米，一字排开，从第一石柱开始依次升高，从第四石柱又逐次降低，连成一道拱形弧线，极像一组桥墩，堪称奇观。

天书宝匣是一块高耸的石峰，峰顶有状如盒子的长方形石块，而且"盒盖"已抽出半截，极像神话中珍藏天书而失盗的"宝匣"。

雾海神龟是一块长约5米、宽1米、高2米的椭圆形的岩石，它微微隆起，很像乌龟。每当云雾缭绕之时，它探头探脑，慢慢蠕动，分外离奇，因此叫作雾海神龟。

五指峰是5根并列的石柱，长短不齐，间隔有致，极像伸开的5个手指。摘星台海拔约1000米，顶部向南空悬，很像游泳池中的高台跳板。明月当空，站在台上，满天星斗似伸手可摘。

后花园在黄石寨东面，是一条豁朗的山谷，有数十座小巧石峰分布其中。谷间花木茂盛，流水淙淙，百鸟鸣啼，清寂幽雅。"花园"的两个斜圆门，是巨大石壁崩塌而成，浑圆双拱，极像月亮门。

神鹰护鞭是一座320米高的石峰，位于金鞭岩东北面，状如鹰嘴，峰体凹凸不平，恰如雄鹰微展的双翅，紧紧护偎着金鞭岩，因此叫作神鹰护鞭。

迷魂台分两级，第一级比第二级高两米，面积约100平方米。第二级悬空横伸，可坐10多个人。在这里眺望，高低错落的石峰像断似连；团团薄雾缥缈如烟，群峰时隐时现，令人难辨天上人间。

金鞭岩相对高度350米，上细下粗，顶端尖削，宛如一根长长的金鞭插在地面。

传说当年秦始皇手持仙鞭赶山填海到此，被东海龙王发觉，即派女儿出面阻止。龙女用美貌迷住秦始皇，以假鞭换走仙鞭。秦始皇发

武陵源宝峰湖

劈山救母 二郎神的母亲是玉皇大帝的妹子，思凡嫁给凡间一个姓杨的男人，生了一个儿子叫杨戬。玉帝因为自己的妹子嫁给凡人，有失身份，龙颜大怒，将自己的亲妹妹压在桃山底下，二郎杨戬长大后"斧劈桃山"，救出被压在桃山之下的母亲。

觉后，弃假鞭于此，变成了这座山峰。

金鞭溪因流经金鞭岩而得名，全长5700米，穿行于绝壁奇峰之间，溪谷有繁茂的植被，溪水四季清澈，被称为山水画廊、人间仙境。

劈山救母这座塔式岩峰，上部裂成两瓣，似被右侧状如利斧的岩峰所劈。游人至此，会联想起"劈山救母"的神话。

索溪峪，是湘西土家语音译，它的本意是"雾大的山庄"。索溪峪位于武陵源东北部，总面积25400公顷，核心面积3640公顷。

索溪峪呈盆地状，四周高，中间低。这里山、丘、川并存，峰、洞、湖具备，以峰秀、谷幽、水碧、洞奥为其景观的主要特征。

由于处于砂岩与石灰岩交接处和峰林地貌比较发育，索溪峪的山没有张家界那么峭峻，但却也巍巍层列。站在索溪镇或进入十里画廊、西海峰林等观景区，只见深沟幽谷中的石峰，一座簇拥着一座，绵延1万米，犹如一幅水墨长卷，煞是壮观。

索溪峪山坳溪水旁，农舍散落，鸡犬啼鸣，房顶的

武陵源金鞭溪

炊烟袅袅，屋旁婷婷修竹，雄奇中透着清秀，幽深中带着恬淡，粗犷中含着娇媚，给人一种心旷神怡之感。

索溪峪的水也有另一番风韵。神堂湾潜流飞瀑，一泻直下，轰如惊雷，翠若碧玉。素有"人间瑶池"美称的高峡平湖宝峰湖，湖光潋滟，波平如镜。

湖崖峰峦高耸，湖内群山倒映。还有无数汩汩小溪，一年四季长流不息，淅沥叮咚之声不绝于耳，信步漫游，悠然自得，情趣盎然。

武陵源仙女桥

险桥，是索溪峪的一道独特景观。索溪峪境内各种形状的险桥很多，其中尤以百丈峡的交锋桥和十里画廊猢猴乐园西侧仙女洞口处的自生桥为最有特色。

据有关史料记载，交锋桥修建于宋代，全长约60余米，只有一个独拱，全用岩石堆砌而成，天衣无缝，独具一格。

自生桥又名仙女桥，横跨于两座高耸入云的石峰之间。该桥全长约有26米左右，宽却不足两米。桥两头的岩石夹缝中，青松傲立，从桥上往下俯视，满目岩壑深谷，令人不敢出足前行。

关于这座桥的来历，民间有如下的传说。

宋末农民起义领袖向大坤起义兵败，被朝廷派兵追至绝崖之上，前无进路，后有追兵。

正在危急之时，忽有仙女飘然而来，抛出一白色绸带化成一座石桥，帮助向王躲进了神堂湾，摆脱了官兵的追杀。自此，探险者莫不纷纷而至，一为察看当年向王天子留下的遗迹；二想亲身体验一下该桥的险峻。

索溪峪还是一个地下有不少溶洞的世界。据有关部门的勘察，索溪峪共有大大小小溶洞59个，目前开放的有黄龙洞、骆驼洞、观音洞、金鸡洞、仙女洞、牛耳洞等。

其中黄龙洞为中国大陆第二大长洞，总长10余千米。内有两层水洞，两层旱洞，分一个水库，两条阴河，两处瀑布，4个深潭，13个厅堂，数十座山峰。因此有"洞中乾坤大，地下别有天"之称。

索溪西海景区位于索溪峪的西部，是一个盆地

> **阴河** 即暗河，也叫"伏流"。指地面以下的河流。也是地下岩溶地貌的一种。它是碳酸盐岩中发育的地下河，是由于地表河沿地下岩石裂隙渗入地下，岩石经过溶蚀、坍塌以及水的搬运，在地下形成了大小不同、长短不一、错综复杂的管道系统，最终成了今天的暗河。

■ 黄龙洞内风光

型的峡谷峰林群。这里峰柱林立，千姿百态，林木葱茏茂密，有"峰海"之称。

春夏或秋初雨后初晴，则云如浪涛，或涌或翻，或奔或泻，铺天盖地，极为壮观，誉为云海。三海合一，便是西海的独特之处。其中通天门、天台为绝景，另有知名景观天台、卧龙岭、宝塔峰。

十里画廊位于索溪峪的西北部，原名"干溪沟"，又名甘溪沟，是一条狭长的峡谷，谷深5800米，一条溪水从中间流过。

武陵源石峰

峡谷两侧群峰凛然而列，造型各异，若人，若神，若仙，似林，似禽，似兽的石英砂岩峰林在云雾中时隐时现，变化万千，组成一幅幅活灵活现的天然雕塑画。进入十里画廊沿途有转阁楼、寿星迎宾、采药老人、夫妻抱子和三姐妹峰等景观。

寿星迎宾是十里画廊的第一个景观。这里有一座酷似老寿星的石峰，形同一个耄耋老人正招手示意，喜笑盈盈，恭候来客光临。

采药老人又称为老人岩、老人峰，其形象栩栩如生。这位采药老人，身背竹篓，佝偻而行，他已采得一背篓珍贵药材，正一步一步满载而归。

向王观书位于十里画廊峡谷中。一座石峰一分为二，左侧石峰大，右侧石峰小，特别像一个人拿着书在津津有味地读着，这就是向

■ 武陵源百瀑溪

大王在此阅读兵书的样子。当地人称，这座石峰是向王天子的化身，因此景观被命名为"向王观书"。

水绕四门地处武陵源中心，是张家界森林公园的东大门、索溪峪风景区的西大门。金鞭溪、索溪、鸳鸯溪、龙尾溪4条溪流在这块不足200平方米的山谷盆地里，盘绕汇流。

四周峰岩奇秀，溪流潺潺，竹茂树繁，花香鸟语。奇峰石壁间，有一个芳草萋萋的绿洲，几条山溪切割出东南西北四道山门，人称"水绕四门"。

关于水绕四门的来历，还有两个传说。一个传说是，西汉初年，开国元老张良见吕后掌权后乱杀忠臣，辞官不做，随赤松子遍游名山，寻访隐居佳境。

他们经长江，过洞庭，溯澧水，得知武陵源的青岩山灵秀绝佳，便骑马来寻，就见这里中有盆地被奇峰环抱，山回水转，势阔气爽，又有茂林修竹，真是难得的福地洞天。两人好不欢喜，便决定就在这里隐居下来，因此叫作"止马塌"。

第二个传说是，当年向大王在这里举旗造反，有纸人纸马相助，于是自称为天子，因此称为"天子洲"，也称"纸马塌"。

玉玺 指皇帝的玉印。"玉玺"一词，最早由秦始皇提出，他规定只有皇帝使用的大印才能称为玉玺。玉玺是御玺的俗称，正确、专业的称谓：宝玺。明代宝玺亦为玉制，清朝的宝玺用料更繁多，除玉外，还有栴檀香木、檀香木质、金质、水晶、玛瑙、骨质等。

百丈峡位于索溪峪南部，由百丈峡、董家峪、王家峪3个峡谷组成，其中百丈峡位于插旗峪中部。古时候，这里绝壁奇峡，地势险要，是一处古关隘。百丈峡相传是一个古战场。当年向王天子起义军与官兵在此先后搏杀一百仗，因此又名"百仗峡"。后来的许多景观如系马桩、插旗峰、玉玺岩等，都与古代战场相关联。

明代胡桂芳，一生好游历山川，来到百丈峡后，题写了一首七言诗：

峡高百丈洞云深，要识桃源此处寻；
戎旅徐行风雪紧，谁将兴尽类山荫。

刻在百丈峡内道旁的石壁上。其中沙坪田野、百丈峡壁、八珠潭最为奇美。

百瀑溪是索溪峪中最为壮观的景色，这里到处都是瀑布，水流纵横飞泻，汇集之处，自然就成了一条名副其实的百瀑溪了。

武陵源的晨雾

龙王 是中国神话传说中在水里统领水族的王,掌管兴云降雨,为人间解除炎热和烦恼,是中国古代非常受敬重的神灵。传说共有东海敖广、西海敖钦、南海敖润、北海敖顺这四个以海洋为区分的四海龙王。

鸳鸯瀑旱时宽5米,雨季宽10余米,瀑高50余米,一上一下两段飞泻。下边的声像惊雷,气势磅礴;上边的像银粉轻撒,缥缈如烟。一刚一柔,因此叫作"鸳鸯瀑"。

黄龙洞是张家界武陵源中著名的溶洞,因享有"世界溶洞奇观之一""中国最美旅游溶洞之一"等顶级荣誉而名震全球。

经中外地质专家考察认为,黄龙洞规模之大、内容之全、景色之美,包含了溶洞学的所有内容。黄龙洞以其庞大的立体结构洞穴空间、丰富的溶洞景观、水陆兼备的游览观光线路而独步天下。

黄龙洞因相传古代洞内有黄龙藏身而得名。已探明洞底总面积10万平方米,全长7500米,垂直高度140米。洞体共分4层,整个洞内洞中有洞,洞中有河,石笋、石柱、石钟乳各种洞穴奇观琳琅满目。

■ 武陵源黄龙洞钟乳石奇观

武陵源黄龙洞"龙王宝座"

黄龙洞内有库、河、潭、瀑、厅、廊,以及几十座山峰,上千个白玉池和近万根石笋。由石灰质溶液凝结而成的石钟乳、石笋、石柱、石花、石幔、石枝、石管、石珍珠、石珊瑚等遍布其中,无所不奇,无奇不有,仿佛一座神奇的地下魔宫。

黄龙洞龙宫主要有龙王宝座、火箭基地、海螺藏身、金鸡报晓、万年雪松、后宫、定海神针、回音壁等,而最为著名的要数龙王宝座、万年雪松、定海神针三大奇观了。

龙王宝座是黄龙洞中最大的一根石笋。从形态结构上讲它是由两部分组成的,上部为一粗壮石笋,高度12米,底部直径10米,下部基座为底流石斜坡,落差超过10米,周径约50米。

就成因而言,由于龙王宝座上方洞顶的滴水量较大,大部分滴水就转化为层状水流沿石笋周边及底部斜坡流下,不断加粗其直径并在其底部形成大型流石瀑。尤为奇特的是,在龙王宝座中部有一个巨大的空洞,据说里面可以容纳15人左右,如果上去的通道修好了,就可以享受一下做龙王的滋味了。

■ 天子山群山风光

　　迷宫地处黄龙洞最底层，洞内钟乳石种类较多，景观异常集中，洁白晶莹的钟乳石、石笋、石柱、石幔、石花、卷曲石、石珍珠、石珊瑚等玲珑剔透，密密匝匝，不染尘埃，溶洞景观琳琅满目，美不胜收、奥秘无穷，与粗犷宏伟的黄龙洞龙宫相比，迷宫更显精美绮丽。

　　天子山位于武陵源北，与张家界、索溪峪山水相依，交臂为邻，是武陵源三大风景区之一，总面积67平方千米。

　　天子山因南宋末年土家族领袖向大坤自称天子而得名。区内许多景观也都与他的事迹有关，如天子洲、宝剑峰、龙椅岩等。

　　天子山是台地地貌类型，从地质上可分为上下两层，上层在900米标高以上，是二叠纪泥质石灰岩。900米以下，是泥盆纪原层砂岩、石英砂岩，呈水平状分布着峡谷和板状石峰的奇特地貌。

　　天子山以峰高、峰大、峰多著称天下，素有"峰林之王"的美称。它的东、西、南三面，石峰林立，沟壑纵横。雄壮的石林或如刀枪剑戟直刺青天，或如千军万马奔腾而来，或如蓬莱仙境若隐若现。

　　天子山地势高于四周，在山顶观景，视野开阔，层次丰富，气势雄浑。在天子山主峰，举目远眺，方圆百里，尽收眼底。这里的石峰，各具形态。秦皇俑窟浑然天成，御笔峰鬼斧神工，仙人桥天造地设，仙女献花天工造化，屈子行吟形神兼备，如此无不使人惊叹大自然的神奇博大。

天子山美景，春、夏、秋、冬四季不同，晨、午、昏、夜四时各异。霞光中的天子山，似一幅金碧辉煌、色彩亮丽的油画；月光下的天子山，错落有致的迷蒙山峰，构成一幅水墨山水。

春天的天子山，山花灿烂，依红偎翠；冬日的天子山，冰雪皑皑，银装素裹。乍晴乍雨或晨昏交接之时，天子山云烟缭绕，或铺天盖地，或袅袅婷婷，静如薄纱笼罩，动则运天雪涌。

天子山有云涛、月辉、霞日、冬雪四大奇观，尤其以云雾著称，构成壮观的云海、云涛、云彩、云瀑

> **向大坤**（1328—1385），土家族，巴蜀大盘龙峒峒主。1357年，因逃兵祸至龙潭。后为"黄龙道人"李伯如的信徒，传道聚义。1369年，在李辅佐下，建邦称王。后遭到官兵镇压，因寡不敌众，从神堂湾跳崖就义，土家儿女为纪念他，在其殉身处建成3座天子庙，供奉金身塑像。青岩山因此改称"天子山"。

■ 天子山风光

> **圣旨** 是中国封建社会时皇帝下的命令或发表的言论及封赠有功官员或赐给爵位名号颁发的诰命或敕命，是中国古代帝王权力的展示和象征，其轴柄质地按官员品级不同，严格区别。圣旨的材料十分考究，均为上好蚕丝制成的绫锦织品。圣旨颜色越丰富，说明接受封赠的官员官衔越高。

等奇特景象。最令人瞩目的是云瀑，由于风向、气压的变化，云雾突然从山顶斜向跌入谷底，如同瀑布飞泻，气象非凡。

神堂湾是一个凹形深谷，四面是刀切般的绝壁，终日雾雨霏霏。向下层峦叠嶂，形成五级神堂，谷底深不可测，被称作"神秘的天国"。传说这里是向王天子归天的地方。

去神堂湾，无路可进，仅有一条极为险恶的九级天梯可登，而每一级天梯仅仅能容一只脚，当地群众说："上一级天梯丢一条魂！"盆底中央是一水潭，绿莹莹的，深不见底。

湾内一年四季阴风飕飕，雾雨绵绵，烟云缭绕，你站在盆沿上往下看一眼，浑身毛骨悚然。特别奇怪的是，无论何时，从湾内都隐约传来一阵阵鸣锣击

■ 武陵源仙人桥

鼓、人喊马嘶之声，神堂湾里有何奥秘，无法回答。

空中田园坐落在天子山庄右侧，它的下面是万丈深渊的空中田园谷。幽谷之上，有高达数百米的悬崖峭壁，峭壁上端，是一块3公顷大的斜坡梯形良田。

空中田园因地势高峻，常常显得羞答答，不愿显露自己的容颜。当阳光穿透云雾，照到空中田园时，这里呈现一片红、黄、绿、紫的色彩，显得特别艳丽。在这座近乎与世隔绝的地方，居然还居住着七八十户人家。就这样，世世代代过着"半人半仙"的生活。

御笔峰奇景

点将台坐落在白雾缭绕的深谷里，怪石嶙峋仿佛数十人形，"皇帝"高居正中，前方"传令官"正在宣读圣旨，"左丞右相"弓身而立，"将士们"屏息静听。传说向王天子曾在此阅兵点将。

御笔峰并列着3座石峰，峰高100多米，参差不齐，峰顶长有松树，极像几支倒插的毛笔。这里景色变化万千，日照霞染生辉，云雾涌动时隐时现。春月透过花丛，五层峰峦相叠。

相传是向王天子留下的，他当年兴兵起义，提此笔批阅公函，他兵败后，丢弃的御笔化成了山峰。

御笔峰被公认为是武陵源砂岩大峰林风光的标志景点，不断出现在海内外各种媒体和宣传品上面，堪称天下一绝。本来，这是大自然鬼斧神工的神来之笔，科学上讲是岁月风化、侵蚀、切削的结果，但民间却把它与向王天子联系在一起。

仙女散花坐落于御笔峰的斜对面。这里茫茫云海翻滚，把无数画峰翠崖变成了座座孤岛，石峰俏立云端，风驱白雾，态极妖娆，渐露一位少女的倩影。

她头插鲜花，怀抱一只玲珑的花篮，满月似的脸庞还挂着淡淡的微笑。在她的四周，岩顶灌木滴翠，山脚山腰野花如锦。每到春季，天风吹拂，流云飘荡，恍如仙女将鲜花撒向人间。

有人说，武陵源的砂岩峰林是一步一观景，千步千造型，一山有四季，十步不同天。

据专家测算，武陵源大约有3100多座石峰，大自然如同一位高超的雕塑大师，模拟宇宙万物，无不形态逼真，惟妙惟肖。而大观台就是最好的瞭望处。

■ 武陵源仙女散花

在这里极目远眺，千百座奇峰尽收眼底。有的像长枪刺天，有的像宝塔耸立，有的像玉女梳妆，有的像将军出征，有的像战马长啸，有的像夫妻相拥，有的像仙女散花，有的像村姑守望，有的亭亭玉立，有的威武勇猛，有的小巧玲珑，有的大气磅礴。

一步难行有一狭长台地伸向前方，尽头处台地断裂成两座山峰，裂缝深100米

■ 杨家界保护区的奇峰

左右,两峰间隔不到1米,分出一座石峰,长约10米,宽约2米,是一个绝佳的观景台。

但是,就是这一步,胆大者举步之劳,如履平地;胆小者战战兢兢,终不敢越雷池半步。悬崖与悬崖之间,仅一步之隔,生与死之间,使人感叹不已。

在茶盘塔的西南侧,有一座海拔1200多米高的山峰,这就是天子峰。天子峰看上去,活像一位威风凛凛的人物坐在那里。他身披铁甲,右手握剑,浓眉隆起,两眼怒视前方,似乎正在指挥千军万马出征,大战一场。这个形象就是当地人传说的向王天子,所以取名叫"天子峰"。

杨家界自然保护区位于张家界西北角,保护区总面积3400多公顷,东接张家界,北邻天子山,山明水秀,风光如画,有香芷溪、龙泉峡和百猴谷3个景观区。

香芷溪峰高天远,涧深水清,斜阳古道,鸟叫蝉鸣,似世外桃源;龙泉峡绝壁罗列,是天然的屏障,宛若壮观的古城墙;百猴谷是猕猴和白鹭的家园,成队的猕猴出没于悬崖沟谷之间,成群的白鹭栖

白鹤 大型涉禽，略小于丹顶鹤，头前半部裸皮猩红色，嘴橘黄，腿粉红，除初级飞羽黑色外，全体皆白色，站立时其黑色初级飞羽不易看见，仅飞翔时黑色翅端明显。白鹤在中国文化中也是长寿的象征。

息于苍枝绿叶之中。这里还有被人叹为"神州第一藤"的绝壁藤王，以及奇异的五色花。

流翠溪上游地方，生长着一片奇花。它是一片乔木群落，每年春末夏初开花，花树高为三五米左右，花枝成簇，而且一天变几种颜色，花开清香扑鼻，令人为之咂舌。

杨家界有一处叫古藤湾的地方，简直是古藤王国、古藤的世界。生长在这里的古藤不仅面积大、数量多，更珍贵的是有一根大王藤。它根系发达，枝蔓茂盛，长20多米，宽10多米，爬满了半座峭壁，犹如巨大的藤网一般，因此，被称为"神州第一藤"。

在杨家界有一件怪事，有一处石峰绝壁上，一

■ 张家界天下第一桥

无土、二无缝、三无罅、四无水,却长出3棵灵树,被取名"灵树咬石"。3棵灵树紧紧咬住石壁顽强生长,而且长得老干虬枝,古朴苍劲,枝繁叶茂,久旱不枯,狂风不倒,显示了强大的生命力。

从宗保湾沿姐妹潭下行,走出山谷便到了白鹤坪。这里因山尖上、树枝上经常停满白鹤而得名。

据当地的山民介绍,白鹤在这里安家,这里便会人丁兴旺、五谷丰登。如果白鹤搬迁远走,则会有自然灾害或瘟疫降临。所以,这一带的山民对白鹤非常爱护,从不伤害。

在白鹤坪观白鹤,以清晨和黄昏最美。清晨,当晨雾初开,东方发白的时候,白鹤便互相鸣叫,准备出巢。紧接着,它们就成群结队,展翅高飞。黄昏时节,夜幕降临之时,白鹤又飞回来。

除了这几处特别有灵气的景观以外,杨家界的山水也是很美的。

既有造型独特的山峰与危崖，又有流翠滚玉一般的溪流与飞瀑。既有以前窝藏土匪的歪嘴岩，又有奇绝难攀的鬼愁寨。还有马蹄岩、猿愁攀、天波府、姐妹湾等许多奇景。

由五郎拜佛沿山巅出丛林，岭上耸立着一座山峰，便是著名的"一步登天"石。一步登天海拔约1100米，有32级铁梯可以登到峰顶。峰顶平坦，有铁栏杆围护。

台上有20多棵虬松，或屹立于台顶，或倒悬于峭壁之上。向东眺望，有7道屏峰依次排列，层次分明。东南方向可以望见黄石寨、龙凤庵。

西面中湖方向，景致最美最多，其中第一层是两座棱形的矮平石柱，第二层是3座石峰，其中一座像一个大人怀抱着一个小孩，细看之下，这孩子好像还在用手揉着眼睛。中间一座像一对情人在拥抱，另一座像一扇屏风。

由群仙开宴景观沿石径蜿蜒而下，一坐巨峰由半腰间裂开，中间可以行人，石缝长300米，宽0.1～1米。南侧悬崖峭壁，深不见底。北侧石壁高50米，抬头不见其顶。人走在里面，好像置身在半天之中，因此叫作"空中走廊"。

阅读链接

杨家界有8座石峰三面排列，气势恢宏，伟岸壮观。

传说杨家将驻扎在杨家界时，只开过一次军事会议，此后便各奔东西作战。他们死后化作8座石峰屹立于此，以纪念那次军事会议。

此外，还有一些是杨家将子孙后代为纪念杨家将而取的山名，有"宗保峰""六郎峰""杨家界"等，1000多年来，一直沿袭未改，不仅可以饱览这里的原始风光，同时还可以替杨家寻祖问根，继承并发扬爱国忠良的遗风。

珍贵的自然遗产价值

武陵源在区域构造体系中，处于新华夏第三隆起带。在漫长的地质历史时期内，大致经历了武陵—雪峰、印支、燕山、喜马拉雅及新构造运动。武陵—雪峰运动奠定了本区基底构造。印支运动塑造了基本构造地貌格架，而喜马拉雅及新构造运动是形成武陵源奇特的石英砂岩峰林地貌景观的内在因素之一。

■ 武陵源风光

基于上述因素,加之在区域新构造运动的间歇抬升、倾斜,流水侵蚀切割、重力作用、物理风化作用、生物化学及根劈等多种外营力的作用下,山体则按复杂的自然演化过程形成石英砂岩峰林,显示出高峻、顶平、壁陡等特点。

武陵源构造溶蚀地貌,主要分布于二叠系、三叠系碳酸盐分布地区,面积达30.6平方千米,可划分为五亚类,堪称"湘西型"岩溶景观的典型代表。

■ 武陵源溶洞奇观

主要形态有溶纹、溶痕、溶窝、溶斗、溶沟、溶槽、石芽、埋藏石芽、石林、穿洞、洼地、石膜、漏斗、落水洞、竖井、天窗、伏流、地下河、岩溶泉等。溶洞主要集中于索溪峪河谷北侧及天子山东南缘,总数达数十个。

以黄龙洞最为典型,被称为"洞穴学研究的宝库",在洞穴学上具有游览和探险方面特殊的价值。

剥蚀构造地貌分布于志留系碎屑地区,碎屑岩中山单面山地貌,分布于石英砂岩峰林景观外围的马颈界至白虎堂和朝天观至大尖一带。

河谷地貌可分为山前冲洪扇、阶地和高漫滩。前者分布于沙坪村,发育于插旗峪—施家峪峪口一带;索溪两岸发育两级阶地,二级为基座阶地,高出河面

新构造运动 主要是指喜马拉雅运动,特别是上新世到更新世喜马拉雅运动的第二幕中的垂直升降。一般来说,新构造运动隆起区现在是山地或高原,沉降区是盆地或平原。地质学中一般把新近纪和第四纪时期内发生的构造运动称为新构造运动。

3～10米；军地坪—喻家嘴一线高漫滩发育，面积达四五平方千米。

武陵源回音壁上泥盆纪地层中砂纹和跳鱼潭边岩画上的波痕，是不可多得的地质遗迹，不仅可供参观，而且是研究古环境和海陆变迁的证据。分布在天子山二叠纪地层中的珊瑚化石，形如龟背花纹，故称"龟纹石"。

武陵源的地质地貌具有突出的价值。构成砂岩峰林地貌的地层主要由远古生界中、上泥盆统云台观组和黄家墩组构成，地层显示滨海相碎屑岩类特点。

岩石质纯、层厚、底状平缓，垂直节理发育，岩石出露于向斜轮廓，反映出砂岩峰林地貌景观形成的特殊地质构造环境和基本条件。

而外力地质活动作用的流水侵蚀和重力崩坍及其生物的生化作用和物理风化作用，则是塑造武陵源地貌景观必不可少的外部条件。因此，它的形成是在特

泥盆纪 是泥盆纪形成的地层，可分下、中、上三个统、八个阶。在中国南方，下统曾叫"云南统"，中统曾叫"广西统"，上统曾叫"湖南统"。下泥盆统包括莲花山阶、那高岭阶、郁江阶；中泥盆统包括北流阶、东岗岭阶或四排阶、应堂阶；上泥盆统包括佘田桥阶和锡矿山阶。

■ 武陵源的晨雾

定的地质环境中由于内外的地质重力长期相互作用的结果。

武陵源具有奇特多姿的地貌景观。武陵源共有石峰3103座，峰林造型若人、若神、若仙、若禽、若兽、若物，变化万千。

武陵源石英砂岩峰林地貌的特点是质纯、石厚，石英含量为75%～95%，岩层厚520余米。具间层状层组结构，即厚层石英砂岩夹薄层、极薄层云母粉砂岩或页岩，这一层组结构有利于自然造型雕塑，增强形象感。

岩层裸露于向斜轮廓产状平缓，岩层垂直节理发育，显示等距性特点，间距一般15～20米，为塑造千姿百态的峰林地貌形态和幽深峡谷提供了条件。

武陵源具有完整的生态系统。武陵源位于西部高原亚区与东部丘陵平原亚区的边缘，东北接湖北，西

> **雕塑** 是造型艺术的一种。又称雕刻，是雕、刻、塑三种创制方法的总称。指用各种材料创造出具有一定空间的可视、可触的艺术形象，借以反映社会生活、表达艺术家的审美感受、审美情感、审美理想的艺术。在原始社会末期，居住在黄河和长江流域的原始人，就已经开始制作泥塑和陶塑了。

■ 武陵源溪流

■ 武陵源奇景

部直达神农架等地,西南连于黔东梵净山。各地生物相互渗透。

武陵源多姿多态的溪、泉、湖、瀑,其质纯净,其味甘醇清新,给人以悦目畅神之感。武陵源的云涛雾海神秘莫测,千变万化,时而蒸腾弥漫,时而流泻跌落,时而铺展凝聚,时而舒卷飘逸。

武陵源具有一定的观赏价值。武陵源景体宏大,自然景观绚烂多彩。群山之峥嵘,峰林之奇特,峡谷之幽深,溶洞之神奥,生态之齐全,烟云之幻变,水景之丰富,空气之清新,气候之宜人,环境之幽雅等自然特色,被誉为"科学的世界,艺术的世界,童话的世界,神秘的世界,奇特的峰林,磅礴的气势"。

石英砂岩峰林奇观是武陵源奇绝超群、蔚为壮观的胜景,具有不可比拟性、不可替代性、不可分割性,堪称大自然中最为杰出的作品。武陵源峰林在世

梵净山 原名"三山谷",位于贵州省铜仁市,得名"梵天净土"。梵净山乃"武陵正源,名山之宗",是全国著名的弥勒菩萨道场,是与山西五台山、四川峨眉山、安徽九华山、浙江普陀山齐名的中国第五大佛教名山,在佛教史上具有重要的地位。

界峰林家族中是独一无二的。

武陵源石峰造型奇特。从峰体造型看，阳刚之气与阴柔之姿并具，从整体气势上符合"清、丑、顽、拙"的品石美学法则，给人以赏心悦目之感。

再从峰体的色彩来看，由于石英砂岩的特殊岩质，使其峰体色彩既无苍白之容，也无暮年之态，似潇洒倜傥鲜活红润的少男少女，朝气蓬勃，魅力无穷。武陵源石峰具有奔放不羁的野性美，各臻其妙。

武陵源的水景多姿多彩。以"久旱不断流，久雨水碧绿"为特色。溪、泉、湖、瀑、潭齐全，纷呈异彩。金鞭溪衔连索溪，把沿途自然风景的"珠玑"缀成一串，构成美妙的山水画卷，并给人以动态美感。

武陵源的武陵松苍劲神异。"峰顶站着松，峰壁挂着松，峰隙含着松，松枝摇曳三千峰"。写出了武陵松苍郁枝虬、刚毅挺拔、姿态秀美的特征，它不畏烈日暴雨、雷电击打、冰雪严寒，以裸露的钢爪般的顽根紧抓峰隙，给武陵源奇峰着绿披翠，给人以力量和勇气。

武陵源的云海变幻神诡。雨过初霁，雪后日出，登高远瞻，时而云腾烟涌，峰峦沉浮；时而回旋聚拢，白"浪"排空；时而茫茫一片，铺天盖地；时而化为

> **珠玑** 通常指珠宝，珠玉，圆的叫珠，不圆的叫玑。有的形容水珠，有的形容自然景观的美丽，还有的形容说话有文采，比喻优美的文章等，如字字珠玑等。如唐代方干在诗作《赠孙百篇》中说："羽翼便从吟处出，珠玑续向笔头生。"

■ 武陵源石峰

■ 武陵源峰林

云瀑，泻落峡谷；时而徐徐抖散，四处飞溅。

由峰林形成的峰海和由松林形成的林海，飘浮在烟云形成的云海里，形成动中有静、静中有动、动静结合的美丽画面。

武陵源从美的形态组合来看，既有雄奇、幽峭、劲捷、崇高、浑厚的阳刚之美，又有清远、飘逸、冲淡、瑰丽、隽永的阴柔之美。武陵源的山与水、峰与雾、峰与松，无不体现出既对立又统一的形式美。

形态美与意境美交相生辉。武陵源的奇峰怪石、溪、泉、湖、瀑、幽峡、奥洞以及树木花草等自然景物的形态结构方式，无不符合美的形式法则，因而能够赋予人的气质、情感和理想，使人心旷神怡，形成美好意境。

登高看到石峰林立、山峦绵延的奇观，使人感到

山水画 中国山水画简称"山水"。以山川自然景观为主要描写对象的中国画。形成于魏晋南北朝时期，但尚未从人物画中完全分离。隋唐时始独立，五代、北宋时趋于成熟，成为中国画的重要画科。在传统上按画法风格，山水画分为青绿山水、金碧山水、水墨山水、浅绛山水、小青绿山水、没骨山水等。

眼界阔大、心胸宽广，倍感人生美满、幸福，更加激励奋发信念。在金鞭溪幽峪里，又会使人产生宁静淡泊的雅趣。

自然美与艺术美珠联璧合。武陵源塑造了千变万化的风景空间，它们有着不同的形式和个性，不同个性的欣赏空间构成了色彩斑斓的风景特色。

千姿百态的自然景物，具有时空艺术美，同时它又融进了社会艺术美，如富有浓郁生活气息的概括命名，广为流传的神话历史故事等。这种化景物为情趣的结果是审美的再创造，是自然美与艺术美的高度和谐统一。

大自然鬼斧神工与精雕细琢，将这里变成今天这般神姿仙态。有原始生态体系的砂岩、峰林、峡谷地貌，构成了溪水潺潺、奇峰耸立、怪石峥嵘的独特自然景观。武陵源独特的石英砂岩峰林为国内外罕见，成为它奇绝超群的胜景。

有名可数的就有黄龙洞、观音洞、龟栖洞、飞云洞、金螺洞等，"冰凌钟声""龙宫起舞"都是黄龙洞的精华所在。

阅读链接

武陵源集"山峻、峰奇、水秀、峡幽、洞美"于一体，岩峰千姿百态，耸立在沟壑深幽之中。溪流蜿蜒曲折，穿行于石林峡谷之间。

这里有甲天下的御笔峰，别有洞天的宝峰湖，有"洞中乾坤大，地下别有天"的黄龙洞，还有高耸入云的金鞭岩。无论是在黄狮寨览胜、金鞭溪探幽，还是在神堂湾历险、十里画廊拾趣，或是在西海观云、砂刀沟赏景，都令人有美不胜收的陶醉感，发出如诗如画的赞叹。

民族融合的风土人情

数千年来,武陵源地域的土家族、藏族、苗族等少数民族人民生活于特殊的砂岩峰林及溶洞发育区,峰林及溶洞生活环境已融入当地人生活的方方面面,形成了多姿多彩的民族文化与习俗。

土家人把修新屋作为繁衍子孙的根基,因而看得十分神圣。修屋前,要请风水先生选好依山傍水、背风向阳的地方作为屋场。

所谓梁,是指堂屋脊横梁。在武陵源当地的土家族,选择梁木有个古怪的规矩:屋主必须偷偷在大山中寻找分叉成两根的粗壮大树,不问树的主人是谁,尽管偷偷砍下,锯成两根,同时从山上滚下,哪一根头在前,尾在后,无伤无疤的,就选哪一根。这种风俗叫

武陵源土家山寨

> **太极图** 据说是宋朝道士陈抟所传出，原叫《无极图》。据史书记载，陈抟曾将《先天图》《太极图》以及《河图》《洛书》传给自己的学生种放，种放以之分别传穆修、李溉等人，后来穆修将《太极图》传给周敦颐。周敦颐写了《太极图说》加以解释。现在我们看到的太极图，就是周敦颐所传的。

"偷梁木"。

土家寨有俗规，偷梁本不算"偷"。梁木一旦偷砍下地，就要鸣放鞭炮，还要在上面搭红布，然后热热闹闹请8个后生抬回家，一路招摇过市，似乎"偷"得很光彩，树主不仅不追究，反过来还要表示祝贺。因为这是吉利与友谊的表示，就好比为人家子孙根基做了重大贡献似的荣耀。

上梁前，木匠师傅要在梁木正中画太极图，左右书"美轮美奂，金玉满堂"或"帝道遐昌，五谷丰登"之类的对联。

上梁时，主人请两名歌师或掌墨师赞梁。赞梁有一定的曲调，较单调，实际上是一种韵白表演形式。待梁木在屋顶上架好后，赞梁者便攀梯而上，一人提酒壶，一人端茶盘，茶盘内放着筷子、酒杯、腊肉、糯米、粑粑。

■ 土家族的建筑

■ 武陵源土家民居

赞梁者攀上屋脊梁木时，两人各坐在梁木的一端，边饮酒，边通过互问互答，用长篇的赞词，赞扬主东的屋像仙境琼楼、必发子发孙、福寿绵长。

赞梁后，向下抛梁粑粑。先把两个象征富贵的大粑粑拿在手。问下面的屋主："要富还是要贵？"

主人答道："富贵都要！"

两个粑粑抛下时，主人家接在怀中。然后将小粑粑抛下。这时屋场上人如潮涌，争抢粑粑，热闹非凡。抛过粑粑后，亲友们将一段段五颜六色的布料搭在梁上，叫"搭梁"。这时，鞭炮震耳，赞梁者又一步一赞，下到地面。就这样，一栋新屋就在喜气洋洋的热烈气氛中立起来了。

到了武陵源，都想看看土家吊脚楼。由于历代朝廷对土家族实行屯兵镇压政策，把土家人赶进了深山老林，致使他们的生存条件十分恶劣。武陵源当地少

粑粑 又叫饵块，是少数民族有名的小吃之一。饵块系用优质大米加工制成，其制作过程是将大米淘洗、浸泡、蒸熟、冲捣、揉制成各种形状。制作方法烧、煮、炒、卤、蒸、炸均可，风味各异，久食不厌。上梁时，向下抛粑粑，抛得越多，预示着主人将来越会大富大贵。

> **土司** 官名，元朝始置。用于封授给西北、西南地区的少数民族部族首领。土司的职位可以世袭，但是袭官需要获得朝廷的批准。土司对朝廷承担一定的赋役并按照朝廷的征发令提供军队；并且对内维持其作为部族首领的统治权力。

田少地，土家人只好在悬崖陡坡上修建吊脚楼。

土家吊脚楼多为木质结构，早先土司王严禁土民盖瓦，只许盖杉皮、茅草，叫"只许买马，不准盖瓦"。直至1735年后才兴盖瓦。

土家吊脚楼一般为横排四扇三间，三柱六骑或五柱六骑，中间为堂屋，供历代祖先神龛，是家族祭祀的核心。根据地形，楼分半截吊、半边吊、双手推车两翼吊、吊钥匙头、曲尺吊、临水吊、跨峡过洞吊。富足人家雕梁画栋，檐角高翘，石级盘绕，大有空中楼阁的诗画意境。

武陵源土家族摘苞谷、粟谷则用高背篓，它口径特大，直径达两尺多，腰细，底部呈方形，高过头顶。砍柴、扯猪草则用柴背篓，它篾粗肚大，经得住摔打。背篓，在山里人看来，一如沙漠之骆驼，江河里的舟船。域外人称"背篓上的湘西"，足见背篓在

■ 武陵源村寨风光

■ 武陵源土家族的手工艺品

武陵源土家族人生活中的地位。

西兰卡普是土家族当地的土语,西兰是人名,卡普是她织的花布。相传,西兰是土家山寨最漂亮最聪明的姑娘,她把山里的百花都绣完了,就没见着半夜开花半夜谢的白果花。

为了绣出白果花,她独自半夜爬上高高的白果树与白果花对话,不料被又丑又坏的嫂嫂发现了,哥哥听信嫂嫂谗言,用板斧砍断了白果树,西兰摔死了,但她的绣花艺术却被土家人传下来了。

西兰卡普以红、蓝、黑、白、黄、紫等丝线作为经纬,通过手织,再用机械挑打交织而成。主要用作被面、床罩、窗帘、桌布、椅垫、包袱、艺术壁挂、锦袋等,色彩对比强烈,图案朴素而富夸张,写实与抽象结合,极富生活气息。

西兰卡普的图案有以土家历史为题材的;有以生

神龛 一种放置神明塑像或者是祖宗灵牌的小阁,规格大小不一,大的神龛有底座,是一种敞开的形式。祖宗龛无垂帘,有龛门。神佛龛座位不分台阶,依神佛主次设位;祖宗龛分台阶按辈分自上而下设位。因此,祖宗龛多为竖长方形,神佛龛多为横长方形。

> **湘绣** 是以湖南长沙为中心的带有鲜明湘楚文化特色的湖南刺绣产品的总称，是勤劳智慧的湖南人民在漫长的人类文明历史的发展过程中，精心创造的一种具有湘楚文化特色的民间工艺。

活风俗为题材的，如双凤朝阳、龙凤呈祥、麒麟送子、福禄寿喜、鲤跃龙门、五子登科、鸳鸯戏水、野鹿含梅、老鼠娶亲等；有以自然风光为题材的，如张家界风光、土家吊脚楼等。

土家织锦工艺独特，造型美观，内容丰富，专家称它是足可与湘绣齐名的民间艺术。土家山寨把挑花绣朵作为衡量一个土家姑娘是否心灵手巧的标志。

茅古斯舞是土家族最为原始的古典舞蹈。相传茅古斯是茹毛饮血时代土家族的先民，意思是长毛的人，后来把他们所创造的舞蹈也叫茅古斯。

茅古斯主要表现他们祖先开拓荒野、刀耕火种、捕鱼狩猎等创世业绩，于逢年过节跳摆手舞之前进行。表演过程中，由一人扮演老茅古斯，另有若干女茅古斯和小茅古斯。除女茅古斯外，全部赤裸上身，头上扎5根大草辫，身穿稻草衣；男茅古斯腰上捆一根用草扎成的"粗鲁棒"，象征男性生殖器，有生

■ 武陵源土家茅古斯舞表演

■ 张家界土家渔船

殖崇拜的遗风。茅古斯舞一般要跳6个晚上,其动作原始粗犷、滑稽有趣,是中国古典民族舞蹈的宝贵遗产。

武陵源的藏族民居都非常讲究,新居尚未建成,房主人就请来画师,在墙壁、门框、房梁上画个不停。他们将各式各样的保护神画在墙壁上,以保佑全家平安。

在他们家里,户户都有经轮、佛龛。每天清晨,当家女主人起床后的第一件事就是:洗脸洗手之后,为佛祖敬香,将经轮摇转,祝家人在生生死死的轮回中永远吉祥。

武陵源的苗族在建筑选材和房屋构建方面形成了自己特有的建筑风格。苗家人喜欢木制建筑,一般为三层构建:第一层一般为了解决斜坡地势不平的问题,所以一般为半边屋,堆放杂物或者圈养牲畜;第二层为正房;第三层为粮仓,有的人家专门在第三层设置"美人靠"供青年姑娘瞭望及展示美丽,以便和苗家阿哥建立关系。

武陵源地区木材较多,所以当地苗民木板房、瓦房和草房、土墙房兼有。此外,不少苗族搭"杈杈房"居住,屋内不分间,无家具陈设,垫草作席,扎草墩为凳。

■武陵源土家吊脚楼

在武陵源地区,苗族还有一种比较特殊的房屋形式叫"吊脚楼"。建在斜坡之上,把地基削成一个"厂"字形的土台,土台之下用长木柱支撑,按土台高度取其段装上穿枋和横梁,与土台取平,横梁上垫上楼板,作为房屋的前厅,其下作为猪牛圈,或存放杂物。

长柱的前厅上面,又用穿枋与台上的主房相连,构成主房的一部分。台上主房又分两层:第一层住人,上层装杂物。屋顶盖瓦,屋壁用木板或砖石装修。这类房屋台上台下浑然一体,非常美观。

阅读链接

湘西武陵源一带,古时候称作大庸。大庸古有"硬气功之乡"的美誉。20世纪80年代初,硬气功大师赵继书出访西欧七国,他精湛的硬气功表演倾倒了数百万观众,大庸硬气功从此誉满西欧。

据传,春秋战国时期著名纵横家鬼谷子曾经隐居武陵源的天门山鬼谷洞学习《易经》,创造出不同于中国武林界其他派别的硬气功,民间称为"鬼谷神功"。

鬼谷神功的表演节目主要有腹卧钢叉、钉刀床破石、头顶打砖、汽车碾身、红煞掌等最为惊险叫绝。

天地厚礼的自然遗产

地理恩赐

地质蕴含之美与价值

南方喀斯特

岩溶之美

中国南方喀斯特,由云南石林、贵州荔波、重庆武隆共同组成。喀斯特就是岩溶地貌,是发育在以石灰岩和白云岩为主的碳酸盐岩上的地貌。

中国喀斯特具有面积大、地貌多样、典型、生物生态丰富等特点,具有独特的地理特色,如云南石林以雄、奇、险、秀、幽、奥、旷著称,被称为"世界喀斯特的精华"。贵州荔波是贵州高原和广西盆地过渡地带的锥状喀斯特,被认为是"中国南方喀斯特"的典型代表。

云南石林的喀斯特精华

在2.7亿多年前，云南的昆明地区还是一片宽广的海洋，这里阳光充足，温度适宜，海水中生活着大量的贝壳类和珊瑚类生物。各种生物遗体或遗迹埋藏于沉积物中，石化之后便形成了化石。

在海水的压力作用下，化石和其他碎屑形成了石灰岩。石灰岩是以方解石为主要成分的碳酸盐岩，容易被水溶解，尤其是在水体中富含二氧化碳时，石灰岩又被称为可溶性岩。

又过了1亿年，地壳运动使这片地区脱离了海洋环境，上升成了陆

路南石林古湖

云南石林景观

地，并爆发了大规模的火山活动，滚滚岩浆从地下深处沿断裂喷溢而出。

炽热的岩浆流进这片区域，使早期形成的石芽、石柱被烘烤和掩埋。这些来自水中的岩石经受了地狱之火的考验，岩浆冷却后成为玄武岩，厚度达到了400多米。

在之后的近2亿年间，这片地区一直处于被玄武岩覆盖和缓慢抬升状态。由于剥蚀作用，玄武岩盖层变得越来越薄。石灰岩和早期的石林重新露出地表，并开始新一轮的发育，这一轮发育持续了1000多万年。

到了5000多万年前的始新世时期，在早期喜马拉雅造山运动的影响下，这片地区掀斜抬升，形成了一个大型的内陆湖泊，称为"路南古湖"。

地表水不断从湖周向古湖汇集，同时将剥蚀下来的物质带入湖中，在湖底形成了厚厚的碎屑沉积，因

珊瑚 是珊瑚纲中多类生物的统称，珊瑚是珊瑚虫死后留下的骨骼。珊瑚虫的身体呈圆筒状，有8个以上的触手，触手中央有口，喜欢结合成一个群体，形状像树枝，骨骼叫珊瑚。在中国，白珊瑚石象征着吉祥富贵、福寿连绵。

始新世 指的是现代哺乳动物群开始出现的时期。在始新世时期，各大洲继续漂移，印度次大陆开始漂离非洲大陆，并撞击亚洲大陆，逐渐隆起而形成了喜马拉雅山脉。

■ 石林奇观

颜色呈红色，所以又称红层沉积。到2300万年前的渐新世末期，由于地壳抬升，古湖中心南移，湖水面积也逐渐缩小，最后在南部大叠水一带出现了悬崖，湖水泄出，古湖消亡。

在此期间，随着青藏高原的隆起，这片地区也处在持续抬升过程中，那么就使水具有了较大的向下侵蚀的能力。随着侵蚀面积的加大和不均匀状况，逐渐就发育成了后来垂向立体的石林景观。

在地壳抬升的过程中，岩石不断受到力的挤压后，在垂直方向上便产生了两组以上的裂隙，在平面上形成了网格状，然后水和生物沿这些裂缝向下溶蚀岩石。随着裂缝的加深加宽，一个个石柱分离出来，再经构造抬升，石柱露出地表，组合在一起就形成了石林。

在近3亿年的地质历史时期中，石林地貌的发育经历了新老交替，老的石林逐渐消失，新的石林不断形成。后来地质科学便将它命名为喀斯特岩溶地貌，并说这是3亿年地质变迁与风雨剥蚀留下的足迹。

云南石林喀斯特地质地貌奇观分布范围广袤，气势恢宏，类型多样，构景丰富，具有极高的美学价值。在云南石林，有雄奇的峰林、湖泊、瀑布、溶

青藏高原 是中国最大的、世界上海拔最高的高原。整个青藏高原总面积近300万平方千米，平均海拔4～5千米，有"世界屋脊"和"第三极"之称，它也是亚洲许多大河的发源地。同时，青藏高原也是地球年代最新并仍在隆升的一个高原。

洞。天造奇观，美不胜收。

形态奇特的剑状、蘑菇状、塔状、柱状、城堡状、石芽、原野等，拟人拟物栩栩如生的石林，或隐于洼地，或漫布盆地、山坡、旷野，或奇悬幽险、亭亭玉立，集中体现了世界能给予人类的最大惊奇。

石林的魅力在于永远看不透，永远难以用言语表达清楚。置身石林，宛如进入石峰石柱的海洋。举目四望，比比皆是美妙造型，稍换角度，景象又迥然不同，变化多端，让人目不暇接。

沿石缝间的曲折小径，忽而可达峰顶望远，忽而可至深谷探幽。但见嶙峋的奇峰怪石与奇花异草相映成趣，既有雄奇阳刚之美，又有阴柔妩媚之幽。

石林的石峰石柱，形态奇特，有的甚至状人拟物，惟妙惟肖。有的好似撒尼族人传说中的美丽少女阿诗玛，头戴包头，身负背篓，亭亭玉立，翘首远

> **溶洞** 是石灰岩地区地下水长期溶蚀的结果，由于石灰岩层各部分含石灰质多少不同，被侵蚀的程度不同，就逐渐被溶解分割成互不相依、千姿百态、陡峭秀丽的山峰和奇异景观的溶洞。中国是个多溶洞的国家，尤以广西境内的溶洞最负盛名，洞内上悬溶锤，极为美丽。

■ 云南石林景观

泼墨 国画的一种画法，用笔蘸墨汁大片地洒在纸上或绢上，画出物体形象，像把墨汁泼上去一样。作画时，墨如泼出，画面气势奔放。在干笔淡墨之中，镶上几块墨气淋漓的泼墨，可使画幅神气饱满，画面不平有层次，增强干湿对比的节奏感。

望；有的如"母子偕游"，像一位雍容华贵的妇女携子漫步；有的好似"象踞石台"，像一头凝固的大象立于石峰之上；有的像"千钧一发"，一块嶙峋巨石被两根壁立石柱撑在半空，看似随时要下落，经过其下，无不胆战心惊。石林奇石，无不形神兼备，栩栩如生，令人产生无尽的遐思。

不仅高大的石柱形态多样，石柱表面上的各种溶蚀纹理，也十分的奇妙。大大小小的沟纹如精美雕刻装点石柱表面，有的齐整密集、细腻平滑，如刀削斧劈。有的粗糙散乱，凸凹不平，乍看杂乱无章，细看却排列有致，似象形文字，又似天然浮雕。

石林的石峰石柱，还会随天气的变化而改变颜色。阵雨之时，灰白色的石林须臾之间竟成了浓黑色，凝重端庄，宛如一幅泼墨山水画。雨过天晴，数十分钟内，无数石峰又魔幻般由黑色变成了斑驳的杂色，最后又变成灰白色，还其本来面目，让人惊叹。

■ 俯瞰路南石林

在中国的古典园林中，石景是重要的组成部分。风景园林是浓郁的自然景观，因而其最高界就是逼近自然。长久以来，石林景观的自然和谐与美妙形态，给园林艺术以深刻的影响。

许多石景建造的原则，如"立峰"的造型标准为"疲、漏、透、皱"，"卧石"的标准要如出土的石芽等，都是石林景观的写照。

石林之美，并不仅仅限于奇峰异石，而且还体现在石林与其他地貌和不同背景多种组合，所呈现出来的整体美。成片的石林或突兀于广阔原野，或残留山脊，或藏于林间，或立于湖泊，在红土大地上，映衬着蓝天白云，如诗如画。

同一座石峰，同一处场景，不同的季节，不同的天气，甚至一天里的不同时间去看，都会是不同的景象，美轮美奂。

芝云洞位于一座石灰岩的大石山中，据史料记载，芝云洞因洞口石似芝与云而得名。传说，洞内有仙人居住，故被称为"石洞仙踪"。

芝云洞磅礴空敞，可容千人，四壁乳窟，击之有声，怪石不可名状。大芝云洞洞长400米、宽3～15米、高5～30米，呈"丫"字形，两段洞由一低矮狭

■ 路南石林景区内的湖泊

仙人 中国本土的一种信仰，也就是神仙，仙人在中国信仰中有近2万年的历史，甚至更久远。仙人信仰在道教产生之前就有了，后来被道教吸收，又被道教划分出了神仙、金仙、天仙、地仙、人仙等几个等级。

■ 中国云南石林景区

鼓 一种打击乐器，在远古时期，鼓被尊奉为通天的神器，主要是作为祭祀的器具。在狩猎征战活动中，鼓都被广泛地应用。鼓作为乐器是从周代开始，周代有八音，鼓是群音的首领。鼓的文化内涵博大而精深，雄壮的鼓声紧紧伴随着人类从远古的蛮荒一步步走向文明。

窄的洞门连为一体。进入洞中仿佛进入一葫芦的肚中，更显空阔。

洞内的钟乳石，玲珑剔透，奇形怪状，神工鬼斧。有的像金积玉，有的像飞禽走兽，有天宫仙人，移步换景，眼花缭乱。洞内的石枰、石田、石浪很是奇特，仿佛可以直接在里面种田、游泳、下棋、睡觉似的。

四壁上的钟乳洞穴，轻轻敲击，就会发出惊耳的钟鼓声，久久回响。穹顶悬吊的钟乳石上挂着颗颗水珠，在彩灯下似星斗般璀璨夺眼。

洞的顶端，有一个离地面约30余米的盲洞，俗称"通天洞"，里面的巨大钟乳恐龙，形状活现，凶神恶煞。这些天然雕饰的景物，把地下洞装饰得犹如仙境。有诗赞道：

> 日永寻芳古洞间，清幽逼我红尘删。
> 浪痕斜涌翻苔径，岩窟横穿老石关。
> 铸就棋枰谁先弈，铺成床笫几人困？
> 看来往事多奇迹，剩得芝云仙气围。

> **石碑** 把功绩刻写在石头上，以便能够留传后世的一种竖型石刻，一般作为纪念物和标记，文字是石碑的主要部分。石碑上有螭首，下有龟趺，意在垂之久远。

洞中央的石台上，立有一通明代万历年间的石碑，内容为叙述溶洞的盛景。

从洞口至洞尾，共有20多个由石钟乳组成的精美造型，有灵芝仙草、玉象撑天、倒挂金鸡、葡萄满园、云中坐佛、钻山骆驼、双狮恋、悟空取宝、东西龙宫、蛟龙升腾、千年玉树、太白金星、神牛寻母、水帘洞、龙虎斗、寿星摘桃、水漫金山寺等。

祭白龙洞距离芝云洞2000米，全长约450米，高

■ 云南石林世界地质公园

石笋 在溶洞中直立在洞底的尖锥体。饱含着碳酸钙的水通过洞顶的裂隙或从钟乳石上滴至洞底。一方面由于水分蒸发，另一方面，由于在洞穴里有时温度较高，水溶解二氧化碳的量减小，所以，钙质析出，沉积在洞底。日积月累就会自下向上生长的是石笋，从上往下生长的是石钟乳。

约10米，宽不到10米。洞内除常见的石笋、石柱、石钟乳外，还有石花、卷曲石、方解石晶体、鹅卵石、石井等，形态奇美。

与其他溶洞特点不同的是，祭白龙洞洞溶石光滑透明，亮如水晶，洁白纯净，在灯光映照下，美不胜收。在这样的小洞中有如此玲珑奇巧的碳酸钙沉淀，真是世所罕见。

奇风洞是云南石林众多溶洞中最为奇特的一个，它不以钟乳石的怪异出名，而是因其会像人一样呼吸而闻名，被称为"会呼吸的洞"。

每年雨季，大地吸收了大量的雨水，干涸的小河再次响起淙淙的流水声时，奇风洞也开始吹风吸风，发出"呼""吓"的喘息声，像一头疲倦的老牛在喘粗气。要是故意用泥巴封住洞口，它也会毫不费力地把泥巴吹开，照样自由自在地呼吸。

■ 路南石林景观

■ 云南石林景观

奇风洞吹风时,安静的大地突然间就会尘土飞扬,长声呼啸,并伴有隆隆的流水声,似乎洞中随时都可能涌现出洪水巨流,定眼窥视,却不见一滴水。风量大时,有置身于狂风之中,暴雨即将来临之感。

曾经有人就地扯了些干草柴枝放在洞前点燃,只见洞中吹出的风把火苗浓烟吹得冲天而飞,足有3米之高。持续2分钟后火势渐弱,暂停10多分钟后,洞口火苗发出的浓烟突然又被吞进洞中,这样一吹一吸,循环往复,好似一个高明的魔术师在玩七窍喷火的把戏。

云南石林喀斯特,无论是类型分布的多样性、熔岩发育的独特性、地质演化的复杂性、岩石机理的美学性,还是观赏的通达性以及代表性和唯一性等方面,都名列前茅。尤其石林有部分区域是石灰岩与玄武岩交叠覆盖,演化成的地质地貌,更是世界罕见。

石林地区还有大量的古脊椎动物化石,是中国古

七窍 中国中医认为,人体部位有七窍,为头面部的七个孔窍,即为两只眼、两个鼻孔、两个耳朵和嘴巴。中医还认为,五脏的精气分别通达于七窍,五脏有病,往往从七窍的变化中反映出来。

云南石林景观

脊椎动物化石的重点保护区域，同时还是云南80万年前旧石器和新石器遗迹最为丰富的一个地区。

其中的李子园箐的石林崖画、石刻，反映着少数民族古老的祭祀烟火及舞蹈、狩猎、战斗等场面。

步哨山位于大石林之东、小石林之南，以环林东路为界，呈南向北带状展布，地貌上属大石林溶蚀洼地东部斜坡平台。

步哨山山顶海拔约1800米，高出大石林望峰亭近50米，是石林海拔最高的地方。登高远望，林海松涛，柱石参差。漫步山间，石林卓越，剑峰罗列。

这里多柱状石林，有"步哨五石门""步哨松涛"等独特景观。有巨型腹足类化石、珊瑚化石等海洋生物化石，记录着2.7亿年前石林地区生机勃勃的海底世界。

路南石林景观

云南昆明石林

　　石林既是自然的风景，也是人文的风景，与石林相伴的少数民族的生活风情，不仅创造了丰富的历史文化，还创造了多姿多彩的民间文化艺术。

　　其独特的语言文字、内涵丰富的诗文传说、斑斓绚丽的民族服饰、火热豪放的民族歌舞、古朴粗犷的摔跤竞技、风格奇特的婚丧嫁娶，无不体现出古老民族的文化韵味和地域特征。

阅读链接

　　在云南石林，还有一处奇特的存在，那就是黑松岩，那里石质黝黑古朴，气势磅礴，有如大海怒涛冲天而起。

　　黑松岩地区地下处处有溶洞，已经探明的大小溶洞就有9个。用"峰上望、林中游、地下钻"来形容黑松岩景区的特点，十分贴切。

　　进入黑松岩必须从白云湖畔通过，白云湖平躺在黑松岩的脚下，像一面明镜吞纳了四周的飞鸟花卉。白云湖水无浪无喧，也不藏深邃，远看云贵，破土而出且富有艺术感的盘石，疏朗有致地分布在草原上，闲花随意漫笔似的点缀，这一景致活像一幅巨大的油画。

　　湖中有两岛，一为"红云岛"，一为"白云岛"，泛舟湖上，犹如仙境。黑松岩与云湖一山一水，一黑一白，对比鲜明，秀媚与雄奇浑然一体，使黑松岩更显得完美无缺。

贵州荔波的石上森林

贵州荔波喀斯特位于贵州东南部的荔波,是贵州高原和广西盆地过渡地带锥状喀斯特的典型代表,被认为是"中国南方喀斯特"的典型代表。

荔波喀斯特最醒目的就是锥状喀斯特,最典型的类型是峰丛喀斯特和峰林喀斯特。峰丛景观与峰林景观呈有序排列,展示了相互地貌的演化与嬗变。

贵州荔波景观

荔波喀斯特具有特殊的喀斯特森林生态系统与显著的生物多样性，包含了众多特有的和濒危的动植物以及栖息地，代表了大陆型热带、亚热带锥状喀斯特的地质演化和生物生态过程，是研究裸露型锥状喀斯特发育区喀斯特森林植被的自然"本底"及森林生态系统结构、功能、平衡的理想地和天然试验场所。

在荔波的茂兰，保存着世界面积最大的喀斯特原始森林。茂兰位于荔波县的东南部，是中国中亚热带喀斯特地貌上原生性森林植被保存较完好的一块宝地，总面积130多平方千米，森林覆盖面积率达91%。

■ 贵州荔波喀斯特地貌

茂兰喀斯特森林作为一处珍贵的风景资源，超脱了喀斯特风景的固定程式，改变了喀斯特荒芜的情调，把千姿百态的山光水景、地下溶洞与碧绿的森林景色糅合在一起，呈现出一幅完美的自然景色。

由于地理位置特殊，气候温暖湿润，以及喀斯特地质地貌影响，形成了丰富多样的小生境，既有岩石裸露、气候变化大的石芽、崩塌的大石块干旱生境，也有土层相对深厚、营养元素丰富、有机质含量较高的气候变幅生境，也有直射光难以到达的小的石沟、石缝湿润肥沃生境，还有阳光充足的明亮生阴暗生

生物多样性 在一定时间和一定地区所有生物物种及其遗传变异和生态系统的复杂性总称。它包括基因多样性、物种多样性和生态系统多样性三个层次，它既体现了生物之间及环境之间的复杂关系，又体现了生物资源的丰富性。

■ 荔波小七孔景致

境。

小生境的多样性导致了植物群落物种丰富及生态系统结构复杂,在区系成分上,动植物处于过渡交错地带,因而资源非常丰富。

这里生长乔木树种达500多种,有被称为活化石的银杏、鹅掌楸等多种珍稀树种,还有中国独有的掌叶木、射毛悬竹和席竹等。它们共生在一起,组成了奇异的天然复层混交林。

这片茂密的原始森林,也为林麝、猕猴、香獐、华南虎、野牛、熊、豹、白猴等许多古老的野生动物,以及各种两栖爬行类、昆虫类生物提供了良好的栖息场所。

茂兰独特的地理环境及其上覆盖的喀斯特森林,造就了其独特的风景景观。根据其景观特色,分为森林地貌景观、水文景观及洞穴景观三大类型。

掌叶木 中国特有的树种,是残遗于中国的稀有单种属植物之一,仅分布在广西与贵州接壤的石灰岩地区。因人为破坏、生境特殊及自身特性的影响,资源稀少,被列为国家重点保护植物。掌叶木种子含油量很高,油清澈,有香味,可以食用,也可做工业用油。

茂兰喀斯特森林是中国罕见的中亚热带喀斯特原生性较强的残存森林。该区由森林和喀斯特地貌组合形成的生态系统，不仅为科学研究提供了鲜活的资料，而且给人以美的享受。

不同的喀斯特地貌形态及地貌类型，与浓郁的森林覆盖相搭配，形成了艳丽多姿的喀斯特森林地貌景观。可分为漏斗森林、洼地森林、谷地森林及槽谷森林四大景观。

漏斗森林，为森林密集覆盖的喀斯特峰丛漏斗，状若深邃的巨大绿色窝穴。漏斗底至锥峰顶一般高差150～300米，人迹罕至，万物都保持着原始自然的特色。各种各样的树木根系窜于喀斯特裂隙之中，奇形怪状的藤萝攀附着林冠和平共处峭壁之上，枝叶繁茂，浓荫蔽日，形成了神秘而恬静的漏斗森林景色。

洼地森林为森林广泛覆盖的喀斯特锥峰洼地，常

中亚热带 是中国亚热带中最宽的一个地带，位于中国中部偏南，本带所处的纬度较低，又面临东海、印度洋，受海洋强烈影响，具有明显的海洋性暖湿气候特点。各地的年降水量普遍丰富，大多为1000～1500毫米。年均温多在16摄氏度至20摄氏度左右，冬季绝大部分地域比较暖和。

贵州荔波喀斯特地貌美景

> **盆地** 主要特征是四周高，中部低，因像盆状而得名。在中国有5个有名的盆地，分别为四川、塔里木、吐鲁番、准噶尔、柴达木等盆地，面积都在10万平方千米以上，多分布在地势第二阶梯上。

有农田房舍分布其间。田园镶嵌在绿色峰丛之间，喀斯特大泉及地下河水自洼地边缓缓流出，清澈透明，构成山清水秀的田园森林风光。

盆地森林为森林覆盖着喀斯特峰林盆地，四周森林茂密的孤峰及峰丛巍然耸立。盆地开阔平坦，锥峰挺拔俊秀，上下一片碧绿，形成了蔚然壮观的盆地森林景观。

槽谷森林为森林浓密覆盖的喀斯特槽谷。谷中巨石累累，巨石上布满藤萝树木。谷地忽宽忽窄，两岸锥峰时高时低，森林覆盖疏密不定，地下河时隐时露，流水清澈，形成神秘而肃静的景色。

在茂兰喀斯特森林，种类繁多的地下水露头和地表溪流在千姿百态的青峰掩映之下，展示出一派瑰丽珍奇的水景山色。

区内的喀斯特水文情况主要有地下河出、入口及明流、瀑布、喀斯特潭、湖泊、地下河天窗、喀斯特泉、多湖泉及森林滞汐泉等。

这些水文现象与一般喀斯特地区并无本质上差别，但因其出露及径流之处多为森林及树丛所掩盖，致使密林之中清流若隐若现，为喀斯特山水增添了清新的色彩。

■ 贵州荔波森林

■ 贵州荔波喀斯特瀑布

地下河出入口及明流段，区内多见于东南部，一般沿绿色群峰环抱的盆地及洼地一侧流出，迂回曲折，时隐时现。再沿另一侧潜入地下，来无影，去无踪，给人以神秘之感。

区内最大的瀑布，见于瑶所东侧绿色峡谷出口处。系瑶所地下河骤然出露地表而形成，总落差70余米。瀑布沿绿荫覆盖的喀斯特陡壁层层跌落，水花飞溅，恰似银白色飘带悬挂于绿茵丛中，蔚为壮观。另外还有小七孔响水河68级瀑布群、拉雅瀑布等，均各有特色。

茂兰的地下洞穴极为发育，遍布全区，多与地下河道纵横交错。有的千姿百态，有的神秘莫测，有的奇形怪状，实为不可多得的旅游探险资源。

洞穴中，以花峒一带的洞穴最为丰富和壮观，如九洞天、神仙洞、金狮洞等。九洞天中，一座石柱，

峡谷 深度大于宽度、谷坡陡峻的谷地，是V形谷的一种，一般发育在构造运动抬升和谷坡由坚硬岩石组成的地段。当地面隆起速度与下切作用协调时，易形成峡谷。中国长江的三峡，黄河干流的刘家峡、青铜峡等，是修建水库坝址的理想地段。中国的雅鲁藏布江大峡谷是世界第一的大峡谷。

■ 贵州喀斯特钟乳石 钟乳石又称石钟乳，是指碳酸盐岩地区洞穴内在漫长地质历史中和特定地质条件下形成的石钟乳、石笋、石柱等不同形态碳酸钙沉淀物的总称，钟乳石的形成往往需要上万年或几十万年时间。由于形成时间漫长，钟乳石对远古地质考察有着重要的研究价值。

像一尊大佛，形态逼真。当地群众常到洞中求神拜佛，祈祷生儿育女、来年有好收成。

最奇特的是地处洞山的金狮洞，洞长不过300米，但洞中石笋、石柱、石旗、钟乳石等极为发育和集中，洞中集水，水深仅膝，石笋生长在水中成林，似岛屿、珊瑚礁沿岸簇状分布。有的犹如茶花含苞欲放；有的似雪莲、浮萍，洁净雪白；有的如水中灵芝，迎水倾斜，构成了一个难得的洞穴艺术宫。

荔波樟江风景区在贵州省布依族苗族自治州荔波县境内，山川秀美，自然风光旖旎而神奇。喀斯特形态多种多样，锥峰尖削而密集，洼地深邃而陡峭，锥峰洼地层层叠叠，呈现出峰峦叠嶂的喀斯特峰丛奇特景观。

荔波樟江风景名胜区由小七孔景区、大七孔景区、水春河景区和樟江沿河风光带组成，面积271平方千米。樟江沿河风光带，全长30千米，一水贯穿水春河峡谷和大七孔、小七孔景区。河面水流平稳，水清如玉，两岸青山绿树，农田村落，交织成美丽的田园风光。

小七孔景区是因一座清朝时期的小七孔古桥而得名，这是一处融山、水、林、洞、湖、瀑为一体的天然原始奇景。

小七孔景区秀丽奇艳，有"超级盆景"的美誉。鸳鸯湖是这里最耀眼的亮点。穿越重重森林，你会惊喜地发现两大片蓝蓝的湖水，静卧于树木环抱之中。湖水颜色浓淡不一，竟有红、橙、黄、绿、青、蓝、紫七色，这是各色树木映入水中，经过湖水吸收、反射和折射而成。

水上森林则是一片极其独特的森林。仔细看去，这里的千百株树木，全都植根于水中的顽石上，又透过顽石扎根于水底的河床。

水中有石，石上有树，树植水中，这种水、石、

清朝 中国历史上第二个由少数民族建立的统一政权，也是中国最后一个封建帝制国家，对中国历史产生了深远影响。1616年，建州女真部首领努尔哈赤建立后金。1636年，皇太极改国号为清。1911年，辛亥革命爆发，清朝统治瓦解，结束了中国2000多年的封建帝制。

贵州荔波樟江风景区小七孔桥

■ 贵州荔波拉雅瀑布

树相偎相依的奇景，令人叹为观止。

此外，响水河68级叠水瀑布群，像一条飘动的银链，拉雅瀑布飘洒着清凉的珍珠雨，沁人心脾。卧龙潭潭水幽深，春来潭水绿如碧玉之景观，令人惊叹。夏季潭水飞泻大坝，涛声震天，瀑布壮观惊人。

天钟洞深邃莫测，大自然神工造化，洞景千姿百态，俨如梦幻仙境。神秘的漏斗森林中的野猪林，林水交融的水上森林，奇特的龟背山喀斯特森林，在世界上的自然风光中独具一格。

大七孔以一座大七孔古桥而得名，分布着原始森林、峡谷、伏流、地下湖等，充满了神秘色彩。大七孔景区气势恢宏，雄奇险峻。妖风洞暗河阴森，传说使人胆战心惊，激流跃进洞口，形成层层叠水。

天生桥又名仙人桥，桥高雄峻，气势非凡，人称"东方凯旋门"。地峨宫神秘莫测，宫中有河、有瀑、

玉　中国传统的玉料，玉的名称来自软玉，因以新疆和田地区出产最佳，常称为"和田玉"。"玉"字始于中国最古的文字，商代甲骨文和钟鼎文中，并逐渐发展形成了中国的一种特殊文化，它充溢了中国整个的历史时期，因此而形成了中国人尊玉、爱玉、佩玉、赏玉和玩玉的传统用玉观念。

有湖，幽深绝妙，实为贵州高原最大的地下"宫殿"。

妖风洞又称为黑洞，因为洞内黝黑，伸手不见五指。传说洞内藏着妖怪，它常年兴风作浪，在离洞口200米之外的地方就能感到扑面而来的飕飕凉风和森森寒意。

洞首是一条数十米长的窄巷，划船进去可见一道宽10米、高20米的瀑布。洞长7500米，洞高50米，洞内巨石滚滚，将至洞尾处有一巨大湖泊，往前行乃一窄巷，洞壁如削，一道10余米高的瀑布挡住去路。若在洞壁凿岩设栈道，则再行里许便出洞口，天地豁然开朗，二层河在这里汇成一个面积约1000平方米的喀斯特湖泊。密密实实绿荫围匝的高原湖一尘不染，山林静谧，空气鲜活。

从大七孔桥溯流而上是一道长长的天神峡谷，峡谷内危崖层叠，峭壁耸立，岚气缭绕。最为奇异的是，在这里不能大声呼叫，否则绝壁上的大小石块会飞落而来，当地百姓谓之为天神恼怒，这里因此得名为恐怖峡。

贵州荔波小七孔桥景区

在名叫"虎刀壁"的陡崖上，洞口密布，岩腹中是一个巨大的溶洞，名为"万鸟洞"，洞中栖息着成千上万只山燕。

每天晨曦初露时，山燕子成群结队从溶洞里蜂拥飞出，"哩哩"鸣叫，在峡谷里追逐盘旋，足足飞翔一个多小时才能全部出洞。一时间鸟翅蔽天，翔声震耳，蔚为壮观。

此外，危岩峭壁的山神峡、横溪高大的双溪桥，终年滚滚喷涌的清水塘，银浪滔滔。两岸树木参天的笑天河，原始森林覆盖的清澈透底的二层湖，均为少见的景致。

水春河峡谷景区，两岸绝壁夹峙，植被丰茂，怪石突兀，水面晶莹，风光诱人。以喀斯特地貌上樟江水系的水景特色和浩瀚苍莽的森林景观为主体。景物景观动静和谐、刚柔相济，既蕴含着奇、幽、俊、秀、古、野、险、雄的自然美，又有浓郁独特、多姿多彩的少数民族风情和一批名胜古迹及人文景观。

阅读链接

水书是水族人民千百年来的精神信仰、伦理道德、哲学思想以及生产生活经验等诸多方面的累积。

水书是古代水族先民用类似甲骨文和金文的一种古老文字符号，记载水族古代天文、地理、民俗、宗教、伦理、哲学、美学、法学、人类学等的古老文化典籍，它所涵盖的内容充分地展示了水族人民的智慧，深深地影响着现代水家人生产生活的各个方面。

在茂兰保护区，水族文化和水书传承依然保存得相当完好，逢年过节或重大择日活动，当地的水族人都要请水书先生设祭，祈求获得保佑。

在打开水书之前，人们会用五谷、鸡、鸭、鱼、肉祭水书祖先，然后才开始翻阅，以消灾避祸、祈求平安。

重庆武隆的峡谷三绝

重庆武隆喀斯特是中国南方喀斯特的重要组成部分，是深切形峡谷的杰出代表。它不仅是反映地球演化历史的杰出范例，而且还是生命的记录，它承载了重要的、正在进行的地貌演化，具有地貌形态和自然地理特征。

武隆孕育出了三个独立喀斯特系统，即芙蓉洞洞穴系统、天生三

重庆武隆喀斯特绝壁

天坑 指具有巨大的容积，陡峭而圈闭的岩壁，深陷的井状或者桶状轮廓等非凡的空间与形态特质，发育在厚度特别巨大、地下水位特别深的可溶性岩层中，从地下通往地面，平均宽度与深度均大于100米，底部与地下河相连接的一种特大型喀斯特负地形。

桥喀斯特系统和后坪冲蚀型天坑喀斯特系统，被称作"中国南方喀斯特三绝"。

这三个喀斯特系统是长江三峡地区在新近纪以来，在地壳大面积抬升和河谷深切的基本条件下发育形成的。它们以洞穴系统、天生桥及峡谷系统和喀斯特天坑系统等为不同的表现形式，生动地记录和表现出了地球在这一阶段的地壳抬升特性。

武隆喀斯特不仅演示了正在进行的地球内外引力的地质作用，而且还蕴藏了不同地质条件下喀斯特发育和演化的秘密，甚至是解读长江三峡机理形成的一把重要钥匙。

芙蓉洞是一个大型的石灰岩洞穴，形成于第四纪的更新世时期，是在120多万年前，发育在古老的寒武系白云质灰岩中的洞穴，洞内深部气温稳定，终年为16摄氏度，被称为"天下第一洞"。

■ 重庆武隆天生三桥

芙蓉洞主洞全长2500米，游览道约1900米，底宽为12～15米以上，最宽近70米，洞高一般8米到25米，最高48米。洞底总面积3.7万平方米，其中辉煌大厅面积超过了1000平方米，可以容纳静态客共计18.5万人。

洞内还存在着70多种各类次生化学积形态，即钟乳石类，琳琅满目，丰富多彩，几乎囊括了钟乳石所有的沉积类型，如石钟乳、石笋、石柱、石幕、石瀑布、石旗、石带、石盾、石葡萄、珊瑚晶花等，主要由方解石、石膏、文石和水菱镁石等矿物组成。

其中大多数种类存在数量之众多、形态之完美、质地分布之广泛，在国内绝无仅有，而且某些类型在全世界也是罕见的。

芙蓉洞洞内是层层叠叠的石花和成排成队的石笋，它们完全是由岩壁上渗漏出水经过天长日久的凝结变化而形成的。这些石幔和石笋大小不一，形态各异，就像巧夺天工的艺术品，让人目不暇接。

芙蓉洞中生长的植物只有两种，即蕨类和苔藓类。据说，这些植物的孢子孕育于亿万年前的恐龙时代，在黑暗中已经经历了漫长的岁月。

银丝玉缕，指的是洞壁上纤细如发、卷如根须的石晶花和卷曲石，芙蓉洞的这些石晶花颜色洁白，形

■ 武隆仙女山天生三桥青龙桥

文石 又称霰石，与方解石等成同质多象。晶体呈柱状或矛状，常见的是六方对称的三连晶。集合体多呈皮壳状、鲕状、豆状、球粒状等。通常呈白色、黄白色。玻璃光泽，断口为油脂光泽。

石幔 洞穴学名词，又称石帘、石帷幕。渗流水中碳酸钙沿溶洞壁或倾斜的洞顶向下沉淀成层状堆积而成，因形如布幔而得名。

■ 重庆武隆芙蓉洞内景观

态娇嫩。其数量之多、分布面积之大，在全国所有洞穴中堪称第一。

珊瑚瑶池，由色泽浅黄的方解石晶花和乳笋构成，整个池子面积有30平方米左右。池水中的石晶花分为上下两层，看上去就像漂在水面上一样。

不论是池水面积、深度，还是石晶花的数量及规模，珊瑚池都堪称世界之最，是芙蓉洞中的瑰宝。

芙蓉洞具有极高的观赏和科研价值，游客至此，不仅可以在神奇的大自然中获得精神享受，还能够增长很多有关洞穴的知识。

天生桥是典型的喀斯特地貌，以天龙桥、青龙桥、黑龙桥3座气势磅礴的石拱桥而称奇于世，是亚洲最大的天生桥群。

天生三桥地处仙女山南部，位居仙女山与武隆县之间。天生石桥气势磅礴，林森木秀、飞泉流瀑，包容了山、水、雾、泉、峡、峰、溪、瀑，是一处高品

石拱桥 用天然石料作为主要建筑材料的拱桥，这种拱桥有悠久的历史，桥梁又多有附属小品建筑，桥头常立牌坊、华表、经幢和小石塔也常用于桥梁，世界上最著名的割圆拱桥首推中国的赵州桥。

位的生态区域。

武隆天生桥分布在长为1万米三叠系下统的碳酸盐岩河段，由峡谷干谷、伏流、天生桥、天坑、洞穴、喀斯特泉组成，峡谷深200～400米不等，尤以其中的羊水峡和龙水峡地缝式岩溶峡谷最为壮观。

天龙桥为天生一桥。桥高200米，跨度300米，因其位居第一，有顶天立地之势而得名。天龙桥的发育有两个穿洞，南穿洞为迷魂洞，北穿洞为天生桥通道，其形状酷似人工桥梁。

青龙桥为天生二桥。是垂直高差最大的一座天生桥。桥高350米，宽150米，跨度400米。因雨后飞瀑自桥面倾泻成雾，夕照成彩虹，似青龙直上而得名。

黑龙桥为天生三桥。桥孔深黑暗，桥洞顶部岩石如一条黑龙藏身于此，令人胆战心惊。黑龙桥景色以其流态各异的"三迭泉""一线泉""珍珠泉""雾泉""四眼宝泉"而独具特色。

天龙桥、青龙桥和黑龙桥这3座天生桥，在总高度、桥拱高度和桥面厚度这三个天生桥的重要指标中都可以排在世界的首位，具有重要的意义。

在这三座喀斯特天生桥的桥间是天坑，发育在厚度特别大、地下水位特别深的可溶性岩层中，具有巨大的容积、陡峭而圈闭的岩壁、深陷的井状或桶状轮廓等

三叠纪 位于二叠纪和侏罗纪之间，处于2.5亿年至2.03亿年前，延续了约5000万年。海西运动以后，许多地槽转化为山系，陆地面积扩大，地台区产生了一些内陆盆地。这种新的古地理条件导致沉积相及生物界的变化。从三叠纪起，陆相沉积在世界各地，尤其在中国及亚洲其他地区都有大量的分布。

■ 重庆武隆景色

非凡的空间与形态特征。从地下通往地面，平均宽度与深度均大于100米，是底部与地下河相连接的特大型喀斯特负地形。

武隆后坪冲蚀天坑发育于奥陶纪石灰岩中，由地表沟溪、落水洞、竖井、天坑、化石洞穴、地下河和泉水组成，是一个包含从非喀斯特区到喀斯特区、从地表到地下、从上游而下游、从补给到排泄以至冲蚀天坑等在不同发展阶段的完整喀斯特系统，处于独一无二的地位。

后坪天坑最典型的就是箐口天坑，箐口天坑的形态堪称完美，坑口呈椭圆形，最大和最小的深度分别为295米和195米。

自坑口视之，绝壁陡直，深不可测，奇险无比。自坑底仰视，四周绝壁直指天穹，如坐井观天，白云悠悠，天空湛蓝，给人以超然物外、远离尘嚣的感觉。

在箐口天坑附近还有石王洞天坑、天平庙天坑、大落囤天坑和牛鼻子天坑。其中，在大落囤天坑的东北侧，有一岩溶石柱，柱高100余米，直径50余米，巍然挺立于天坑边上，好似天坑的守护神。

伟岸挺立的高大石柱，与深不见底的、神秘莫测的大落囤天坑形成鲜明对比，阳刚与阴柔并存，构成一道独特的景观。

此外，在重庆市武隆县后坪东、西、北三面的姚家坝、二王洞、土鱼溪、板厂坝、老梁子、山王敦等约20平方千米的土地上，分布有神奇的麻湾洞、规模宏大的溶洞、狭长幽深的地缝峡

重庆武隆仙女山天坑景观

谷、罕见的天坑群、巍然挺立的石柱、风景如画的红山人工湖、古老的原始森林、险峻秀丽的人头山、宽广美丽的山王敦、苏维埃政权遗址等，浑然一体，风景独特。

重庆武隆仙女山溶洞石笋

麻湾洞是木棕河的发源地，源头水源从地下泉眼涌出，形成水势凶猛的河流。有史以来，木棕河畔的庄稼人引用麻湾洞的水灌溉农田、解决人畜饮水。后来，人们利用丰富的水利资源，在木棕河上建起了3座电站，为地方经济和社会发展做出了巨大贡献。

麻湾洞以北1000米是二王洞，二王洞有二王洞屯和灶孔眼两个洞口，二王洞屯洞口是通往箐口天坑底部的唯一通道，有两个岔道，呈"Y"字形，左道直达箐口天坑底部，右道通往天坑绝壁洞口。从洞口进入向北有一大厅，长宽约200米，高100米。晴天，阳光从灶孔眼顶部直射而下，蔚为壮观。大厅四周钟乳林立，形状各异。再向北，就可以通过钟乳林立的走廊到达箐口天坑。

在二王洞向北750米的地方是三王洞，为牛鼻子洞一带地表水和地下水的排水通道。化石洞穴的入口在阎王沟干谷谷壁上，海拔940米。洞体总高差236.5米，洞道较为复杂，支洞繁多，相互串通，总体呈"Y"字形，结点处为环行洞道。

主洞洞体宏大，洞内除部分地段为斜坡外，洞底较为平坦，钟乳石遍布、粗大，形状各异。有雄狮、蛤蟆、鳄鱼、石水母、仙人指路、人生起点、欲罢不能、芝麻元宵、海狮觅食、天狗望月等众多景观，壁流石似帘幕自高垂落，琳琅满目，极具观赏和科考价值。

阎王沟峡谷尾部紧靠三王洞口，自北端的上大湾至南端的灶孔眼，全长2300米，两岸山脉最高峰约1300米，峡谷最低点海拔为842米，峡谷深度为496米。

根据峡谷的窄长程度和发育变化，阎王沟可分为上部较开阔的岩溶峡谷和下部的地缝式峡谷。岩溶峡谷宽约在300～600米之间，深度400米。缝式峡谷，深度、宽度各100米，最窄处仅数米。

阎王沟峡谷是盲谷式峡谷，峡谷在雨季所汇集的地表水，从南端的灶孔眼汇入二王洞的地下水排水系统中，最终在其南部的麻湾洞泉排出地表。而在阎王沟发育的早期，地表沟水是经其上部的峡谷从地表经过二王洞屯排往木棕河的。

后来，由于阎王沟的下切和位置更低的地下排水道排水，因此又可将这一段峡谷看作盲谷。

阎王沟峡谷谷深林幽，具有极高的观赏价值，特别是靠近灶孔眼段，谷底深切，两岸近乎垂直，宽度小，气势逼人，行走其中，有着别样的感受。

阅读链接

相传天生桥在很久以前，是一个山清水秀、鸟语花香的地方，并没有3座桥，居住在这里的人们过着幸福安乐的生活。

有一天，东海龙王路过这里，就决定和他的3个女儿搬到这里来住，并为当地百姓做了很多好事，人们都非常喜欢她们。

心怀叵念的豪霸听说之后，就派人搜集了很多仙人惧怕的桐油沿着蔡帝塘周围扔进塘中。人们跑到湖底想找回仙女，可是看到的是3只很大的红色的癞蛤蟆躯壳，背上还插着苦竹，龙女们就这样离开了人们。

后来，人们为了纪念她们，就在蛤蟆所在的地方建造了3座桥，并根据龙女所穿衣服的颜色命名为天龙桥、青龙桥、黑龙桥。

红色沃土

丹霞组合

在中国,丹霞指的是一种有着特殊地貌特征以及与众不同的红颜色的地貌景观,其形状像"玫瑰色的云彩"或者"深红色的霞光"。

它是红色砂岩经长期风化剥离和流水侵蚀,形成的孤立山峰和陡峭的奇岩怪石,是巨厚红色砂、砾岩层中沿垂直节理发育的各种丹霞奇峰的总称。

由于中国地理环境的区域差异,丹霞地貌的发育特征表现出一定的差异性。不同的气候带产生的外力组合,以及晚近地质时期环境的变迁,都不同程度地影响丹霞地貌的发育进程和地貌特征的继承与演变。

福建泰宁拥有水上丹霞

丹霞地貌是由产状水平或平缓的层状铁钙质混合不均匀胶结而成的红色碎屑岩，主要是砾岩和砂岩，受垂直或高角度的节理切割，并在差异风化、重力崩塌、流水溶蚀、风力侵蚀等综合作用下形成的有陡崖的城堡状、宝塔状、针状、柱状、棒状、方山状或峰林状的地形。

丹霞地貌发育始于第三纪晚期的喜马拉雅造山运动时期，这次造山运动使得部分红色地层发生倾斜和舒缓褶曲，并使红色盆地抬升，形成外流区。

■ 泰宁景色

流水向盆地中部低洼处集中，并沿着岩层的垂直节理进行不断的侵蚀，形成两壁直立的深沟，称为"巷谷"。巷谷崖麓的崩积物在大于流水作用，不能被全部搬走时，就会沉积下来，形成坡度较缓的崩积锥。

随着沟壁的崩塌后退，崩积锥不断向上增长，覆盖基岩面的范围也不断扩大，崩积锥下部基岩形成一个和崩积锥倾斜方向一致的缓坡。崖面的崩塌后退还使山顶面范围逐渐缩小，形成堡状残峰、石墙或石柱等地貌。

■ 张掖丹霞地貌

随着进一步的侵蚀，一些残峰、石墙和石柱逐渐消失，形成缓坡丘陵。在红色沙砾岩层中有不少石灰岩砾石和碳酸钙胶结物，碳酸钙被水溶解后常形成一些溶沟、石芽和溶洞，或者形成薄层的钙化沉积，甚至发育有石钟乳，在沿节理交汇的地方还可以发育成漏斗。

在砂岩中，因有交错层理所形成的锦绣般的地形，所以被称为锦石。河流深切的岩层，可以形成顶部平齐、四壁陡峭的方山，或者被切割成各种各样的奇峰，有直立的、堡垒状的、宝塔状的等。

在岩层倾角较大的地区，有的岩层被侵蚀形成起伏如龙的单斜山脊，由多个单斜山脊相邻的称为单斜峰群，有的岩层沿着垂直节理发生大面积的崩塌，形

山脊 由两个坡向相反坡度不一的斜坡相遇，组合而成条形脊状延伸的凸形地貌形态。山脊最高点的连线就是两个斜坡的交线，作山脊线。山脊是连成一排的山峰，山峰之间连成一条长线。因好像动物的脊骨一样有条突出的线条，所以得名。

■ 福建泰宁盆地丹霞地貌

华夏 由周王朝最先使用，但最初不是指代周王朝，而是指代周姬姓贵族以外的民族族群和部落，是方国和诸侯的合称，后来被用作中国和汉族的古称。华夏文明也称中华文明，是世界上最古老的文明之一，也是世界上持续时间最长的文明之一。

成高大、壮观的陡崖坡，陡崖坡沿某组主要节理的走向发育，形成高大的石墙，石墙的蚀穿形成石窗，石窗进一步扩大，变成石桥。有的岩块之间形成狭陡的巷谷，因岩壁呈红色而被命名为"赤壁"，壁上常发育有沿层面的岩洞。

泰宁丹霞由典型的丹霞地貌区及其自然地理要素组成，在造貌岩性、地貌形态、演化阶段等方面独具一格，有别于其他地区的丹霞地貌，因而称其为"泰宁式丹霞地貌"。

泰宁盆地是在华夏古板块武夷山隆起的背景上发育的白垩纪红色断陷盆地，由朱口和梅口两个北东向的小红色盆地构成，形成丹霞的岩石为白垩纪中晚期的崇安组砾岩、沙砾岩，总体地势由西北向东南倾斜，西部、北部高，东南缓，中部低。最高处为记子顶，海拔674米，地形最大高差可达400米。

泰宁丹霞拥有举世罕见的"水上丹霞""峡谷

大观园"和"洞穴博物馆"奇观,是中国东南沿海面积最大、地貌类型最全、地貌景观价值最高的丹霞地貌,成因以风化、水蚀、重力为主,岩溶作用为辅。

泰宁丹霞地貌包括上清溪、金湖、龙王岩及八仙崖等4个丹霞地貌区,合计面积为166平方千米,以峡谷群落、洞穴奇观、水上丹霞、原始生态、地质文化为主要特点,是中国少有的尚处于地貌发展演化旋回阶段的青年期丹霞地貌的典型代表,也是研究中国东南大陆中生代以来地质构造演化的典型地区。

这些丹霞地貌区原为4个大小不一的白垩纪红色碎屑岩盆地,盆地的西北缘或西缘都发育有大断层。盆地中还发育有走向不同的一系列断层。盆地中的红色岩层除向盆地中心倾斜以外,还向大断层的一侧倾斜,形成不少单斜及近水平的丹霞地貌,构成秀美、奇特、壮丽的风景。

泰宁丹霞地貌区的自然景观以幽深的峡谷、神奇的洞穴、灵秀的

福建泰宁上清溪丹霞地貌

福建泰宁丹霞地貌

山水和原始的生态为特色，保持了海拔约450米的古夷平面，形成了400多种多条深切峡谷群，构成了独具一格的网状谷地和红色山块，其中的线谷、巷谷、峡谷、赤壁发育、丹霞岩槽、洞穴不计其数，负地貌特征极其突出。

泰宁丹霞地貌区峡谷是由70多条线谷、130余条巷谷、220多条峡谷构成的丹霞峡谷群，它以崖壁高耸、生态优良、洞穴众多为特色，极具观赏性。它们有的纵横交错，有的并行排列，有的则九曲回肠，形成深切曲流的奇观。

丹霞峡谷大都曲折幽深，峡中树竹葱茏，藤萝密布，溪水清清，鸟韵依依。若乘竹筏在曲流中漂流，则如欣赏一幅美妙的山水长卷，给人以动态的美感。

洞穴是泰宁丹霞地貌的奇观，据不完全统计，泰宁地区有大型单体洞60余处，其洞长在10余米至400余米不等，洞穴群则多达上百处。

在泰宁丹崖赤壁上分布的千姿百态的丹霞洞穴，独具特色。洞穴大者可容千人，小的状若蜂巢。洞穴组合或特立独行，或成群聚集，或层层套叠。

洞穴的造型若人、若禽、若兽、若物，变化万千。洞穴装点着赤壁丹崖，为赤壁丹崖增添了许多奇异的色彩。

泰宁丹霞洞穴不仅极具观赏性，而且还是研究丹霞洞穴的理想场所。一些规模较大的洞穴内还保留有寺、庙、观、庵等建筑物，使得丹霞洞穴散发出一种神秘而厚重的宗教文化气息。

泰宁丹霞山水景观的特点集中表现在山峰的千姿百态和秀美。这些群山中的峰林、峰丛、石柱、石墙，形象各异，它们赤壁倒悬，危崖劲露，或雄风大气，或灵秀雅致。

山峰的造型怡秀清丽，众多水体点缀其间，山峰的赤壁丹崖与绿树碧水相依相映，色彩瑰丽。金湖水深色碧，岛湖相连，湾汊相间，群峰竞秀，展现在人们眼前的是一幅幅浓淡相宜、富有诗情画意的泼墨山水画面，置身其中令人流连忘返。

泰宁丹霞生态景观的特点在于古人对林木的精心保护，使得泰宁丹霞地貌区生态环境优良。

在地貌区的核心地带，沟壑纵横，人迹罕至，生态系统保持完整，林木生机盎然，藤萝攀岩附树。行走其中，稀有树种、珍贵野禽常见。这里空气清新，是天然的氧吧。

特别是上清溪、金湖、九龙潭等溪流、湖泊、深潭与丹霞地貌相结合，构成了景色秀丽的"水上丹霞"，异常迷人。

阅读链接

九龙潭是著名的水上丹霞景观，也是世界上最长的水上奇峡，因有九条蜿蜒如龙的山涧溪水注放潭中，故名九龙潭。九龙潭的主体是由丹霞地貌构成的丹霞湖，潭面长约5千米，最宽处约百米，最窄处不足1米，潭深可达18米。

其中的应龙峡堪称稀世奇景，全长约1200米，两岸绝壁，一脉水天，岩槽石罅，飞瀑流泉，为目前发现的最长的水上一线天。荡舟九龙潭，潭边奇峰突兀、峭壁林立，十分清幽寂静，恍若处身世外。

水在这片丹霞里低回百转，一弯一景，一程一貌。漂流其间，在清、静、奇、野等元素完全融合的氛围中，亲山、亲水、亲氧、亲绿，人与自然亲密无间，乐在其中，陶醉其间。

湖南崀山的中国丹霞之魂

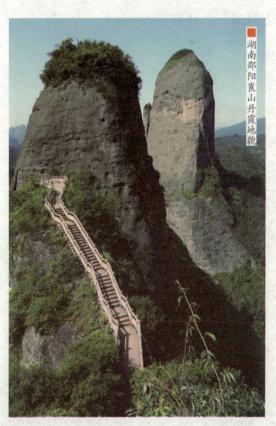

湖南邵阳崀山丹霞地貌

大约4亿年前,崀山地区还是一片汪洋。后来,广西造山运动将它抬出水面,形成了陆地。不久,崀山和桂林、长沙一带的"湘桂海洋基地"再次陷入海底。

此后又历经了数十次的地壳运动,时生时灭,直至两亿年前,剧烈的造山运动才又将它从水底托起,形成了典型的丹霞地貌。

构成崀山丹霞地貌的岩层是形成于9000万年前到6500万年间的晚白垩世时期

■ 湖南崀山丹霞盛景

的陆相红色碎屑岩系，岩石中北东向与北西、近南北向网格状垂直节理发育得极为完善，是构成崀山地区丹霞地貌的物质基础与空间条件。

由于崀山地区处于亚热带湿润气候区，降雨充沛，地表径流发育，再加上流水侵蚀及其诱发的重力作用，促成了丹霞地貌的形成。

在重力堆积发育的作用下，逐渐构成了坡面的非凡景观，有的巨石形成了有观赏价值的蛤蟆石、美女梳妆等形象化石，而有的个景由于垂直节理发育加上单斜岩层层理，出现了临空危岩。还有的顺层理方向临空或顺节理方向临空，如斗篷寨、将军石、蜡烛峰等，景象异常壮观。

崀山丹霞地貌区，造型多姿多彩，瑰奇险秀，是一座罕见的大型丹霞地貌博物馆，这里山水林洞，要素齐全，气候宜人，素有"五岭皆炎热，宜人独崀山"之说。

节理发育 几乎在所有岩石中都可以看到有规律的、纵横交错的裂隙，它的专门术语就叫节理。节理即是断裂岩块沿着破裂面没有发生或没有明显发生位移的断裂构造。

壁画 在建筑物的墙壁或者天花板上描绘图案。可以分为粗底壁画、刷底壁画和装贴壁画等多种。是最为古老的一种绘画形式，在原始社会时期，人们就在洞壁上绘刻各种图形，用来记录一些事情，是流传最早的壁画。中国的许多宫殿、墓室、庙宇、石窟中都有大量的壁画存在。

在这里，丹霞地貌有石崖、石门、石寨、石墙、石柱、石梁、石峰、一线天、天生桥、单面山、峰丛、峰林、峡谷、岩槽、崩积岩块、天然壁画，造型地貌，穿洞、扁平洞、额状洞、蜂窝状洞、溶洞、水蚀洞穴、竖状洞穴、堆积洞穴、崩塌洞穴等26种结构和类型，崀山丹霞发育一应俱全，被称为"中国丹霞之魂"。

崀山丹霞地貌的结构与特征的典型性和完整性是十分罕见的。一线天是丹霞地貌中难得发育的景观，而在崀山就发现了10多处，天下第一巷西侧大约不到150米的范围内就有与之平行的遇仙巷、马蹄巷、清风巷三条石巷。

丹霞地貌形成天生桥十分难得，而在崀山就发现了5座。崀山丹霞地貌的形成与发展过程也十分清楚，幼年期、壮年期、老年期的地质遗迹发育良好、保存完整，特别是代表丹霞壮年早期的密集型簇群式

■ 湖南崀山丹霞地貌

■ 湖南崀山丹霞地貌

峰丛，鹤立同类地貌，一枝独秀，无与伦比。

崀山丹霞的喀斯特混合地貌也独具特色，崀山丹霞地质的紫红色沙砾岩胶结物，普遍含有碳酸钙和石灰岩砾石，岩溶作用显著，形成了以溶蚀漏斗、溶蚀洼地、溶洞为标志的丹霞喀斯特，或者在上部的白垩纪红层砾岩发育成丹霞，下部石灰岩发育成喀斯特，如崀山飞濂洞可溶性喀斯特和白面寨五柱岩溶洞非溶性喀斯特现象就极具对比价值，具有不可替代性。

崀山丹霞多生物的生态系统令人惊奇。崀山是华南、华中、滇黔桂等动植物区系的交汇过渡地带和中亚热带含华南植物区系成分的常绿阔叶林植被亚地带。整个景区四季常青，常年碧绿。

动植物区的植物起源古老，物种丰富，新种密布，是大量珍稀濒危植物、古老植物的重要栖息地和大自然珍贵的生物基因库。

崀山丹霞区有1421种野生维管束植物，大型真菌150种，其中列入中国物种红色名录的有21种，国家重点保护植物23种，其中一级重点保护植物南方红豆杉、伯乐树、银杏3种，有9个植被型，71个植物群系，植被覆盖率85%。

维管束植物 植物的一个类群。在蕨类植物、裸子植物、被子植物的叶和幼茎等器官中，由初生木质部和初生韧皮部共同组成的束状结构。有时根据维管束的有无作为划分高等植物与低等植物的界限，所以维管束植物也被称为"高等植物"。

崀山丹霞区有约占全世界4.5万余种0.46%的脊椎动物209种，其中哺乳动物25种，鸟类94种，爬行类35种，两栖类18种，鱼类37种，昆虫816种。

特有的物种如新宁毛茛和崀山唇柱苣苔，是刚发现不久的新物种，这两个品种仅分布在崀山范围内，且只生长在丹霞山体的石壁上，其他生存条件下无分布，是一种典型的生境狭窄特有现象。

崀山被子植物中存在白垩纪和第三纪残留成分，是记录被子植物基部类群与昆虫等动物发生协同进化关系的特殊生境地区，对理解被子植物基部类群的多样性和进化具有重要意义。

崀山景区的漏斗、洼地都形成了一套自身独特的生态系统，如万景槽中的蝙蝠群、漏斗中的茂密森林等现象世所罕有，极具个性。

崀山丹霞以层叠成列的"楔状地貌"和突起其间的"寨峰地貌"为主，景区内地质结构奇特，山、

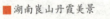
湖南崀山丹霞美景

湖南崀山丹霞崖壁

水、林、洞要素齐全，是典型的丹霞峰林地貌，在国内风景区中独树一帜。

大自然是一位雕刻大师，红色沙砾岩是雕刻的石料，新构造运动的上升是提升石料便于雕刻的升降机，节理裂隙和层理是下刀的纹路。

雕刻大师通过几千万年精雕细刻，推向人间的是一座美妙绝伦的艺术品。在内外力共同作用下造就了崀山绝伦的丹霞景观。

从美学价值的角度来看，崀山丹霞是中国南方湿润区丹霞地貌中，以紧密窄谷型壮年早期高大峰丛峰林地貌为特色的典型区域。

造景地貌均以"丹崖赤壁"为基调，是一宗具有群体结构的丹霞系列地貌的荟萃。

从岩层初期的雕塑分割到蚀余形态，展示了整个地貌形成、发展和演变的过程。其造型、色彩和气质达到最佳组合境界，衬托出其气势磅礴和厚重雄浑的高贵品质，素有"中国国画灵感之源"的美誉。

崀山丹霞中的八角寨、牛鼻寨、红华寨等以造型绝险粗犷为特色，负向地貌以造型俊俏精工为特色，繁简互补，刚柔相济，既丰富又单纯，既活泼又有序，造成多样统一和谐而有节奏的韵律感。

地质时期 指地球历史中有地层记录的一段漫长的时期。由于目前已经发现地球上最老的地层同位素年龄值约46亿年左右。因此，一般以46亿年为界限，将地球历史分为两大阶段：46亿年以前阶段称为"天文时期"或"前地质时期"；46亿年以后阶段称为"地质时期"。

崀山丹霞地貌的固有姿态和固有色彩，在环境条件的变化配置与烘托下，往往可由静态转变为动态，由单调转变为多样化。

扶夷江水碧蓝清透，蜿蜒而过，随着四季的变化，冷色与暖色、澄澈与鲜明相互辉映，形成了丹霞地貌色彩美的鲜明个性和罕见的自然地带美。

崀山丹霞保留了沿袭几千年的农耕活动，成片的稻田随四季变化而呈现出春绿秋黄的田园风光。青瓦白墙、小桥流水的古式民居依山而建，古堡、山寨、寺院隐没山中。丹崖、青山、遗址、农舍巧妙地结合，辉映成趣，相互衬托出一幅完整的自然画卷。

从科学价值的角度来看，崀山位于扬子板块与华南板块交界地带和中国地势第二、三级阶梯的过渡地带，这里的资新红层盆地形成于白垩纪时期，丹霞地貌成型于新近纪晚期及第四纪时期。

■ 湖南崀山远景

从白垩纪到第四纪，由于中国大陆受印澳板块及太平洋板块的双重挤压，地壳的抬升运动异常强烈，尤其是被称为世界屋脊的青藏高原的隆起对中国的大气环流及地势分布格局具有重要的作用。

崀山丹霞地貌正是在这一特定的地质时期内，一定的地壳运动方式及特定的区域环境、气候环境发生转变的条件下，形成的一种特殊生态环境变迁的标志性岩石地貌。

崀山丹霞地貌及其气候、生物群落演变过程，具体地表证了中国东南地区1亿多年来的地壳演化过程和古环境演变，足以代表东亚南部白垩纪以来的地球演化历史，是地球演化历史主要阶段的杰出范例。

崀山丹霞地貌是中国东南湿润地区壮年早期峰丛峰林丹霞地貌的典型代表，在所有的丹霞地区中具有典型的代表性和罕见性，对丹霞地貌的深入研究，能丰富、发展和完善丹霞地貌的理论体系。

崀山丹霞地貌中喀斯特现象明显，以漏斗、洼地、落水洞、洞穴与洞穴碳酸钙沉积景观为标准的丹霞喀斯特地貌景观和地貌演化过程，是不多见的地貌事例，具有高度的对比意义和特殊的地学研究价值。

从生态学价值的角度来看，崀山位于中亚热带湿润季风气候区，它发育和保存了典型的常绿阔叶林，

■ 湖南崀山山峰

新近纪 是新生代的第二个纪，包括中新世和上新世。新近纪是地史上最新的一个纪，也是地史上发生过大规模冰川活动的少数几个纪之一，又是哺乳动物和被子植物高度发展的时代，人类的出现是这个时代的最突出的事件。新近纪开始于2300万年前，一直延续了2140万年。

在孤立丹霞山体顶部和山脊保存着原始常绿阔叶林，在崖壁保存了由春夏生长而秋冬休眠的和春夏休眠而秋冬生长的植物。

有机组合的草本植被生态系统和附壁藤本生态系统，保存了有表现生境狭窄特有现象的崀山特有物种，是丹霞植被谱系演替和丹霞"生态孤岛"的模式区域。

崀山丹霞是亚热带东部湿润区常绿阔叶林的精华所在地，古老的生物类群和珍稀濒危物种最为集中，植被的"生态孤岛"现象和生境狭窄特有现象也最为突出，是丹霞植物群落演替系列阶段最为完整的地区，是记录被子植物基部类群与动物发生协同进化关系的特殊生境区，也是丹霞生物多样性综合研究的极好模式和试验地。

崀山丹霞是中国科学价值和遗产价值兼具的特有地貌，它的开发和保护，必将为地质科学的发展做出巨大的贡献。古往今来，许多文人墨客曾在这里写下了不少脍炙人口的华章诗赋，著名诗人艾青也发出了"桂林山水甲天下，崀山山水赛桂林"的咏叹。

阅读链接

崀山丹霞中的鲸鱼闹海是崀山风景名胜的精华，一直都有"崀山风光，丹霞之魂"的美称。

"鲸鱼闹海"是崀山的制高点，站在顶处远眺，方圆40多平方千米的单斜式石林如五彩霞云，每逢雨后清晨，云雾铺垫，时而云雾飞舞，时而祥云安然，石峰露出峰尖在云雾中跳跃，景观奇特无比，故名"鲸鱼闹海"。

站在顶上朝阳斜射，还可见神秘的佛光，有如身临海市蜃楼。北面则秀峰参差，植被繁茂，犹如一幅水墨山水画，景色之佳，迷人欲醉，更加衬托出了"鲸鱼闹海"的美丽场景。

广东丹霞山的红石世界

在1亿年至7000万年前的中生代晚期至新生代早期,是地壳运动最强烈的时代,南岭山地强烈隆起,丹霞山一带相对下陷,形成一个山间湖泊。

这时,四周的溪流雨水年复一年地将泥沙碎石冲入湖盆,在高温之下,泥沙中的铁在沉积中变成了三氧化二铁。在高压之下,又凝结成红色的沉积砂岩。

广东丹霞山全景

湖盆 指蓄纳湖水的地表洼地。湖盆底部的原始地形及平面形态，在颇大程度上取决于湖盆成因。根据湖盆形成过程中起主导作用的因素，湖盆概括为由地壳的构造运动形成的构造湖盆，因冰川的进退消长或冰体断裂和冰面受热不匀而形成的冰川湖盆，火山喷发后火口休眠形成的火口湖盆和有大陨石撞击地面形成的陨石湖盆等。

到了5000万年前左右，又一次地壳运动将丹霞这个湖盆抬升，湖底变成了陆地。在陆地继续抬升的过程中，岩体大量断裂，加上锦江及其支流的切割，风霜雨雪的侵蚀，坚硬的粗石砾岩与松软的粉沙砂岩出现程度不同的分化和崩塌，松软的砂岩层形成了水平槽、燕岩、书堂岩、一线天、幽洞通天等。

那些坚硬的砾岩则突出成为悬崖、石墙、石堡和石柱，如巴寨、茶壶峰、阳元石、望夫石、丹梯铁索等。千奇百怪、诡异万状的"丹霞地貌"，就在这大自然鬼斧神工的雕琢中形成了规模。

因其山石是由红色沙砾构成，所以人们命名为丹霞山。丹霞山由红色沙砾岩构成，以赤壁丹崖为特色，是发育最典型、类型最齐全、造型最丰富、风景最优美的丹霞地貌集中分布区，被称为"中国红石公园"。

丹霞山主峰海拔409米，与众多的名山相比，并不是很高，也不是很大，但它集黄山之奇、华山之险、桂林之秀一身，具有一险、二奇、三美的特点。

■ 广东丹霞山茶壶峰

广东丹霞山海螺峰

丹霞山的岩石含有钙质、氢氧化铁和少量石膏，呈红色，是红色砂岩地形的代表，为典型的丹霞地貌。沿层次可以划分为上、中、下三层以及锦江风景区、翔龙湖和被誉为"天下第一奇景"的阳元山风景区。

丹霞山的上层是三峰耸峙，中层以别传寺为主体，下层以锦石岩为中心。上层有长老峰、海螺峰、宝珠峰、阳元山和阴元山。

长老峰上建有一座两层的"御风亭"，是观日出的好地方。在亭上可看到周围的僧帽峰、望郎归、蜡烛峰、玉女拦江、云海等胜景。

海螺峰顶有"螺顶浮屠"，附近有许多相思树。下有海螺岩、大明岩、雪岩、晚秀岩、返照岩、草悬岩等岩洞。宝珠峰有虹桥拥翠、舵石朝曦、龙王泉等。

下层主要有锦岩洞天胜景。在天然岩洞内有观音殿、大雄宝殿，在洞中还可看到马尾泉、鲤鱼跳龙门等风景。

这里有一块很著名的"龙鳞片石"，随四季的更换而变换颜色。下层景区要钻隧道、穿石隙，较为刺激。

丹霞山下有一条清澈的锦江，环绕于峰林之间，沿江两岸上分布

■ 广东丹霞山层状陡崖坡

石窟寺 佛教建筑有许多种类，石窟是其中最古老的形式之一，在印度称为"石窟寺"，是指就着山势，从山崖壁面向内部纵深开凿的古代庙宇建筑，里面有宗教造像或宗教故事的壁画。

有大量的摩崖石刻。

另外，丹霞山还有佛教别传禅寺以及80多处石窟寺遗址，历代文人墨客在这里留下了许多传奇故事、诗词和摩崖石刻，具有极大的历史文化价值。

丹霞山在地层、构造、地貌表现、发育过程、营力作用以及自然环境、生态演化等方面的研究，在中国的丹霞地貌区是最为详细和深入的，向来都是丹霞地貌的研究基地以及科普教育和教学基地。

丹霞山地貌几乎包含了亚热带湿润区所有的种类，群峰如林，疏密相生，高下参差，错落有序。山间的高峡幽谷，古木葱郁，淡雅清静，风尘不染。锦江秀水纵贯南北，沿途丹山碧水，竹树婆娑，满江风物，一脉柔情。

丹霞山的主要地貌包括有：丹霞崖壁、丹霞方山、丹霞石峰、丹霞单面山、丹霞石墙、丹霞石柱、丹霞丘陵、丹霞孤峰、丹霞孤石、崩积堆和崩积巨石等类型。

丹霞山主要地貌中的丹霞崖壁也就是赤壁丹崖，它是丹霞山最具有特色的景观。大尺度的如锦石岩大崖壁和韶石顶大崖壁，高均超过200米，长度超过2千米，成为天然的地层剖面。

发育在软硬相间的近水平岩层上的陡崖坡，岩性的差异造成风化与剥蚀的差异，往往发育层状陡崖坡，如海螺峰东、西两坡等。

丹霞山主要地貌中的丹霞方山，也称石堡，山顶平缓，四壁陡立，最著名的是丹霞山主峰巴寨大石堡，海拔618米，长约500米，宽近300米，高200多米，是一处典型的发育到老年阶段后又被抬升的高位孤峰。

丹霞山各景区都有大型丹霞石墙分布，最壮观的是阳元山八面大石墙构成的群像出山景观，大小不

崖壁 山崖的陡立面。崖壁的生成条件主要包括岩层垂直节理发育、岩性坚硬、岩层抬升幅度大和外力作用强烈四个方面。寒冷地区的冻融风化，干燥地区的物理风化作用等，这些都是有利于崖壁发育的因素。

■ 广东丹霞山锦江

等、高低不同的石墙构成了一个大象家族正走向锦江的景象。

　　丹霞山的孤立石柱千姿百态,在各大景区均有分布,以丹霞景区最多。其中造型最奇特者为阳元石,而蜡烛石相对高度达35米,但基部最细的部分直径不足5米,是最细长的丹霞石柱,高度和直径的比例是7∶1。

　　观音石从与观音山分离处算起相对高度达143米,是相对高度最大的石柱,而茶壶峰的周围则被5个高达50～100米的石柱环绕。

　　丹霞山的其他地貌构成了一个完整的系统,有丹霞沟谷、顺层岩槽、丹霞洞穴、丹霞穿洞、丹霞石拱和丹霞壶穴等。

　　丹霞沟谷包括了宽谷、深切曲流、峡谷、巷谷和线谷等。流经丹霞山区的主河道如锦江和浈江河谷多宽谷,顺构造破碎带和继承原始洼地下切而成。局部仍然保持曲流下切,形成峡谷状的深切曲流。

　　丹霞山最长、最深的巷谷为韶石顶巷谷,深约200米,长约800米,是目前发现的最大的丹霞巷谷。

广东丹霞山峰窝状洞穴

最奇特的巷谷是姐妹峰巷谷群，10余条巷谷纵横交织，把个山块切割得支离破碎，大部分巷谷直接连接，部分在底部由穿洞连接，状若迷宫，内部有崩塌、错落、洞穴、钟乳石，还有古山寨及古人生活遗迹等。

丹霞山的穿洞、石拱和天生桥是一大特色，已发现的多种成因的穿洞与石拱达60多处。

丹霞山的每个基岩河床上，水流携带卵石做旋转运动，磨深凹下之处，均发育口小肚大的壶穴群，扩大加深可形成深潭。飞花水瀑布上游基岩河谷，发育了串珠状的壶穴群。

■ 广东丹霞山阳元石

丹霞山峰窝状洞穴是该类微地貌的命名模式地，在丹霞山已发现多处。以锦石岩洞穴内的龙鳞片石最为典型，在洞壁砂岩层表面，形成宽约1米并横过整个后壁的小型蜂窝状洞穴带。

另外，丹霞山群具有丰富的地貌组合类型，总体上构成了簇群式丹霞峰林峰丛典型区。

丹霞地貌以造型丰富而著称，丹霞山更是山奇、石奇、洞奇、谷奇，其中阳元石被称为"天下第一奇石"。它和阴元石、双乳石则构成"三大风流石"组合。因此阳元石、龙鳞石、观音石和望夫石被称为"丹霞四绝"，而因阳元石、阴元石等丹霞山又被称为"天然裸体公园"。

地貌 即地球表面各种形态的总称，也叫地形。地表形态是多种多样的，是内、外力地质作用对地壳综合作用的结果。内力地质作用造成了地表的起伏，控制了海陆分布的轮廓及山地、高原、盆地和平原的地域配置，决定了地貌的构造格架。而外力地质作用通过多种方式，对地壳表层物质不断进行风化、剥蚀、搬运和堆积，从而形成了现代地面的各种形态。

■ 广东丹霞山石峰

丹霞山以典型丹霞地貌为主体的连片的自然区域，保持了丹霞地貌和森林生态系统的完整性以及珍稀濒危物种生态环境的完整性。

锦江和浈江沿途丹山碧水相映，构成秀美的山水景观，是亚热带常绿阔叶林保存最好的地方之一，红色山群宛如绿色海洋中的一颗颗红宝石，它们构成了丹霞山极具美学价值的景观系统。

从形式美学来看，丹霞山具有丰富多彩的山石形态美，疏密相生、组合有序的山群空间结构美，高下参差、错落有致的山块韵律美，丹山、碧水、绿树、蓝天、白云一起组成的色彩美。

从意境美学来看，赤壁丹崖的崇高与险峻，造型地貌的神奇与精绝，山水田园的雅秀与恬淡，沟谷茂林的幽深与清静，云遮雾障的奥妙与奇幻，使得丹霞山获得"非人间"的自然意境美，"世界丹霞第一山"的称号受之无愧。

丹霞地貌是大陆性地壳发育到一定的阶段后而出现的特殊地貌类型，丹霞盆地发育在具有晚元古代基底的华南板块南岭褶皱系中央部位，是南岭褶皱系区域地壳演化的缩影。反映了华南地壳由活动区转变为稳定区，并再度活化的特定演化历程，具有突出普

元古代 地质年代的第二个代，约开始于24亿年前，结束于5.7亿年前的"生命大爆发"。这一时期，陆地大部仍然被海洋所占据，地壳运动剧烈，出现了若干大片陆地。在中国，许多地区已经露出海面而成为陆地，而西藏的大部分仍然被海水占据。

遍的地球科学价值，对于构建中国丹霞整体演化系列具有不可替代的作用。

丹霞盆地在白垩纪中期大规模沉降之前的双峰式火山活动，反映了板块边缘消减带深部作用对大陆内部岩浆活动的影响，显示了板块内部活化的特殊底辟式弧后裂陷盆地模式，与边缘弧后拉张盆地和大陆裂谷盆地有着巨大的差异。

丹霞山总体上处于地貌发育的壮年期阶段，但具有地貌发育的多期性，新近纪以来盆地的多期差异抬升，使得盆地保留了不同演化阶段的地貌。

丹霞盆地仍然处在继续抬升的状态下，进行中的地质地貌过程表现得非常清晰，是丹霞地貌演化的现场博物馆。

丹霞山是湿润区丹霞地貌的精华和代表，包含了湿润区低海拔丹霞的所有主要类型和重要特征，发育期上的丹霞生态系统和物种多样性，构成了这类地貌区独特的自然地理特征和卓越的自然品质。

从生物生态学的价值来看，丹霞山基本上保持了自然生态环境的

广东丹霞山龙鳞石

独立性和完整性，孕育出了特有的陆地生态系统、特有的生物多样性和特有的物种，是大量珍稀濒危物种的栖息地和晚近地质时期生态演替的典型区。

丹霞山的热带物种成分多，其中的沟谷雨林特征最为突出。山区小生境复杂，导致生物群出现了剧烈的空间分异，是丹霞地貌生态分异、丹霞生物谱系、丹霞"孤岛效应"与"热岛效应"研究的模式地，为生态系统的多样性与物种多样性相互关系的研究提供了十分珍贵的对比资料，具有重要的生态系统管理研究价值。

丹霞山是处于壮年中晚期、簇群式的丹霞地貌，表现为山块离散、群峰成林、高峡幽谷，变化万千，被评为"中国最美的丹霞"。

阅读链接

很久以前，南海有个天帝叫"倏"，北海有个天帝叫"忽"，中央的天帝叫"混沌"。倏和忽常到混沌那里去做客，混沌招待他们非常周到。

后来，倏忽二帝想报答混沌的恩德，就商量着给模糊一片的混沌脸面也凿出眼耳口鼻七窍来。想不到一番斧凿之后，倏忽之间，混沌便呜呼哀哉死去了，中央这块皇天后土也便五彩缤纷有了眉目，有了高低错落与山河洞穴，宇宙世界也因之诞生了！

而丹霞山正是"混沌天帝"的头面部分，是倏、忽着意雕琢的重点部位，因此，从风采颜色到各种物态造型样样齐全。丹霞山拥有如此奇伟的地貌和瑰丽的风光，就是在倏、忽二帝的刀凿之下形成的。

大地之柱 土林奇观

土林是土状堆积物塑造的、成群的柱状地形，因远望如林而得名，是在干热气候和地面相对抬升的环境下，经暴雨径流的强烈侵蚀、切割地表深厚的松散碎屑沉积物所形成的分割破碎的地形。

又因沉积物顶部有铁质风化壳，或夹铁质、钙质胶结沙砾层，对下部土层起保护伞作用，加上沉积物垂直节理发育，使凸起的残留体侧坡保持陡直。

土林一般出现在盆地或谷地内，主要分布于不同时代的高阶地上，是不同时期形成的，反映了古地理变迁和地貌发育过程。

云南元谋孕育的土林之冠

土林是流水侵蚀的一种特殊地貌形态,它是特殊的岩性组合,构造运动、气候、新构造运动频繁,地壳抬升速率快,流水侵蚀力强等综合因素的作用下相互影响而形成的。

在150万年前的第四纪早期,云南元谋地区河流纵横、湖泊密布、森林茂密、动物繁多、气候温和、食物丰盛,是人类先祖元谋人的生活乐园。

星移斗转,原始生态发生变化,河流带来的大量泥、沙、砾石填没了湖泊,摧毁了森林和远古部落,埋葬了部分古人类、动植物和古文化遗址。

之后,新构造运动使平缓的河湖相地层隆起成为丘陵和山

元谋土林壮景

■ 元谋土林壮景

冈，并在局部逐渐发育了铁质风化壳和透镜状胶结构物质。此时的元谋，日照强烈，降雨集中，干湿雨季分明。

气候的干燥与降雨量小是土林发育的重要条件，土林的稳定性非常差，因此，一般只在年降雨量小、降雨频率低、雨季短的地方拥有或遗存。

而元谋则正是处于气候干燥、降雨量少、雨季不长的地区，所以对土林的侵蚀量低，非常适合土林的生育发展和保护。

在炎炎的夏季，风雨特别是暴雨成为大自然威力无穷的雕刀，它们将有铁质风化壳遮挡和透镜状胶结构物质黏合的地层，慢慢雕刻成龙柱、宫殿、庙宇、城堡和人物鸟兽等形状，周边松散的堆积层则被流水冲刷、卷走，形成大小不等的冲沟。

年复一年，冲沟不断增加、延伸、扩大，使那些

风化壳 地壳表层岩石风化的结果，除一部分溶解物质流失以外，其碎屑残余物质和新生成的化学残余物质大都残留在原来岩石的表层。这个由风化残余物质组成的地表岩石的表层部分，或者说已风化了的地表岩石的表层部分，就称为风化壳或风化带。

城堡状的云南元谋土林

戴着黑铁"帽子"的沙土造型更加突出，终于成就了"土筑的森林"这一千古奇观，形成了罕见的元谋盆地土林群落。

因为受到地壳运动的影响，盆地两侧逐渐被掀起，地层向东倾斜，而土林又是半胶结的土体，成岩度较高，低角度倾斜的岩层对其稳定性提供了有利的条件，这是形成高大土林的又一重要原因。

由于元谋盆地在第四纪就发育了硅、铅、铁等化学物质成分组成的风化壳，而发育在土林的风化壳主要是中更新世红色铁质风化壳，成为褐红色，一般厚0.5～1米。

土林所在的地貌部位是平缓的丘岗上部或高阶地上，当地壳抬升，河流下切，冲沟发育，形成了土屏、土柱，坚硬的风化壳则起到了对下部松软的土层的保护作用。

土林位于地下水之上的色气带中，根基牢实，较为稳定。而组成土林的半胶成岩度较高的土林对其自身稳定起着决定性作用，多层保护盖层增强了土柱的稳定性，降雨则是影响土林稳定的最主要外在因素。

土林的发育可以分为片蚀、纹沟、细沟阶段、切沟阶段、冲沟、侵蚀盆阶段、宽沟阶段和残丘夷平五个阶段。土林的类型按色彩分有红、黄、白、褐色共4种，按形态分为锥柱状、城堡状、峰丛状、城垣状、幔状和雪峰状等多种。

经过地质研究表明，元谋盆地土林至少发育形成过两次。一次是在60万年前的更新世老冲沟堆积以前形成，后被流水带来的泥、沙、砾石埋没，造成了更大的丘岗。

另一次是在15万年前的晚更新世，新冲沟堆积以前形成。元谋土林总是在发育形成—埋没消亡—再发育形成的规律中无限循环。

> **片蚀** 是黄土坡面降雨强度超过地面入渗强度时产生超渗径流，薄层水流及微小股流把表土中的细小颗粒带走，产生土壤侵蚀，并在坡面留下细小纹沟及鳞片状凹地的侵蚀。

■ 壮观的云南元谋土林

全新世 11500年前的一个地质时代，是最年轻的地质时期。这一时期形成的地层称全新统，它覆盖于所有地层之上。全新世与更新世的界限，以第四纪冰期最近一次亚冰期结束、气候转暖为标志，因此又称为"冰后期"。

势能 物体由于位置或位形而具有的能量。它是储存于一个系统内的能量，也可以释放或者转化为其他形式的能量。势能是状态量，又称作"位能"。势能不是属于单独物体所具有的，而是相互作用的物体所共有。

■ 云南元谋虎跳滩土林

　　土林形成所需要的时间大约在960～6490年之间。最早形成于全新世的大西洋期，最晚形成于亚大西洋期，高大的土林是全新世亚北方期的产物。

　　新构造运动不仅提供流水侵蚀的势能，同时也控制了土林的发育走向。

　　由于元谋盆地新构造运动频繁，使半胶结的地层发育节理和小断层控制了土林发育的主沟，从而形成了区域性控制节理的虎跳滩土林、新华土林、班果土林等多处土林。而这三座土林也一起构成了元谋盆地土林群落中面积最大、景点最壮观、发育最典型、色彩最丰富的土林。

　　虎跳滩土林距元谋县城3200米，总面积6平方千米，已开发2.2平方千米，景区所在地的海拔在1000～1200米之间，发育于一套河流相间砾石层、沙层夹黏土层的地层中。景区主要由一条主沙箐和34条幽谷组成，分为4个片区，有主景点9个、小景点127个。

　　土林分布密集，沿冲沟发育，形态多以城堡状、屏风状、帘状、柱状为主，土柱高低不一，错落有

柱状的云南元谋虎跳滩土林

致，一般高度在5~15米之间，最高达42.8米。

土柱形状各异，沟壑纵横，荒凉粗犷，密密簇簇，千峰比肩，四周绝壁环绕，两岸陡壁连延，层层土林，莽莽苍苍。其颜色有红色、黄色、白色、褐色等多种不一。

正是由于大自然的鬼斧神工和精心雕琢，造就了千奇百怪的沙雕泥塑和怪异迷离的地质地貌，构成了元谋土林这座令人神往的艺术殿堂。

1638年，也就是明崇祯帝朱由检执政期间，中国著名的旅行家、地理学家徐霞客游至云南元谋时，记述了土林的景色：

> 涉枯涧，乃蹑坡上。其坡突石，皆金沙烨烨，如云母堆叠，而黄映有光。时日色渐开，蹑其上，如身在祥云金粟中也。

新华土林距元谋县城40千米，海拔1500~1600

徐霞客（1587—1641），名弘祖，字振之，号霞客，明南直隶江阴，今江苏江阴市人。伟大的地理学家、旅行家和探险家。中国地理名著《徐霞客游记》的作者，被称为"千古奇人"。他把科学和文学融合在一起，探索自然奥秘，调查火山，寻觅长江源头，更是世界上第一位石灰岩地貌考察学者，其见解与现代地质学基本一致。

■ 云南元谋新华土林

米,面积1.4平方千米,发育于湖相沉积的粉细沙层、黏土层夹少量的细砾石层中。土林高大密集,类型齐全,圆锥状土柱尤为发育,一般高3~25米不等,最高达27米,居元谋土林单体土柱之冠。

新华土林在形状上有圆锥状、峰丛状、雪峰状、城垣状等多种形状。雪峰状土林规模较大,高达40米,在色彩上,顶部以紫红色为主,中上部为灰色,中下部以黄色为基调,其间夹有褐红、灰白、棕黄、灰黑、樱红等多色组成。

班果土林位于元谋县城西1200米的平田乡东南,面积6.1平方千米,为元谋规模最大的土林,主沟长3500米,土柱主要分布于大沙箐及支沟两旁,主要形状以古堡状、城垣状、屏风状、柱状为主,因班果土林是老年期残丘阶段的代表,所以,土林高度一般在5~15米左右,最高为16.8米。

胶结 在将沉积物压在一起的过程中,受压力的作用,岩石的一些矿物慢慢溶解在水里,于是含有矿物的水溶液就渗入沉积物颗粒间的空隙中。当含有矿物的水溶液中的矿物结晶时,沉积物颗粒被结晶的晶体粘在一起的过程就叫胶结。

由于土林发育地层岩性差异，导致色彩不同，但小单元土林色彩单一，有白色土林、褐红色土林、棕黄色土林和浅黄色土林，从整体上看主要以黄色为主色调。

多年来，许多专家学者都曾到元谋盆地进行过大量的考证。他们发现，在元谋盆地发育土林的层位是一套巨厚层半胶结的河湖相地层。

元谋土林岩性为砾石层、砂层夹薄层黏土和亚黏土，岩层较厚，主要以石英岩、石英砂岩为主，铁质泥质胶结，胶结较紧密，具有较强的抗风能力和抗压强能力，这是形成高大或稳定性较高的土林和主要内在因素。

土林地貌具有较高的观赏价值、科学价值和历史文化价值。

就观赏价值来说，土林的优美度、奇特度、丰富度和有机组合度较好，在优美度方面自然造型美、自然风光美、自然变幻美。

在科学价值方面，土林是流水侵蚀的特殊地貌，

> **土柱**　土状堆积物组成的柱状地形。顶端有一巨砾或石块。由于巨砾周围的地面受雨滴、细流的侵蚀，逐渐降低，而巨砾下面的土层因受到保护，形成土柱。

■ 白云下的云南元谋土林

水土流失 在水力、重力、风力等外营力作用下，水土资源和土地生产力的破坏和损失，包括土地表层侵蚀和水土损失，也称水土损失。人类对土地的利用，特别是对水土资源不合理的开发和经营，使土壤的覆盖物遭受破坏，土壤流失由表土流失、心土流失而至母质流失，终使岩石暴露。

是水土流失的艺术结晶。它虽然容易流失，但并非所有的水土流失都能形成土林，而是在特殊的地质结构、土壤成分、构造运动、水文气候、地形植被等多种因素相互作用条件下方能形成。

因此，系统地研究土林这种特殊的演化、发展、消亡有着重要的科学价值。

在历史文化价值方面，土林风景区内出土的大量动植物化石，周边众多的与土林有着密切联系的史前文化遗迹等一系列古生物、古人类、古文化，对新石器、细石器、旧石器文化遗迹，对解答人类的起源与演化过程提供了实物依据，无不展示了元谋盆地及元谋土林厚重的历史积淀和丰富的文化内涵。

元谋盆地和土林景观是以古人类演化遗迹、地质地貌遗迹为核心的地区，是供古人类、地理、地质、

云南元谋土林美景

夕阳下的云南元谋土林

环境保护等学科开展科研的大型基地。

　　土林作为珍稀的自然遗产,应加以严格保护,为世界地质及生态环境保护做出积极的贡献。因此,保护土林不仅是元谋的一项重大责任,而且也是我们所有人的共同责任。

阅读链接

　　土林中多所呈现出的景观,在不同的季节、不同的时间、不同的气候和不同的角度有着不同的韵味,属于全天候风景区。

　　阳光下的土林造型硬朗、醒目、挺拔,一览无余。雨雾中,土林则似显似露,若明若暗,如柔纱缠绕的少女,朦胧含蓄。冬季,土林温暖如春,气候宜人。夏天,景区炎热酷暑,如置身沙海荒漠。

　　加之土林的稳定性差,易于流失,一些土柱在这一年似鸡,第二年却可能似狗,三五年之后干脆消失得无影无踪,留下一堆白沙黄土,让人们追忆逝去的昨天。

　　这种罕见的变幻美、朦胧美充满了神秘感,激发了人们猎奇的心理,土林成了回头客最多的风景区,在这里,人们品味着变幻、寻找着消亡、盼望着新生,把自己融入无生命的土柱之中。

西昌堆积体上的黄联土林

　　黄联土林位于四川省凉山州西昌市,在安宁河左岸的谷坡地带,因山坡上的黄连树多而得名,是发育在一套冰水冻融泥石流堆积体之上的地貌景观。

　　黄联土林分布面积约1300平方米,海拔约1500米,气势宏大,造

■西昌黄联土林

■ 气势恢宏的西昌黄联土林

型各异，有的酷似远古城堡，有的又如茫茫森林，有的似倚天长剑，有的如奔马仰天长啸，有的如熊猫憨态可掬，有的如群猴攀缘嬉戏，有的如狮虎据力相争，使得原本就风光秀丽的土林趣味盎然。

西昌黄联土林是经过8000万年至1亿年的沧海桑田和岁月的风刮雨刷而形成的天然杰作，是四川独一无二的"自然雕塑博物馆"。

土林的形状如云南石林，质地却是黄色沙砾岩土。土林顶部的沙粒岩，系胶质钙结，不易被风化冲刷，故能长久挺立不垮塌，形成气势恢宏、奇特壮观的美景。

土林发育区中的堆积物质主要由安宁河谷左岸的泥石流堆积体组成，堆积物的成分主要由黄褐色的粉土和粉砂质黏土组成，中间夹杂有碎石土层，块碎石的粒径为2～10厘米之间，呈棱角状或次棱角状的砂

剑 中国古代兵器之一，属于"短兵"，素有"百兵之君"的美称。古代的剑由金属制成，长条形，前端尖，后端安有短柄，两边有刃。中国在商代开始有制剑的史料记载，一般呈柳叶或锐三角形，初为铜制。

大地之柱 土林奇观

■ 西昌黄联土林顶上的风化壳

岩碎块。

碎石土层的产状，展现出来的泥石流堆积扇的产出状态，顺着沟谷向沟口方向呈扇形展布，倾角为6度左右。根据堆积体的物质成分，推测是冰水冻融泥石流。

堆积体呈半胶结状态，胶结类型为铁泥质胶结，中间间或夹杂有薄层的砾石层和碎石层，厚度约5厘米左右，呈透镜状，微倾下游，倾角小于8度。

堆积体顶部有灰黑色的盖层，称为"风化壳"，主要物质为硅铝铁质，这些物质较稳定，不易被淋溶，形成后强度较高，抗风化能力较强。

由于堆积体为半胶结状态，容易受到雨水的淋滤冲刷，同时由于顶部的盖层的保护作用，再加上土柱中间的碎石或砾石层起到了类似"箍筋"的作用，保证了土柱的稳定性，这些都为土林的形成提供了重要

> **淋溶** 指的是一种由于雨水天然下渗或人工灌溉，上方土层中的某些矿物盐类或有机物质溶解并转移到下方土层中的作用。在雨水充足的地方，淋溶作用常遗留下酸性较强且较贫瘠的土壤，称为酸性土。

的物质基础。

其实，在安宁河的河谷两岸，常常可见到这种山前泥石流堆积体，可是并不是所有的堆积体上都能发育成土林，或者发育的土林并不能达到像黄联关镇这里的土林规模。

这是因为土林的形成还与其地貌形态有关，由于堆积体地处斜坡至缓平台的过渡地带，这样的地段常常冲沟发育，沟谷切割较深，为地表水的淋滤作用提供了条件。

通过野外调查发现，在沟谷切割较浅的地方也可以见到土柱的发育，只是这些土柱规模很矮小，形态也很单一。因此不难发现土林的形成与发育、其所处的地貌部位与地貌形态也有着重要的关系。

黄联土林的形成是在该区区域新构造运动的过程中完成的，在构造沉降阶段形成了安宁河河谷盆地，

沟谷 暴流大多由坡地片流汇集而成。因为坡地上地表不是平整的，因而存在局部低平的凹地。在凹地中，它的两侧和上游片流水质点向中间最低处汇集，形成流心线，在此水层增厚，流速加大，冲刷能力增强的情况下，逐渐把凹地冲刷加深形成了沟谷和沟谷流水。

■ 高大的西昌黄联土林

冻融 由于温度周期性的发生正负变化，冻土层中的地下冰和地下水不断发生相变和位移，使冻土层发生冻胀、融沉、流变等一系列应力变形，这一过程称为冻融。中国多属于季节性冻土类型。土地冻融是地质灾害的种类之一。它可产生一系列灾害作用，从而带来一定性的危害。

接受冰水冻融后形成泥石流以及冲洪积物等物质沉积，形成地貌发育的物质基础。

然后是抬升，使得泥石流堆积体被切割形成各种形态的裂缝，形成了土林发育的地形地貌。当然，从另一方面来说，堆积体在沉积的过程中由于物理作用，土体在收缩的过程中也会形成泥裂等裂缝。

当新构造运动转入稳定期后，水流便对堆积体进行侵蚀与淋滤，为土林的形成提供了有利条件。同时，在黄联土林的发育过程中，也少不了伴随着的各种外动力作用，如流水作用、重力作用和物理风化作用等，其中流水作用是最重要的。

一方面，地表水流在地表侵蚀下切形成各种形态的沟谷，这些沟谷纵横交错，在原来的堆积体上就形成了土柱、土墙、土屏等地貌形态。另一方面，地表水的淋滤作用与其他的物理风化作用，形成了土林中

■ 柱状的西昌黄联土林

■ 西昌黄联土林夫妻柱

千姿百态的景观。

土林形成之后，由于物质的特性，决定了土林的稳定性非常差，远不能与石林相比。土林的形成还与其环境气候有关。它需要气候干燥，年降雨量不能过大，降雨频率低，总体上旱季长于雨季。

在西昌黄联关地区属于亚热带高原季风气候，年平均日照时数2431小时，干湿季节分明，雨热同季，且旱季时间长，空气干燥，正好为土林的形成提供了良好的气候条件。这样的气候条件下形成的土林柱体较高大，不易被破坏，在气势上更壮观。

黄联土林占地270多公顷，其中包含40多公顷自然景观，配套石榴园26公顷，周边植树造林绿化形成森林面积200多公顷。

黄联土林的自然景观以沟壑断崖为界，从北向南

物理风化 又称机械风化，是最简单的风化作用，常见的物理风化的方式有温差风化、冰劈风化、盐类结晶与潮解作用和层裂作用。物理风化作用是指使岩石发生机械破碎而没有显著的化学成分变化的作用。

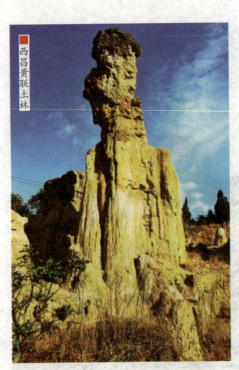

西昌黄联土林

自然分成三大板块。第一板块有观月狮、通天门、山中竹笋、峡关要道、氢弹爆炸、整装待发等。

第二板块有雄狮摇头、雌狮摆尾、八百罗汉、金箍棒、何仙姑、双蛙恋、观音菩萨、江山多娇等。

第三板块有蓝天顶峰、擎天玉柱、天山来客、阿诗玛、盘龙望日、夫妻柱、长二捆火箭、待发火箭、哈巴狗、销魂洞等。

这三大板块千姿百态、神形逼真、奇妙无穷,令人流连忘返。

阅读链接

四川西昌螺髻山是黄联土林中的一个著名景观,是中国已知山地中罕见的保持完整的第四纪古冰川天然博物馆。

古冰川遗迹中的角峰、刃脊、围谷、冰斗、冰蚀洼地、冰蚀冰碛湖、冰坎、侧碛垅等古冰川风貌,具有很高的旅游、探险、科考等价值。

其中冰蚀冰碛湖最为壮观,螺髻山冰蚀冰碛湖分布于海拔3650米以上的各期冰围和冰斗中。据不完全统计,终年积水的大小湖泊有50多个,多呈圆形或椭圆形,水面宽度多数为300米左右,湖水深度一般为8米。

冰蚀湖的湖底湖畔多为巨大的石条、石板平铺,部分为裸露基石。所有湖泊的湖周都保存有大量的冰蚀现象和各种冰碛物,湖水则由于基岩颜色、湖周植被或腐殖土、湖中水草等的不同而显现翠蓝、棕红、棕黄、草绿、墨绿等颜色。

阿里在发育成长的扎达土林

扎达土林位于西藏阿里地区札达县境内,扎达土林地貌是阿里的一大奇观。在地质学上,扎达土林地貌被称为河湖相,成因于百万年的地质变迁。扎达土林从西北到东南,海拔大体在4500米上下,绵延175千米,宽达45千米,是一片貌似北方的黄土高原。

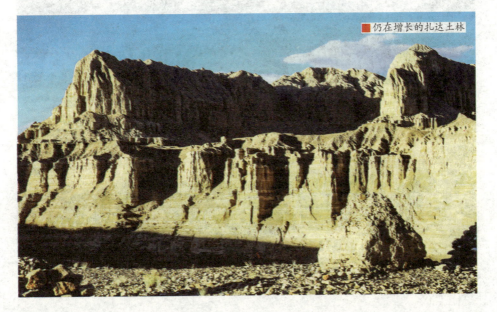

仍在增长的扎达土林

冈底斯山 横贯中国西藏自治区西南部，与喜马拉雅山脉平行，呈西北、东南走向，属褶皱山。冈底斯藏语意为众山之主，东接念青唐古拉山脉，长700千米，海拔约6千米，是青藏高原南北重要地理界线，西藏印度洋外流水系与藏北内流水系的主要分水岭。

早在245万~600万年以前，喜马拉雅山和冈底斯山海拔还相对低矮，在这两大山系之间，是一个面积广达7万多平方千米的外流淡水湖盆，来自两大山区的河流，携带了大量的砾卵石、细粉沙和黏土堆积在湖中。

随着高原的不断上升，湖盆逐渐相对下陷，在数百万年间，湖盆中积累了厚达1900米的堆积物，主要是夹有砾卵石层的棕黄、褐色或灰黄色的半胶结细粉沙层。

不仅外貌酷似黄土，而且由于有钙质胶结，具有类似黄土的直立不倒与大孔隙等性质，为以后风雨和流水雕琢成各种地貌造型提供了最基本的物质基础。

扎达湖盆在数百万年间经历了沧桑巨变，早期是亚热带森林草原气候，在海拔大约2500米的海滨，驰骋着以三趾马和小古长颈鹿为主的动物群，湖中生

■ 发育中的扎达土林

■ 扎达土林岩石

长着像天鹅绒鹦鹉螺和介形虫等的淡水生物。到了后期，气候逐渐转凉，扎达湖盆过渡到温带森林气候和草原气候之间。

从200多万年前起，高原整体出现了大幅度的隆升，在湖盆与其下游的印度河平原之间形成了巨大的落差，古扎达湖盆的湖水经由古朗钦藏布急速外泄而最终流干，暴露出来的湖底在干旱、寒冷的气候环境中，地表植被稀疏，受到河流和季节性水流的冲蚀，形成了纵横交错的千沟万壑，原本平坦的高原湖盆面被深深刻切。

在沟谷之间的悬崖上，雨水和细流沿着垂直的裂隙或软弱带向下冲刷，较为完整和坚硬的部分被保留了下来，形成板状或柱状土体，它们突出在崖头或崖壁上，犹如残墙断垣。

远远望去，整个土体就像一座壁垒森严的古堡，

高原湖 位于高原上的湖泊，类型多样，有构造湖、堰塞湖、冰川湖，也有岩溶湖和风成湖。既有通过河流与海相连的外流湖，又有成为河流尾闾的内流湖。既有矿化度很低的淡水湖，又有矿化度很高的咸水湖或盐湖。中国是一个以高原湖为主的国家，其中青藏高原上的喀顺湖，是地球上海拔最高的湖泊。

■ 扎达土林奇景

因此又被称为"古堡式残丘"。有些板状或柱状的土体则被剥离开崖壁而形成孤立的土柱、土塔,如此,柱、塔丛生,便成了著名的土林。

在扎达土林中有很多形态怪异的土体造型,它们坐落在崖壁和土林上,拟人拟物或拟兽,任凭人们去发挥自己的想象力。

扎达土林高大挺拔,在高原的雪山和蓝天的衬托下别具特色。那些昔日沉积在湖底的岩层,由不同的色调、层理结构和物质组成,以及包容在岩层内部的古动植物化石,为人们解读高原古地理、古环境的变迁提供直接或间接的证据,成为科学家研究高原隆起的大自然实验室。

在中国广袤的国土上分布着石林、土林、冰塔林等各种特殊的自然景观之"林",但以景色壮观、气势庞大而论,没有一处能超过扎达土林。

阿里扎达土林里的"树木"高低错落达数十米,

> **冰塔林** 一种罕见的珍稀景观,在海洋性冰川上不能形成冰塔林,因为它冰温高、消融快、运动的速度也快。冰塔林是大自然慢慢地精雕细刻的作品,只有在大陆性冰川上才可能出现冰塔林,而且还要在中低纬度的地区,高纬度地区的冰川上也不能形成冰塔林。

千姿百态,别有情趣。

札达县城外围的山坡上,土林到处都是,其中以毛刺沟的土林最为壮观。这里严整的山体,酷似一座座土城古堡,面积达数百平方千米,浩大壮阔。扎达土林是世界仅见的处于发育和成长期的大型土林,其数千平方千米的规模也属世界罕有。

站在高高的山上望去,但见高平的山顶都被纵向切割侵蚀成一条条深深的沟壑,群山连成巨大的土林耸立其间,土林的深处还隐藏着片片小绿洲,这一地带被地质学家称为"扎达盆地"。

如果从表面上来看的话,扎达确实有着盆地的特征,但当进入建于象泉河畔、托林寺边上的札达县城时,却会感觉好像置身于河谷之中,完全没有盆地的感觉。

难怪科学家在做出"扎达盆地"的定义后,接着又解释说,"扎达盆地"实际是一条长百余千米、平均宽度约30千米的象泉河谷。

> **象泉河** 又称朗钦藏布,源头位于中国西藏,是西藏阿里地区最主要的河流,同时该河也是印度河最大支流萨特累季河的上游。发源于喜马拉雅山西段兰塔附近的现代冰川,从源头西流至门士横切阿伊拉日居,经札达、什普奇,穿越喜马拉雅山后流入印度河。

■ 板状的扎达土林

扎达盆地中的扎达土林

立于盆地之中,人们可以深深体会到大自然的伟力,并为它的造化所震撼。扎达盆地里的独特自然地貌,是地球上规模最大的一片土林。

峡谷与土林层层叠叠,绵延不绝,是一种独特的水平岩层地貌,高平的山顶被纵向切割侵蚀成的一条条深深的沟壑,变成了土林的海。

但是人们似乎更愿意相信这是一种艺术,一种大地的艺术,就好像是大自然特意造出来、专门为了向人类展示其魅力似的。这就不难理解为什么那么多各学科的科学工作者,包括人文工作者都一直迷恋着扎达的土林。

扎达土林在大气之中还透着秀气以及丝丝的灵气,任何一座土丘,任何一群土山,任何一片土林,都可以让人有所思索,依稀中总是感觉这土林就像在再现这片土地上曾经发生过的历史一样,充满了神秘感。

扎达县城依着托林寺一路向山边发展。托林寺虽然是千年古寺,却也与民居、学校错落相间,你中有我,我中有你。象泉河边的一大片土塔林,就是与民居紧密相依的。

扎达土林

■ 规模庞大的扎达土林

人们都说阿里扎达的霞光是最美丽的，霞光中的土林是最迷人的。那是水平岩层地貌经洪水冲刷、风化剥蚀而形成的独特地貌，陡峭挺拔，雄伟多姿。

蜿蜒的象泉河水在土林的峡谷中静静流淌，宛若置身于仙境中，梦游一个奇幻无比的世界。明丽的晚霞赋予土林生命的灵光，似一座座城堡、一群群碉楼、一顶顶帐篷、一层层宫殿，参差嵯峨，仪态万千，面对着大自然的杰作真让人惊叹不已。

扎达土林位于这片土林的边缘，象泉河谷的南侧。日落时分，寂寥的村落与大地共融一色，仿佛昭示着世界亘古如斯般平静。

然而，在大约1100多年前，同样的金色余晖中，屹立着的却是强盛一时的古格王国的辉煌宫殿和宏伟寺院。

古格王朝在西藏历史上具有重要的意义，它是吐蕃王室后裔在吐蕃西部阿里地区建立的地方政权，其统治范围最盛时遍及阿里全境。

它不仅是吐蕃世系的延续，而且使佛教在吐蕃瓦解

古格王国 是一座高原古城，只剩遗址，位于阿里扎达肥札不让区象泉河畔。古格王国历史的源头，可以追溯到吐蕃王朝的晚期。古格王国对内发展生产，与邻国打仗，都需要人力、财力，但随着藏传佛教势力的扩大，国王与佛教首领之间的矛盾日愈尖锐，导致战争，最终灭亡。

251

大地之柱

土林奇观

板状的扎达土林

后重新找到立足点,并由此逐渐达到全盛。古格雕塑多为金银佛教造像,其中成就最高的是被称为古格银眼的雕像。

而遗存数量最多、最为完整的是它的壁画,全面反映了当时社会生活的各个方面。古格盛产黄金白银,一种用金银汁书写的经书,充分体现了当时皇室生活的奢华程度。

古城的围墙也是石刻艺术的宝库,城墙角的碉堡当年虽是作防御之用,但却是战争与艺术融为一体的结晶。

从残颓的遗址中可以想见,当时气象之盛、场面之巨,远非眼前这般光景可比,多少让人在感叹天地造化土林之功的同时,感叹世事的沧桑巨变。

阅读链接

干尸洞被称为古格王国灭亡后的最后一处遗迹,位于古格都城遗址北面600多米远的一处断崖上,是一个阴森恐怖的洞穴。

洞窟开凿在距地表近3米高的山沟崖壁上,洞口很小,宽0.8米,高仅1.2米。走进洞中,散乱的骨骼让人毛骨悚然。

关于干尸洞内的尸体,据说是古格与拉达克争战时,古格国王在兵败之前,和拉达克人达成城下之盟:同意投降,但不得伤害百姓。

但是拉达克人却背信弃义,将手无寸铁的古格人押解至干尸洞前处以极刑,并抛尸于洞内,将古格残酷灭国。

但是在干尸洞内发现的尸体,究竟是古格王国时期的,还是古格王国以后的?他们的身份究竟是什么?这种置尸于洞内的丛葬,是一种特殊的葬式,还是一种惩罚性的手段?

这都是古格王国的不解之谜。

地球之肾 湿地特色

湿地泛指暂时或长期覆盖水深不超过2米的低地，土壤充水较多的草甸以及低潮时水深不过6米的沿海地区，包括各种咸水淡水沼泽地、湿草甸、湖泊、河流以及洪泛平原、河口三角洲等，是陆地、流水、静水、河口和海洋系统中各种沼生、湿生区域的总称。

湿地是地球上具有多种独特功能的生态系统，它不仅为人类提供大量食物、原料和水资源，而且在维持生态平衡、保持生物多样性和珍稀物种资源以及涵养水源、蓄洪防旱、降解污染、调节气候、补充地下水、控制土壤侵蚀等方面都起到了重要的作用。

长江下游的肺脏鄱阳湖湿地

湿地形成的原因有很多,如果从广义来说,海岸和河口的潮间带、湖泊边缘的浅水地带、河川行水区附近,都是水分充足的地方,也是最容易形成湿地的地方。

在这些区域里,有的是因为大自然的地理变化,有的是因为人类的开发等外力介入,促成了湿地的诞生。

自然界的力量是无穷无尽的,经由漫长的地理变化过程,造就出

鄱阳湖湿地的草丛

鄱阳湖边的浅滩湿地

了许多特殊的地理景观,天然湿地也是这种作用的产物。最多的湿地出现在河流出海口或河流经过的沿岸,宽广的出海口因为长年淤积而产生泥滩地。

在大陆棚边缘由于潮汐涨退的缘故,有的也会形成滩地。在河口海岸生长的红树林具有阻挡泥沙的功能,所以也会造成湿地生态,而海岸漂沙围成的潟湖,以及隆起的珊瑚礁、裙礁、堡礁、潮地等,都是形成湿地的原因。

在平原及高山上,同样会因为这些不同因素的积水现象,孕育出各种湿地。

例如,海水倒灌之后造成海岸边较低地层的积水,老年期的河水改道,旧有河道残留大量积水,内陆的湖泊经过长年的淤沙,或高山冰水退去之后会有大量积水而形成泥滩地,都是形成湿地的天然力量。

鄱阳湖湿地位于江西北部鄱阳县境内。是鄱阳湖在天然、人工、长久、暂时之沼泽地、湿原、泥炭地或水域地带,能够保持静止、流动、淡水、半咸水、

堡礁 又称"离岸礁",在距岸较远的浅海中,呈带状延伸分布的大礁体,礁体与海岸之间隔着一条宽带状的浅海潟湖,潟湖深度一般不超过100米,宽度达几十千米。它隐没于水下,形成不连续的堤状岛屿,间隔处有水道沟通大洋与潟湖。

鄱阳湖芦苇与湖水

咸水、低潮时水深不超过6米的水域。

鄱阳湖在古代有过彭蠡泽、彭湖、官亭湖等多种称谓，在漫长的历史年代有一个从无到有、从小到大的演变过程。

远在地质史"新元古代"时期，湖区为"扬子海槽"的一部分，大约在八九亿年前的燕山运动时期，湖区地壳又经断陷构成鄱阳湖盆地雏形。

传说中的黄帝时期，"彭蠡泽"向南扩展，湖水进抵现在的鄱阳湖。在彭蠡泽大举南侵之前，低洼的鄱阳盆地上原本是人烟稠密的城镇，随着湖水的不断南侵，鄱阳湖盆地内的鄱阳县城和海昏县治先后被淹入湖中。

而位于海昏县邻近较高处的吴城却日趋繁荣，成为江西四大古镇之一。因此，历史上曾有"淹了海昏县，出了吴城镇"的说法。

易变性是鄱阳湖湿地生态系统脆弱性表现的特殊形态之一：当水量减少以至干涸时，该湿地生态系统

燕山运动 侏罗纪和白垩纪期间中国广泛发生的地壳运动。从一亿三四千万年前开始至6500万年前左右，在地质史上主要属于侏罗纪末至古近纪初这段时期，中国许多地区的地壳因受到强有力的挤压，褶皱隆起，成为绵亘的山脉，北京附近的燕山，是典型的代表。地质学家把出现在这个时期的强烈的地壳运动，统称为燕山运动。

演化为陆地生态系统；当水量增加时，该系统又演化为湿地生态系统。

水文决定了鄱阳湖系统的状态。鄱阳湖湿地是一种特殊的生态系统，该系统不同于陆地生态系统，也有别于水生生态系统，它是介于两者之间的过渡生态系统。

有著名学者曾说：

> 鄱阳湖生态湿地，是长江下游气候的肺脏。

鄱阳湖湿地烟波浩渺，水域辽阔。漫长地质演变中，形成南宽北狭的形状，犹如一只巨大的宝葫芦系在万里长江的腰带上。

东南季风大量水蒸气的影响，鄱阳湖年降雨量在1000毫米以上，从而形成"泽国芳草碧，梅黄烟雨中"的湿润季风型气候，并成为著名的湿地鱼米之乡。

> **黄帝**（前2717—前2599），是华夏始祖之一、人文初祖，与生于姜水之岸的炎帝并称为中华始祖，是中国远古时代华夏民族的共主，五帝之首。本姓公孙，长居姬水，改姓姬，居轩辕之丘，号轩辕氏，建都于有熊，也称有熊氏，因有土德之瑞，故称黄帝。

■ 鄱阳湖边泥滩

底栖动物 指生活史的全部或大部分时间生活于水体底部的水生动物群。除定居和活动生活的以外,栖息的形式多为固着于岩石等坚硬的基体上和埋没于泥沙等松软的基底中。此外还有附着于植物或其他底栖动物体表的,以及栖息在潮间带的底栖种类。

从鄱阳湖湿地系统的生物多样性来说,鄱阳湖湿地是陆地与水体的过渡地带,兼具丰富的陆生和水生动植物资源。

鄱阳湖的底栖动物资源是非常丰富的,底栖动物是鱼类和鸟类等的天然食物,也是水环境质量监测指示生物。

鄱阳湖底栖动物有多孔动物门的淡水海绵,腔肠动物门的水螅,扁形动物门的线虫和腹毛虫,环节动物门的寡毛类和蛭类,软体动物门的腹足类和瓣鳃类,节肢动物门的甲壳类、水螨和昆虫,苔藓动物门的羽苔虫。

据调查,鄱阳湖已知的底栖动物有106多种,其中包括软体动物87种、水生昆虫5目8科17种、寡毛类12种。鄱阳湖87种贝类中,腹足纲8科16属40种,双壳纲4科17属47种,其中的40种为中国的特有物种。

鄱阳湖腹足纲的种类主要以中国圆田螺、铜锈环棱螺、方形环棱螺、长角涵螺、中华沼螺等分布较广

■ 鄱阳湖湿地景观

且数量较多，河圆田螺、包氏环棱螺、长河螺、色带短钩蜷等数量稀少。

鄱阳湖底栖动物的分布因水深、水流、底质和水生植物生态类型的种类和数量有显著的差异。在沉水植物区双壳类占绝对优势，其次是湖北钉螺、中华沼螺和纹沼螺。

在菰丛区则主要是腹足类的梨形棱螺、中国圆田螺和中华圆田螺。在河口、河道中有大量的刻纹蚬、背角无齿蚌、方格短钩蜷、铜锈环棱螺、背瘤丽蚌等。

底质有机质丰富的地带，方形环棱螺和中华圆田螺的数量较多。湖中的消落区软体动物贫乏。寡毛类和摇蚊幼虫分布全湖，但菰丛区比沉水植物区大，湖西北的密度比湖东南大。

鄱阳湖虾类有8种，占江西已知虾类10种的80%，其中秀丽白虾和日本沼虾为优势种。鄱阳湖有蟹类4种，占江西已知蟹类14种的28.57%。中华绒螯蟹分布

中华沼螺 贝壳面具有螺旋纹或螺棱呈卵圆锥形，壳面光滑，螺塔高，螺层略凸，具有罗坡，壳口周缘厚，有深色框边。厣为石灰质薄片，与壳口同大小。沼螺雌雄异体，雄性交接器官位于颈部背侧。

■ 鄱阳湖湿地水鸟白鹭

在长江和鄱阳湖等地。

当然，鄱阳湖湿地还拥有丰富的鱼类资源和鸟类资源。鄱阳湖已记载鱼类有140种，主要优势种为鲤、鲫、鳊、鲂、鲌、鲩、青、鲢、鳙等。

属国家一级保护动物有白鲟和中华鲟，二级保护动物有胭脂鱼。

为了保护和合理地利用鄱阳湖渔业资源，江西省政府在鄱阳湖划定了休渔区和休渔期。在每年的3月20日至6月20日为休渔期，在冬季还实行轮换休港，以保护鱼类越冬。

鄱阳湖已知鸟类310种，其中典型的湿地鸟类159种。按居留型分：留鸟45种，冬候鸟155种，夏候鸟107种，迷鸟3种，有13种为世界濒危鸟类。

属国家保护动物的有54种，其中一级保护动物10种：白鹤、白头鹤、大鸨、东方白鹳、黑鹳、中华秋沙鸭、白肩雕、金雕、白尾海雕和遗鸥。

二级保护动物44种，如小天鹅、卷羽鹈鹕、白枕鹤、灰鹤、沙丘鹤、白额雁、白琵鹭等。

近年来，鄱阳湖又成为东方白鹳的重要栖息地，2800多只东方白鹳在鄱阳湖越冬，约占世界总数的80%。总体而言，鄱阳湖的东部余干、波阳一带由过去以雁鸭类为主，扩展为鹤类、鹳类、小天鹅、白琵

中华绒螯蟹 又称河蟹、毛蟹、清水蟹、大闸蟹或螃蟹，味道鲜美，营养丰富，是一种经济蟹类，是中国传统的名贵水产品之一。在中国北起辽河南至珠江，漫长的海岸线上广泛分布，其中以长江水系产量最大、口感最鲜美。一般来说，大闸蟹特指长江系江苏阳澄湖的中华绒螯蟹。

鹭以及雁鸭类的较重要越冬栖息地。

鄱阳湖南部南矶山、南昌、新建和进贤一带由过去以小天鹅、雁鸭类为主，扩展为以保护区为中心的鹤类、鹳类、小天鹅、白琵鹭、猛禽和雁鸭类以及鸥类、鹬类等的重要栖息地。

鄱阳湖北部庐山区、湖口一带以雁鸭类、鹭类、鸬鹚等为主，都昌新妙湖、三山、泗山、朱袍山等岛屿一带由过去以雁鸭类为主，扩展为以白鹤、东方白鹳、小天鹅、雁鸭类、鹭类为主的重要栖息地。

从鄱阳湖湿地系统的生态脆弱性方面来看，水文、土壤和气候形成了湿地生态系统环境主要素，进而影响生物群落结构，改变湿地生态系统。鄱阳湖湿地还具有生产力高效性，湿地生态系统同其他任何生态系统相比，初级生产力较高。

鄱阳湖湿地的效益具有综合性，具有调蓄水源、调节气候、净化水质、保存物种、提供野生动物栖息地等基本生态效益,也具有为工农业、能源、医疗业等提供经济效益的作用。

阅读链接

鄱阳湖原名彭蠡湖，相传在远古时期，江西这块地方并无大的湖泊，故每年不是大旱便是洪涝，民不聊生。

赣北有一位叫彭蠡的勇士，立志要开凿一个大的湖泊造福于民。谁知开挖时，却遇到一条千年成精的蜈蚣，因蜈蚣怕水，蜈蚣精想方设法进行阻挠。

彭蠡决心已定，带领家人和乡邻继续开挖，直到他双手虎口被震裂，鲜血直流，彭蠡的善举感动了天上司晨的酉星官，就派自己的两个儿子大鸡和小鸡下凡帮助彭蠡除妖。

战败的蜈蚣精化作松门沙山，大鸡、小鸡担心这条蜈蚣精再祸及人间，便化作大矶山、小矶山，世代守着鄱阳湖，永保地方安宁。

后人为纪念彭蠡造湖有功，将该湖取名"彭蠡湖"。

被称为鹤乡的扎龙湿地

相传在远古时期,扎龙曾是一片盐碱地,方圆百里内只有一个小小的村落,散居着几十户人家。由于土地瘠薄,人们种不了庄稼,只能靠烧土碱艰难度日。

有一天,疾风顿起,乌云蔽空,石走沙飞。半个时辰过后,云散风定,天空骤晴,酷日如火,随着阵阵轰鸣,一个庞然怪物从天空中扎落下来。人们惊慌不已,纷纷关门闭户。

当时,有个徐姓的大胆壮汉提着木棍赶去察看,发现一条巨龙扎

扎龙湿地

■ 蓝天白云下的扎龙湿地

落在干涸的地上。

村里人闻讯，纷纷赶来围观，只见巨龙明目如珠，双角高耸，锋利的龙爪深深地抠进干裂的土中，龙身数十丈，粗如几人合抱不拢的老榆树，上面布满簸箕大的鳞片。那巨龙双目垂泪，挣扎着曲首摆尾，欲飞不能，仰天叹望九霄。

一位银发长者告诉大家，龙是水性天神，能为人间行雨造福，大家赶紧搭棚浇水，救它脱凡归天。于是，人们凑集了很多木杆和被褥，给巨龙搭了一个巨大的凉棚，还从远处担来清水浇在龙的身上。

可是由于天气燥热，巨龙身上的鳞片开始脱落。众人心急似火，纷纷流下伤心的泪水。

后来，天上的百鸟仙子被人们的善良所感动，派丹顶鹤率领白鹤、白头鹤、白枕鹤、灰鹤、蓑羽鹤、大天鹅及众多仙鹤和小鸟飞到人间。它们展翅盘旋，

白头鹤 也称锅鹤、玄鹤、修女鹤，是广泛分布于欧亚大陆上数量较多、较常见的一种鹤。野生数量7000多只，是中国一类保护动物。它体形娇小，性情温雅，机警胆小，不易驯养。它除了额和两眼前方有较密集的黑色刚毛，从头到颈是雪白的柔毛外，其余部分体羽都是石板灰色。

为巨龙遮日蔽荫,呼风唤雨。

不出几天,浓云压顶,电闪雷鸣,顷刻暴雨狂泻,洪水猛涨。巨龙得水后,一跃腾入高空,随后俯首下望,曲身拱爪向救它性命的人们点首三拜,人们欢呼跳跃着为巨龙送行。

巨龙飞走之后,奇迹出现了。人们发现在巨龙飞起的地方,竟成了一个一眼望不到边的大泡子。泡中鱼虾丰盛,荷花、菱角花芳艳诱人,周围被龙尾扫过的地方还长出了茂密的芦苇。

从此,这里成为风调雨顺、地产丰富的宝地,丹顶鹤也留下定居了。人们为了纪念与神龙、天鸟的缘分,就把这里称为扎龙和鹤乡。

其实,"扎龙"为蒙古语,意为饲养牛羊的圈。扎龙湿地位于黑龙江省松嫩平原西部乌裕尔河下游,已无明显河道,与苇塘湖泊连成一体,然后流入龙虎泡、连环湖、南山湖,最后消失于杜蒙草原。

齐齐哈尔市区西南部,大庆市林甸县和杜尔伯特蒙古族自治县的沼泽芦苇丛,便是扎龙湿地。

区内湖泊星罗棋布,河道纵横,水质清纯,苇草肥美,沼泽湿地生态保持良好,被誉为鸟和水禽的"天然乐园"。

扎龙湿地是中国最大的鹤类等水禽为主体的珍稀鸟类和湿地生态类型的自然保护区，占地面积21万公顷，是中国北方同纬度地区保留最完善、最原始、最开阔的湿地生态系统。

这里完整保留下许多古老物种，是天然的物种库和基因库，是众多鸟类和珍稀水禽理想的栖息繁殖地和许多跨国飞行鸟类的重要"驿站"。辽阔的地域、原始的湿地景观、丰富的鸟类资源、距离城市较近的优势已为世人所瞩目。

扎龙自然保护区主要是保护湿地及国家级保护动物丹顶鹤等野生动物，是乌裕尔河下游失去河道，河水漫溢而成的一大片永久性弱碱性淡水沼泽区，由许多小型浅水湖泊和广阔的草甸、草原组成。

沼泽地最大水深0.75米，湖泊最大水深达5米。该区生息繁衍着鱼类46种、昆虫类277种、鸟类260种、兽类21种。

乌裕尔河 位于黑龙江省西部，为省内最大的内陆河。金代在乌裕尔河流域位置于蒲峪路，称"蒲峪路河"。元代称"忽兰叶河"。《清一统志》称"呼雨哩""呼裕尔河"等，均为女真语"涝洼地"之意。乌裕尔河发源于小兴安岭西侧，是嫩江左岸的较大无尾河流，流域面积23110平方千米。

扎龙湿地中湖泊与芦苇丛

> **芦苇** 多年水生或湿生的高大禾草,生长在灌溉沟渠旁、河堤沼泽地等,世界各地均有生长,芦叶、芦花、芦茎、芦根、芦笋均可入药。芦苇的果实为颖果,披针形,顶端有宿存花柱。具有长、粗壮的匍匐根状茎,以根茎繁殖为主,芦苇常会和寒芒搞混,区别是芦苇的茎是中空的,而寒芒不是,另外,寒芒到处可见,芦苇是择水而生。

每年四五月份200余只丹顶鹤及其他水禽来此处栖息繁衍,白鹤数量近千只,来此栖息逗留后继续北迁至俄罗斯境内,为迁徙性停息鸟。

芦苇沼泽和塔头苔草是丹顶鹤的主要栖息地。芦苇高达1~3米,人类难以进入,为这些珍贵水禽的生存和繁衍创造了条件。据统计,野生经济鸟类每年繁殖的数量可以达到10万只以上。

扎龙湿地有乌裕尔河、双阳河、克钦湖、仙鹤湖、龙湖、南山湖等大水面130公顷以上。湿地中各个弯弯曲曲的长短河道连通各个大大小小的湖泡,形成密如蛛网的水系,宛如九曲回肠的亮线串起一颗明珠,衬托上翠绿的植被,景色十分壮观。

夏季丰水期,河水出槽,湖泊外溢,可形成方圆数百千米的明镜水面。荡起一叶小舟,轻摇双桨,清澈的湖水拖出一个斑斓的水上世界。随着双桨的起浮,片片浮萍撩起点点玉珠,在阳光下放射出迷人的光彩,亭亭玉立的莲花像含羞的少女簇拥在身边。

■ 扎龙湿地湖水

扎龙湿地有绿草如茵的大草原和随风摇摆的芦苇荡,纵横交错的港汊河道把万顷芦苇荡点缀得生机盎然。

扎龙为中国建立的第一个水禽自然保护区,区内鸟类248种,主要保护的是鹤类,目前,世界分布15种鹤,在扎龙可见到的有丹顶鹤、白枕鹤、白鹤、白头鹤、蓑羽鹤、灰鹤6种,故有"鹤乡"之称。

其中4种为繁殖鸟,全世界现存丹顶鹤2000多只,扎龙就有400多只,占全世界丹顶鹤总数的17.3%。有国家一二级保护鸟类35种。一级保护动物有丹顶鹤、白枕鹤、白琵鹭等,沼泽边缘和临近的农田中常见有大鸨栖息。

除丰富的鸟资源外,扎龙湿地还有20种兽类,包括狼、赤狐、狍、獾和黄羊等;两栖类4种,有中国林蛙、黑斜线蛙、列斑雨蛙、花嘴蟾蜍;爬行动物有3种,包括蜥蜴、淡水龟等;水生鱼类40种,其中鲫鱼最为丰富。

当栖息在扎龙湿地的鸟飞起来时可谓铺天盖地,苍鹭、草鹭在沼泽上伫立,远远望去像玉米茬子一样密密麻麻,雁鸭多得数不清,每年在这里繁殖的鸟类为数万只。

在这里成千上万只的鸥、鹭等鸟类在天空翱翔,成群结队的水禽

扎龙湿地中的丹顶鹤

在湖中嬉戏。清澈的溪流泛起团团银光，摇曳的芦缨、茂密的苇塘在微风中奏响大自然瑰丽的乐章。

在扎龙湿地可以领略到爱情专一的丹顶鹤独特的求爱方式，那"一鸣九皋，声闻于天"的男高音，表达了对心上人的执着追求，当原野上响起互诉衷情柔肠百转的"男女声二重唱"时，那是它们为初恋成功而发自内心的喜悦。

等到一对喜结良缘的丹顶鹤在大自然的礼堂中举行婚礼舞会时，那轻快而优美的"双人舞"让人间最优秀的舞蹈家也为之逊色。丹顶鹤头顶呈红色，体长1.2米左右，为大型涉禽，数量稀少，是中国重点保护的野生动物，属国家一级保护鸟类。

据统计，全世界仅存有2000多只丹顶鹤，人工饲养的有400多只，属于濒危物种。丹顶鹤主要栖息于沼泽地，以较高梃水植物为隐蔽条件。食物为种子、草根、昆虫及鱼虾贝类。

丹顶鹤在中国的主要繁殖地为东北地区，其中又以齐齐哈尔扎龙湿地为主要基地，越冬则集中在长江中下游地区的江苏盐城和江西鄱阳湖两个自然保护区。丹顶鹤每年产卵一两枚，每年11月南迁越冬，来年3月又北上繁殖地。在扎龙保护区有野生丹顶鹤350多只，人工繁殖驯养的约有60只。

鹤是环境的"指示钟"，是考评环境质量好坏的重要标志。鹤类繁殖的首要条件是宁静和安全的湿地环境，湿地一旦被破坏消失，鹤类的数量会迅速减少甚至绝迹，因而每块湿地都是该地区生态系统的晴雨表。

一个国家健全的水域系统会使其所有邻国的生态系统受益，而不论这些湿地位于世界的哪一个国家。因此，保护湿地就是保护鹤类赖以生存的环境，保护世界生态平衡，更是保护人类自身。

在人们的共同努力下，扎龙湿地的保护工作取得了显著成效。丹顶鹤、白鹤、东方白鹳等珍稀水禽种群数量增加，全球濒危种类的野生丹顶鹤由建区时的150只增加到400余只，湿地内生物多样性丰富，野生动物种类繁多，是丹顶鹤、白鹤、东方白鹳等珍稀水禽的重要繁殖栖息地和迁徙停歇地。

阅读链接

有一个美丽的女孩叫徐秀娟，她的父亲是扎龙自然保护区一位鹤类保护工程师。徐秀娟从小就和丹顶鹤结下了深厚的友谊，尤其是名叫"赖毛子"的小鹤。

有一天，有个割芦苇的人突发盗猎之念，一把抓住靠近他的赖毛子，欲置它于死地。幸亏徐秀娟路经这里，与盗猎者展开了拼死搏斗，才拯救了赖毛子。从此，赖毛子对徐秀娟更亲近和依恋了。

徐秀娟长大后，致力于保护丹顶鹤的事业。一次，为了寻找两只贪玩的丹顶鹤，她不小心滑入沼泽，再也没有上来。而在远方的赖毛子，从这天开始就变得郁郁寡欢，总是一天到晚地朝着南方悲鸣，不久后也无疾而终。

天然博物馆的向海湿地

听老人们讲,当年的玉皇大帝曾将一条违犯天条的黑龙贬下凡间,在黑龙江修炼。黑龙顾念苍生,年年旱时降甘霖、涝时排涝引洪,使这里风调雨顺、五谷丰登。

特别是它经常化作一位黑面书生,自称姓李,到民间访贫问苦,帮助乡亲们。人们都亲切地称呼它为"老李"。

后来,有一条白龙在香海一带作恶,糟蹋庄稼,为害乡邻。老李知道后,就专门从黑龙江赶来收服它,经过几场大战,终于赶跑了为

向海湿地

暮色中的向海湿地

非作歹的白龙，但黑龙也受了重伤，尾巴被白龙咬掉，这就是"秃尾巴老李"的由来。

不过据说黑龙身受伤重，不能驾云回老家黑龙江了，于是就只好在向海当地养伤，后来就在黑龙养伤的地方出现一片沼泽，成为以后的向海湿地。

而向海则是因香海庙而得名的。历史上，香海一带是蒙古族王爷哈图可吐的领地，蒙古族多信仰藏传佛教。

1664年年初，在山清水秀的香海湖西塔甸子建起了一座青砖灰瓦的寺庙，初名为"青海庙"。

1784年，乾隆皇帝敕名为"福兴寺"，并亲笔以满、汉、蒙、藏四种文字书写匾额和碑文，其文曰：

云飞鹤舞，绿野仙踪。
福兴圣地，瑞鼓祥钟。

在北京的雍和宫《福兴寺志》内还留有这段记录。当年福兴寺殿宇崇宏，善男信女络绎不绝，逢吉日更盛。

王爷 封建时代尊称有王爵封号的人。不一定是王公贵族出身，对国家和民族有贡献的平民有时也被授予此称号。起初，王爷就是一个爵位，"王"在秦朝以前是对诸侯和周天子的称呼，在秦始皇统一天下之后，王就成了一个爵位。

雍和宫 原为明代内官监官房。1693年的清朝，成为皇四子胤禛的府邸。雍正胤禛驾崩后，乾隆将雍和宫改建为藏传喇嘛寺，是北京最大的藏传佛教寺院。从飞檐斗拱的东、西牌坊到古色古香的东、西顺山楼共占地面积66400平方米，有殿宇千余间。

■ 向海湿地的丹顶鹤

1928年，西藏活佛班禅大师曾专程来此传经说法，福兴寺内整日香烟缭绕，弥漫如海，故俗称"香海庙"。其所在地也被当地人称为香海，后来错传为向海，久而久之，就正式命名为向海了。

向海湿地位于吉林省白城市通榆县西北面，向海水库的南面，科尔沁草原的东部边陲，面积为10.7万公顷，是国家级自然保护区。

向海湿地是以中国西部草原原始特色的沼泽、鸟兽、黄榆、苇荡、杏树林和捕鱼等自然景观为主的区域，素有"东有长白，西有向海"的美誉。

区内为典型的草原湿地地貌，三条大河霍林河、额木太河、洮儿河横贯其中，两个大型和上百个小型的自然泡沼散置其间。

蜿蜒起伏的沙丘，波光潋滟的湖泊，千姿百态的蒙古黄榆，绿浪韶滚的蒲草苇荡，牛羊亲吻着草地，鱼虾漫游于池塘，渔翁、牧童、炊烟、农舍等一起构

班禅 是梵文"班智达"和藏文"禅波"的简称。西藏人一般相信班禅是"月巴墨佛"即阿弥陀佛的化身。而达赖喇嘛为观音菩萨的化身，蒙古可汗是金刚手菩萨的化身，清朝君主是文殊菩萨化身。1713年，清朝康熙帝封五世班禅为"班禅额尔德尼"，"额尔德尼"是满语词，意为"珍宝"，并加封以前各世班禅，从此这一活佛系统得此封号。

成了一组秀丽的田园诗，一幅淡雅的风俗画。

区内自然资源丰富，有200余种草本植物和20多种林木。有鱼20多种、鸟类173种、鹤类15种，占全世界现有鹤的40%。

珍稀禽类有丹顶鹤、白枕鹤、白头鹤、灰鹤、白鹤、天鹅、金雕等，远近闻名。

这里还是各种走兽出没的天然动物园，在草地中、树林里生活着狍子、山兔、黄羊、狐狸、灰狼、黄鼠狼、艾虎等30余种大大小小的动物。

借用唐代诗人刘禹锡的"晴空一鹤排云上，便引诗情到碧霄"的诗句，来描述被称为丹顶鹤故乡的向海的瑰丽景观是再恰当不过了。

向海保留了完好的自然景观、原始的生态环境和多样性的湿地生物，不仅是中国的一块宝地，也是世界的一块宝地。

> 刘禹锡（772—842），字梦得，中国唐朝彭城人，祖籍洛阳，唐朝文学家、哲学家，自称是汉中山靖王后裔，曾任监察御史，是唐代中晚期著名诗人，有"诗豪"之称。他在政治上主张革新，是王叔文派政治革新活动的中心人物之一。

丹顶鹤在湿地上空飞翔

向海湿地具有极高的科研价值。向海自然保护区被列入《拉姆萨尔公约》中的《世界重要湿地名录》，并被世界野生生物基金会评为"具有国际意义的A级自然保护区"，每年吸引大批专家学者来此考察、观光，进行学术交流。

国内的鸟类学者和鸟类爱好者，每年也都来此开展科学研究，观看各种水禽和欣赏湿地风光。向海，已成为中国东北地区重要的生物多样性保护地和科研教学基地之一。

除了鼎鼎大名的丹顶鹤，全世界15种鹤类中，向海就有6种，远近闻名。各种珍稀鸟类共173种，《濒危野生动植物种国际贸易公约》中的鸟类，向海有49种。

另外，这里各种兽类、鱼类、野生植物种类繁多，是急需保护的珍贵的天然博物馆。

向海也是个令人情牵梦萦的地方。关于向海的动人传说多如天上的繁星。神奇的是，据说每一个来过这里的人都会经历一次传奇的体

■ 向海湿地的金色草丛

验，留下一段动人的故事，成为他们毕生难以忘怀的情结。

■ 向海湿地丹顶鹤的雏鸟

向海是内蒙古高原和东北平原的过渡地带，地势由西向东微微倾斜，海拔在156～192米之间，垄状沙丘与垄间洼地交错相间排列，呈西北、东南方向延伸，从而形成了沙丘榆林、茫茫草原、蒲草苇荡、湖泊水域的自然景色，孕育了种类极其丰富、起源原始古老的生物资源。

向海湿地还有许多著名的景点，如鹤岛就是其中的一个。鹤岛三面环水，一面临山，植被多样，灌木葱茏，环岛水域内，蒲草苇荡高可过人，茂密连片，最值得一看的当然还要数人工驯化成功的半散养的丹顶鹤。

博物馆是向海自然保护区的微观缩影，体现了向

蒲草 广泛生长在中国的一种野生蔬菜，其假茎白嫩部分和地下匍匐茎尖端的幼嫩部分可以食用，味道清爽可口。老熟的匍匐茎和短缩茎可以煮食或作饲料；雄花花粉俗称"蒲黄"，具有药用和滋补功能。蒲草是重要的造纸和人造棉的原料，还可以用来编织蒲席、坐垫等生活用品。

■ 向海湿地中的草丛与树林

海湿地特性，尤其各种动物栩栩如生。一幅幅白鹳筑巢，鹤翔雁舞，仙鹤育雏等真实照片，会把人带入神奇的动物世界当中。

蒙古黄榆林是亚洲最大的蒙古黄榆林区域，面积约为50平方千米。蒙古黄榆树是亚洲稀有树种，属于榆科、榆属，是天然次生林，是干旱地区沙丘岗地上特有的树种。

阅读链接

关于蒙古黄榆林有个传说，说是原来的白城兴隆山常年有沙暴，导致这里不能畜牧，也不能耕种，人们生活苦不堪言。

后来一位仙人途经此处，看到百姓困苦，心中不忍，遂将手中的龙头拐杖扔下云头，沙丘之上便多了方圆百里的蒙古黄榆林，风沙也随之被驯服，烟消云散了。

虽然传说当不得真，但这蒙古黄榆林却真真切切地生长在县城一旁。站在赏榆亭上观景，能将黄榆林尽收眼底。

黄榆在夏天也不是绿色，放眼望去是一片枯黄之色，犹如深秋来临。它们姿态各异，有的像古藤盘柱，有的如游龙过江，有的若霸王挥鞭，有的似八仙过海。让人惊奇的是，黄榆在如此恶劣的环境中，并没有攀缘成林，而是一棵棵屹立在那里，守护着脚下的黄沙。

雪域高原 冰川风貌

冰川也称冰河，是指大量冰块堆积形成如同河川般的地理景观。在终年冰封的地区，多年的积雪经重力或冰河之间的压力，沿斜坡向下滑形成冰川。

受重力作用而移动的冰河称为山岳冰河或谷冰河，而受冰河之间的压力作用而移动的则称为大陆冰河或冰帽。

中国的冰川，包括境内冰川和雪山，主要分布于中国西部，包括西藏、新疆、四川、云南、甘肃、青海等省区。

青藏高原分布集中，由于冰川冰雪累积和融化相对稳定，确保了江源河源地区水源的稳定，是很多河流的源头。

被誉为"绿色冰川"的阿扎冰川

冰川是水的一种存在形式,是雪经过一系列变化转变而来的。要形成冰川首先要有一定数量的固态降水,其中包括雪、雾、雹等。没有足够的固态降水做"原料",就等于"无米之炊",根本形不成冰川。

阿扎冰川

在高山上,冰川能够发育,除了要求有一定的海拔外,还要求高山不要过于陡峭。如果山峰过于陡峭,降落的雪就会顺坡而下,形不成积雪,也就谈不上形成冰川了。

雪花一落到地上就会发生变化,随着外界条件和时间的变化,雪花会变成完全丧失晶体特征的圆球状雪,称之为粒雪,这种雪就是冰川的"原料"。

积雪变成粒雪后,随着时间的推移,粒雪的硬度和它们之间的紧密度不

■ 阿扎冰川盛景

断增加，大大小小的粒雪相互挤压，紧密地镶嵌在一起，其间的孔隙不断缩小，以至消失，雪层的亮度和透明度逐渐减弱，一些空气也被封闭在里面，这样就形成了冰川冰。

冰川冰最初形成时是乳白色的，经过漫长的岁月，冰川冰变得更加致密坚硬，里面的气泡也逐渐减少，慢慢地变成晶莹透彻、带有蓝色水晶一样的老冰川冰。冰川冰在重力作用下，沿着山坡慢慢流下，就形成了冰川。

中国的冰川面积分别占世界和亚洲山地冰川总面积的14.5%和47.6%，是中低纬度冰川发育最多的国家。中国的冰川分布在新疆、青海、甘肃、四川、云南和西藏六省区。其中西藏的冰川数量多达2万多条，面积达近29 000平方千米。

中国冰川自北向南依次分布在阿尔泰山、天山、

阿尔泰山脉 位于中国新疆维吾尔自治区北部和蒙古西部，西北延伸至俄罗斯境内，呈西北、东南走向。长约2000千米，海拔1~3千米。中段在中国境内，长约500千米。森林、矿产资源丰富。"阿尔泰"在蒙语中意为"金山"，从汉朝就开始开采金矿，至清朝在山中淘金的人曾多达5000多人。

■ 西藏阿扎冰川

帕米尔高原、喀喇昆仑山、昆仑山和喜马拉雅山等14条山脉。这些山脉山体巨大，为冰川发育提供了广阔的积累空间和有利于冰川发育的水热条件。

通过考察发现，中国冰川面积中大于100平方千米的冰川达33条。其中完全在中国境内的最大山谷冰川是音苏盖提冰川，面积为392平方千米；最大的冰原是普若岗日，面积达423平方千米；最大的冰帽是崇测冰川，面积达163平方千米。

总体而言，中国山岳冰川按成因分为大陆性冰川和海洋性冰川两大类，总储量约5.13万亿立方米。前者占冰川总面积的80%，后者主要分布在念青唐古拉山东段。

按山脉统计，昆仑山、喜马拉雅山、天山和念青唐古拉山的冰川面积都超过7000平方千米，4条山脉的冰川面积共计40 300平方千米，约占全国冰川总面积的70%。

念青唐古拉山脉 中国青藏高原主要山脉之一。横贯西藏中东部，为冈底斯山向东的延续。全长1400千米，平均宽80千米。海拔5～6千米，主峰念青唐古拉峰海拔约7千米，是青藏高原东南部最大的冰川区。西段为内流区和外流区分界，东段为雅鲁藏布江和怒江分水岭。

其余30%的冰川分布于喀喇昆仑山、羌塘高原、帕米尔、唐古拉山、祁连山、冈底斯山、横段山及阿尔泰山。

冰川具有很强的侵蚀力，大部分为机械的侵蚀作用，其侵蚀方式可分为4种。

拔蚀作用是当冰床底部或冰斗后背的基岩沿节理反复冻融而松动，若这些松动的岩石和冰川冻结在一起，当冰川运动时就会把岩块拔起带走，这称为"拔蚀作用"。经拔蚀作用后的冰川河谷其坡度曲线是崎岖不平的，形成了梯形的坡度剖面曲线。

磨蚀作用是当冰川运动时，冻结在冰川或冰层底部的岩石碎片，因受上面冰川的压力，对冰川底床进行削磨和刻蚀，称为"磨蚀作用"。磨蚀作用可在基岩上形成带有擦痕的磨光面，而擦痕或刻槽是冰川作用的一种良好证据，其方向可以用来指示冰川行进的

> **基岩** 风化作用发生以后，原来高温高压下形成的矿物被破坏，形成一些在常温常压下较稳定的新矿物，构成陆壳表层风化层，风化层之下的完整的岩石称为基岩，露出地表的基岩称为露头。

■ 绿洲冰川

方向。

冰楔作用是指在岩石裂缝内所含的冰融水，经反复的冻融作用，体积时涨时缩，从而造成岩层破碎，成为碎块，或从两侧山坡坠落到冰川中向前移动。其他作用是指当融冰之水进入河流时，其中常夹有大体积的冰块，容易产生强大的撞击力，严重破坏下游两岸的岩石。

由于冰川的侵运作用所产生的大量松散岩屑和从山坡崩落的碎屑会进入冰川系统，随着冰川一起运动，这些被搬运的岩屑称为"冰碛物"，依据其在冰川内的不同位置，可分为不同的搬运类型。

裸露在冰川表面的冰碛物称为表碛。夹在冰川内的冰碛物内碛。堆积在冰川谷底的冰碛物为底碛。在冰川两侧堆积的冰碛物为侧碛。两条冰川汇合后，其

冰碛物 指冰川搬运和堆积的石块和碎屑物质。冰碛物主要通过刨蚀和挖蚀从冰床上获得物质，也可以通过雪崩、冰崩及山坡上的块体运动等带来大量碎屑物质。

■ 阿扎冰川顶峰

阿扎冰川远景

相邻的侧碛即合而为一，位于会合后冰川中间的冰碛物称为中碛。

随冰川前进，而在冰川末端围绕的冰碛物，称为终碛。由于冰川在后退的过程中，会发生局部的短暂停留，而每一次停留都会造成一个后退碛。

冰川的搬运作用，不仅能将冰碛物搬到很远的地方，也能将巨大的岩石搬到很高的部位，这些被搬运的巨大岩块即为漂石，其岩性和该地附近基岩完全不同。冰川的搬运能力很强，但相对的，冰川的淘选能力很差。

冰川携带的沙石常沿途抛出，故在冰川消融以后，不同形式搬运的物质，堆积下来便形成相应的各种冰碛物。所谓的冰碛物是指由冰川直接造成的不成层冰积物；而冰积物就是指直接由冰川沉积的物质，或由于冰水作用的沉积物及因为冰川作用而沉积在河流湖泊海洋中的物质。

冰川的地形地貌由高向低分为三个阶梯：第一阶梯是冰川的形成区。在这个区域里，由于海拔高，除可做专业登山队的训练基地外，一般旅游者无法涉足。只能从高处远眺其雄伟壮观的风姿。第二阶梯

■ 冰川风光

是冰川中间的大冰瀑布。第三阶梯是冰川下端的冰川舌。巨大的冰川好似巨大的银屏凌空飞挂，银光刺眼，晶莹璀璨，气势磅礴。这些状若玉龙、势如巨蟒的冰川，蜿蜒飞舞于寒山空谷之中，千姿百态，蔚为壮观。

阿扎冰川属于海洋型冰川，位于西藏地区察隅县上察隅镇境内，雪线海拔只有4600米，朝向西南，长20千米左右。

其中，冰川的前沿部分深入到原始森林区域长达数千米，犹如一条银色巨龙穿行于"绿色海洋"之中，形成极为罕见的森林冰川景观。所以，阿扎冰川又被人们亲切地称为"绿海冰川"。

海洋型冰川主要分布在西藏的东南部雅鲁藏布江大拐弯附近的喜马拉雅山南翼、念青唐古拉山东段及横断山等降水充沛的地方。

阿扎冰川位于波密东端，来果冰川的东南侧，是西藏海拔最低的冰川，主峰高度约6900米，其冰舌分为南北二支，北支为附冰舌，分布在然乌镇境内。南支为主冰舌，一直延伸到山地常绿阔叶林带上部海拔2500米的察隅县境内。

由于阿扎冰川的海拔高差在6000米以上，所以同在一条沟，十里不同天，具有亚热带到寒带的所有气

雅鲁藏布江 中国最高的大河，位于西藏自治区，也是世界上海拔最高的大河之一。发源于西藏西南部喜马拉雅山北麓，水能蕴藏量丰富，在中国仅次于长江。雅鲁藏布江大拐弯处的雅鲁藏布江大峡谷是世界第一大峡谷。

候特征。

阿扎冰川地处察隅曲西支岗日嘎布迎风面，空气绝对湿度与相对湿度较高，冰面凝结现象显著，还有许多动物、植物和微生物。阿扎冰川夏季多雨，冰面生物有冰蚯蚓、冰蚤等动物。

阿扎冰川地处森林向草甸植被的过渡地带，植被类型比较简单。主要有亚高山常绿针叶林、高山灌丛草甸和高山植被稀疏带。植物种类有61科194属505种。

在海拔4300米以下分布着云冷杉，有些地方出现亚高山中叶型杜鹃灌丛。阳坡主要为大果圆柏林，海拔4300米以上则是高山灌丛草甸带，阴坡一般为雪层杜鹃、藏匐柳、银露梅、扫帚岩须等矮灌丛。

阳坡为高山草甸，由小嵩草、细弱嵩草、珠芽蓼、胎生早熟禾及多种龙胆、虎耳嵩草、火绒草、风

> **冰舌** 指山压冰川从曲雪盆流出的舌状冰体。冰舌区是冰川作用最活跃的地段，大部分也是冰川的消融区。冰舌的最前端部分也称为冰川末端，冰面常发育冰面流水、冰裂隙等。舌前端有陡峭的冰崖，其下方有冰洞，涌出大量的冰川水。

■ 阿扎冰川山路

阿扎冰川风光

毛菊、唐松草、台草、双叉细柄茅等组成。

海拔4500～4800米多为流石滩，其上植物稀少，主要有三指雪莲花、毡毛雪莲、黑毛雪兔子、纤缘风毛菊、矮垂头菊、糖芥绢毛菊、绵参、囊距翠雀花等，盖度极小，雪线大约在5400米附近。

原始的森林植被和完好的自然生态环境为野生动物的繁衍栖息提供了良好生存条件。据考察统计，哺乳类7目15科42种，鸟类10目30科90种，两栖类1目3科5种。

其中国家一级保护动物有雪豹、马麝、白唇鹿、金雕、白肩雕、白尾海雕、斑尾榛鸡、雉鹑等8种，国家二级保护动物有猕猴、豺、黑熊、小熊猫、岩羊、藏雪鸡、藏马鸡等26种。

阅读链接

冰舌区是冰川作用最活跃的地段，也是冰川的消融区。冰舌的最前端部分也称为冰川末端，表面常有冰面流水、冰裂隙，冰内还能形成冰洞、冰钟乳、冰下河，其前端常因冰雪补给和消融对比的变化而变化，发生冰川的进退。

冰川舌在消融过程中形成了千姿百态的冰面湖、冰塔、冰柱、冰桥、冰洞、冰弧拱、冰裂缝、冰蘑菇、冰融泉等，颇为壮观。

海螺沟冰川的冰与温泉

海螺沟位于四川省甘孜藏族自治州东南部,贡嘎山东坡,以低海拔现代冰川著称于世。

贡嘎山主峰脊线以东为陡峻的高山峡谷,地势起伏明显,大渡河咆哮奔流,谷窄水深,崖陡壁立。在水平距离不足30千米处,是一条高差约6500米的举世罕见的大峡谷。

贡嘎冰雪山

草甸 在适中的水分条件下发育起来的以多年生中生草本为主体的植被类型。草甸与草原的区别在于草原以旱生草本植物占优势,是半湿润和半干旱气候条件下的地带性植被。而一般的草甸属于非地带性植被,可出现在不同植被带内。

以贡嘎为中心的青藏高原东缘区域,在340多万年以前一个较长的时期内,一直都处于红土风化壳发育的高温多雨和准平原化的环境。

其后转入山地生长期,被冷暖交替的环境所取代,经历了多次冰期和间冰期的气候更替。山地景观也经历了从准平原森林到草原景观、从山地湖盆森林到草原景观、从高山冰川到森林再到草甸景观和从极高山冰川到森林再到草甸景观的演变。

以亚热带为基带,包含暖温带、寒温带、亚寒带、寒带地理成分的原生生态环境与景观内涵极其丰富的景观生态系统,又称为"贡嘎山高山生态系统景观",是青藏高原隆起以及由此而改变的大气环流势态所决定的水热条件,是经过长期演化的结果,因而它是青藏高原隆起环境效应的一个典例,也是新构造

■ 海螺沟冰川瀑布

■ 海螺沟冰川近景

运动景观资源效应的一个范例。

冰川的粒雪盆是整个冰川的源泉，盆内冰雪积累到一定程度，就会翻越盆沿形成巨大雪崩，故而粒雪盆虽然美丽神秘，却只可远观不可靠近。

盆的边缘是中国已知最大的冰瀑布，高1080千米，宽500～1100米，晶莹剔透，雄奇无比。

海螺沟冰川就位于峡谷之间，是中国的一座海洋性冰川，也是亚洲海拔最低、规模最大的海洋性现代冰川，海拔约2900米。

晶莹的现代冰川从高峻的山谷铺泻而下，将寂静的山谷装点成玉洁冰清的琼楼玉宇，巨大的冰洞、险峻的冰桥，使人如入神话中的水晶宫。

沟内蕴藏有大流量沸热温冷矿泉，大面积原始森林和冰蚀山峰，大量的珍稀动植物资源，金山、银山交相辉映，蔚为壮观。

这里地形复杂，气候类型特殊，山下长春无夏，郁郁葱葱，气候宜人，山下磨西镇年平均气温在13摄氏度左右。山上海拔5000米以上的地方终年积雪，年

海洋性冰川 指受海洋性季风气候影响大，因此带来大量雨水，冰川累积和消融速度快。属于海洋性冰川，其冰川运动频繁，由此多引发自然灾害。根据研究，念青唐古拉山脉东南段、喜马拉雅山脉东段、位于四川横断山脉的贡嘎山周边地区的冰川属于海洋性冰川。

■ 海螺沟冰川风光

贡嘎山 位于四川康定以南,是大雪山的主峰。周围有海拔6000米以上的山峰45座,主峰更耸立于群峰之巅,海拔约7600米。东坡最大的海螺沟冰川已落入森林带内,在长期冰川作用下,山峰发育为锥状大角峰,攀登困难。

平均气温在零下9摄氏度左右。

贡嘎山是中国现代海洋性冰川最发达的地区,有数百条冰川,面积达300余平方千米。其中海螺沟一号冰川长14.7千米,面积16平方千米,其末端伸入原始森林达6000米,是世界上同纬度海拔最低、最大的现代冰川,海螺沟内冰川、森林、温泉共生,几乎所有的人都可以轻松登临进行游览。

冰川上形成的冰面湖、冰塔、冰桥、冰洞、冰裂缝、冰宫、冰城门等千姿百态,晶莹璀璨。尤其是大冰瀑布的宽度和高度均超过了1000米,由无数巨大而光芒四射的冰块组成,仿佛是从蓝天直泻而下的一道银河,终日冰崩不断。

海螺沟发育着一整套典型且壮观的冰蚀地貌,如冰蚀谷、悬谷、谷中谷、角峰、刃脊、冰坎、冰斗、粒雪盆、磨光面、刻痕、刻槽等,尤以谷中谷、金字塔形角峰、磨光面的规模宏大。

新冰期冰川发育在晚贡嘎期冰蚀谷内，晚贡嘎期冰川又发育在早贡嘎期冰蚀谷内，而现代冰川尚卧于新冰期冰蚀谷底，自老而新依次下切，形成套谷地貌，也就是谷中谷地貌。

贡嘎山地区的冰蚀角峰以金字塔形为特色，塔高与塔座之比多为1∶2，仅海螺沟分水岭就耸立着高度千米以上的冰蚀金字塔20余座，且多有积雪，在碧蓝色天空与墨绿色林带的环绕之下，不失为高山的一处胜景。

在海螺沟冰川中的1号冰川冰舌中段两侧，石英片岩谷壁上的冰川为磨光面，高20米的南岸与50米的北岸布满了不同倾角组合而成的刻痕、括痕和刻槽，甚至还有反向刻痕和刻槽，最大的一道刻槽深1.8米、

> **冰崩** 指冰川上冰体崩落的现象。造成冰崩的原因很多，如冰川的前进、冰床坡度剧烈增大、遇有陡坎、冰内融水、冰湖溃决以及地震等，由此可引起悬冰川、山顶冰川或山谷冰川末端发生断裂，引起冰或冰水俱下，堵塞河流，造成冰湖溃决，甚至危及人的生命财产，是一种灾害性自然现象。

海螺沟冰川景观

冰斗 雪线附近由雪蚀凹地演化成的斗状基岩冰川侵蚀地貌，是山岳冰川常见的冰蚀地貌类型。主要由冰川在凹地中对底部和斗壁进行旋转磨蚀、刻蚀和拔蚀而产生。典型的冰斗由岩盆、岩壁和岩槛组成。典型的冰斗大多发育在冰川作用时间长的海洋气候条件下，大陆性冰川区的冰斗往往缺乏岩盆。

高在3.8米以上，异常壮观和难得。

海螺沟及沟日地区的冰川堆积地貌以晚贡嘎冰期的冰碛堤和全新世冰水沉积地貌保存得最为完整。

晚贡嘎冰期侧碛堤占据了海螺沟中上游谷地两侧，堤长为10千米的左岸与5千米的右岸，堤高均在50～150米之间，有冰碛湖与大量巨型漂砾存在。堤面为原始森林所覆盖，是海螺沟的森林游览地。

全新世冰水台地分布在海螺沟口的磨西台地，由厚120米的冰水、冰川洪水与冰川泥石流堆积的沙砾层所构成。

摩西台地原是谷地的冰水平原，堆积于全新世早期，后来随着贡嘎山在全新世中期的快速上升，经磨西河与其支流燕子沟从两侧深切而形成，长10千米、宽1千米左右。

海螺沟内还保留有冰缘地貌，有多年冻土、季节冻土、融冻岩屑坡、融冻泥石流、雪蚀古冰斗、雪蚀

■ 海螺沟冰川

■ 海螺沟冰川远景

洼地以及冰舌上的冰丘石环等。

海螺沟内的森林面积70平方千米，绝大部分为原始森林，具有生物多样性很强与观赏植物丰富的显著特点。沟内已经确认的珍稀植物有38种，野生脊椎动物150种，这些珍稀动物、植物中的绝大多数为单型属孑遗种和特有种。

包括海螺沟在内的贡嘎山地区，是中国古老与原始生物物种保存最多的地区之一，被植物学和动物学界称为第四纪冰川时期动植物的"避难所"。

沟内的观赏性植物有数百种，包括木兰、杜鹃、兰花、报春花、龙胆花、百合花、雪莲花、野桂花等花类百余种，树生杜鹃、附生乔木等附生植物类数十种，特大型植物、漂砾上乔木群等造型类百余种，植被分带、常绿与季相植物群落相嵌等群落类数十种。

以亚热带为基带的完整垂直自然带谱，也是海螺沟的主要景观特色之一。在气候、土壤、植被、地貌

雪莲花 藏语称恰果苏巴，为菊科多年生草本植物。它不但是难得一见的奇花异草，也是举世闻名的珍稀藏药。种类有绵头雪莲花、大苞雪莲花、水母雪莲花等的带花全株，主要分布在中国西北部的高寒山地地带。

■ 海螺沟冰川瀑布

山地 指海拔在500米以上的高地，起伏很大，坡度陡峻，沟谷幽深，一般多呈脉状分布。山地是一个众多山所在的地域，有别于单一的山或山脉。山地与丘陵的差别是山地的高度差异比丘陵要大。

等地理要素中，尤以气候与植被的垂直分异最为明显和直观。

植被类型的垂直分异表现为不同空间的带状组合，自沟口起，由河谷稀树灌丛带递变为山地常绿阔叶林带与常绿阔叶落叶阔叶混交林带，亚高山针阔叶混交林带与针叶林带、高山灌丛草甸带。

垂直自然带谱沿海螺沟方向的贡嘎山东坡剖面，由磨西河口的大渡河谷底至主峰，平距29千米，高差约6500米。

由海拔1500米以下的亚热带半干旱河谷稀树灌丛带、1500～2300米的山地亚热带常绿阔叶林带、2300～2500米的山地亚热带常绿阔叶与落叶阔叶混交林带、2500～2900米的山地暖温带针叶阔叶混交林带、2900～3800米的亚高山寒温带暗针叶林带、3800～4200米的高山亚寒带灌丛带、4200～4600米的高山寒带草甸带、4600～4900米的高山寒带疏草寒漠带和4900米以上的极高山永久冰雪带构成海螺沟垂直分带景观。

景观生态的多样性是贡嘎山自然带谱的突出特征，同国内外的山地相比，贡嘎山海螺沟是中国与全世界最具代表性的垂直景观生态结构剖面之一。

海螺沟最奇特的风景除了冰川外，要算蕴藏于原始丛林中的热温泉了。如果说大冰瀑布显得是那么遥不可及的话，那么在雪中泡温泉可是实实在在的。

温泉在海拔约2700米的2号营地之上，当地的山民称这里为"热水沟"，热泉从地表的石缝中涌出终年不断。经化验，此泉属碳酸氢钠型中性优质医疗热矿泉，对多种疾病有奇特疗效。

海螺沟冰川的植被

瑶池 传说中西王母所居住的地方,位于昆仑山上。在《山海经校注》上曾经记载:"西王母虽以昆仑为宫,亦自有离宫别窟,游息之处,不专住一山也。"意思是说,西王母的居住地点,也就是所谓瑶池,应该不止一处。

水温高达83℃以上,日流量达8900吨,不是亲眼所见,真难以想象在天寒地冻的高原竟有"天上瑶池"。

热水沟周边已经建有10个大小不等的露天温泉池和一个200平方米的露天温泉游泳池。温泉池周围是茂密的原始森林,风景优美。

特别是冬季,一边泡温泉、一边欣赏雪景,如果再遇上降雪,在热乎乎的露天温泉里慢慢欣赏雪花飘飞的奇景,透过氤氲升腾的水汽赏飘飘雪花,看四周白雪皑皑,银峰耸立,其感受如同"人间仙境"。

此外,沟内还有海拔1900米的窑坪温泉和海拔约1500米的沙树坪温泉,溢出水温在52℃~60℃,也是优质的医疗矿泉水。

在海螺沟还有五绝,分别为日照金山、冰川倾泻、雪谷温泉、原始森林和康巴藏区风情。

■ 海螺沟冰川

■ 海螺沟冰川

其一为日照金山。海螺沟身处山脚,周围有海拔6000米以上的卫士峰45座,峰上千年积雪,银光闪烁。每当天气晴朗,东方吐白,灿烂的霞光冉冉而起,万道金光从长空中直射卫士峰。瞬间,数十座雪峰全披上一层金灿灿的夺目光芒,光芒万丈,瑰丽辉煌,这就是著名的"日照金山"。

其二为冰川倾泻。世界上冰川大都位于海拔较高处,然在海螺沟海拔较低处就能望见冰川从高峻的峡谷铺泻而下。特别是举世无双的大冰瀑布,高达1000多米,宽约1100米,比著名的黄果树瀑布大出10多倍,瑰丽非凡。晴天月夜,景象万千,终生不忘。

其三为雪谷温泉。身边一片白雪皑皑,露天温泉的池蒸汽滚滚腾空,使原始森林中的绿树与奇花异草朦胧一片,影影绰绰。海螺沟温泉最高的泉眼处水温达90℃,然后一个个池降下来,最适宜人浸泡的一片池水从45℃~35℃不等。

黄果树瀑布 位于贵州省安顺市镇宁布依族苗族自治县,是珠江水系打邦河的支流白水河九级瀑布群中规模最大的一级瀑布,因当地一种常见的植物"黄果树"而得名。黄果树瀑布属喀斯特地貌中的侵蚀裂典型瀑布,黄果树瀑布不止一个瀑布的存在,以它为核心,在它的上游和下游20千米的河段上,共形成了雄、奇、险、秀风格各异的瀑布18个。

海螺沟的原始森林

其四为原始森林。海螺沟的森林面积达70平方千米,沿着环游山路徐徐前行,会被身旁变幻无穷的植物景观所吸引。丛林之中,时常隐约可见猕猴、熊猫、牛羚、红腹角雉等可爱动物的身影。

其五就是康巴藏族风情。海螺沟所在的四川甘孜藏族自治州境内,广阔无垠的高原大地,养育了甘孜十八县藏族儿女。多彩的服饰、不同的藏庄、动人的歌舞、浓郁的康巴藏族风情与这里的山山水水融合在一起。

阅读链接

海螺沟的冰川瀑布宽1100米,落差1080米,由无数极其巨大的光芒四射的冰块组成,由于冰体组成的冰瀑布不像水瀑布那样流动,但是由于冰体融冻作用,它不断地产生冰崩。

冰川活动剧烈的春夏季,一天可达上千次,最多时一次可塌垮上百万立方米的冰体。冰崩时,冰体间剧烈的撞击与摩擦会产生放电现象,一时蓝光闪烁、大地震颤、山谷轰鸣,千千万万的冰块滑落着、飞溅着,扬起漫天雪雾。

冰瀑布的观景点是通过多次观察与计算选择的,远在冰瀑布数千米外,因此,即使是最大规模的冰崩也不会造成安全威胁。

非常具有灵性的米堆冰川

　　米堆冰川在米堆河的上游，米堆河是雅鲁藏布江下游的二级支流，它在川藏公路84千米道班处，从帕隆藏布南岸汇入帕隆藏布，是藏东南海洋性冰川的典型代表。

　　米堆冰川特征典型、类型齐全，以发育美丽的拱弧构造闻名，是

米堆冰川

伯舒拉岭 中国西藏境内的高山，横断山脉的一条，与他念他翁山、芒康山并行，由念青唐古拉山脉和唐古拉山脉延续转向而来，海拔多在4000米至5000米左右。

■ 米堆冰川脚下的村庄

罕见的自然奇观。在这里冰川、湖泊、农田、村庄、森林等融会在一起，是一处人与自然和谐相处的典范，被评为"中国最美的六大冰川"之一。

米堆冰川位于西藏东南的念青唐古拉山与伯舒拉岭的接合部，这里是中国最大的季风海洋性冰川的分布区。

念青唐古拉山与伯舒拉岭是一系列东南走向的高山，从印度洋吹来的西南季风，能够沿雅鲁藏布江和察隅河谷北上，深入到这一系列高山之中，并带来了大量的降水，于是在一个叫米堆的藏族村庄后的一座海拔约6400米的雪峰周围，诞生了一个壮美的精灵，也就是米堆冰川。

米堆是以一座冰川得名的一个地方，它位于西藏林芝地区波密县东约100千米处。冰川下段已穿行于针阔叶混交林带，为西藏最重要的海洋型冰川之一。

■ 米堆冰川远景

米堆冰川主峰海拔6800米，雪线海拔只有4600米，末端只有2400米。

米堆冰川由世界级的冰瀑布汇流而成，每条瀑布高800多米、宽1000多米，两条瀑布之间还分布着一片原始森林。冰川周边山花烂漫，林海葱茏舞银蛇。

冰川下段已穿行于针阔叶混交林带，是西藏最主要的海洋型冰川，中国三大海洋冰川之一，也是世界上海拔最低的冰川。

米堆冰川常年雪光闪耀，景色神奇迷人。米堆冰川所在的纬度为北纬29°，但冰川末端却比北纬近44°的天山博格多山的冰川还要低，这是中国现代冰川中较为特殊的现象，这与喜马拉雅山东南段的气候有着密切的关系。

米堆冰川是中国典型的现代季风型温性冰川，类型齐全，尤以巨大的冰盆、众多雪崩、陡峭巨大、

天山 中亚东部地区，主要在中国新疆境内的一条大山脉，横贯新疆的中部，西端伸入哈萨克斯坦。古名白山，又名雪山，因冬夏有雪，故名雪山。匈奴谓之天山，唐时又名折罗漫山。新疆的三条大河锡尔河、楚河和伊犁河都发源于此山。

米堆冰川的冰川瀑布

700～800米的冰瀑布，消融区上游的冰面弧拱构造以及冰川末端冰湖和农田、村庄共存为特点。

米堆冰川发育在源头海拔6000米左右的雪山，雪山上有两个巨大的围椅状冰盆。冰盆三面冰雪覆盖，积雪随时可以崩落，直立的雪崩槽如刀砍斧劈般，在几个小时内就能观察到三次雪崩。

频繁的雪崩是冰川发育的主要补给方式，冰盆中冰雪积聚多了，就会流出来，它以巨大的冰瀑布形式跌落入米堆河源头冰盆地中，冰瀑布足有800米之高，景象奇特，气势宏伟，实属世间少见，令人不由赞叹大自然的造化！

如果把冰川看作是高山上遨游下来的"寒龙"的话，那弧拱构造恰似龙的根根肋骨，它们是由于冰瀑区的冰在冬天和夏天所受温度和湿度不同而造成的。米堆冰川上如此发育清晰、规模巨大的弧拱构造，在其

雪崩 当山坡积雪内部的内聚力，抗拒不了它所受到的重力拉引时，便向下滑动，引起大量雪体崩塌，人们把这种自然现象称作雪崩。也有的地方把它叫作"雪塌方""雪流沙"或"推山雪"。同时，它还能引起山体滑坡、山崩和泥石流等可怕的自然灾害。

他冰川上是没有见过的，不能不说是一大冰川奇观。

发生频繁的雪崩奇观，巨大的冰瀑布奇观，发育完全美丽的弧拱奇观，这一切成就了米堆冰川和米堆川藏公路，是帕隆藏布的"西藏江南"，风景奇特，远近闻名。

离开米堆川藏公路，过了新建的横跨额公藏布江公路桥后，就是一条两面均是悬崖绝壁的峡谷，沿着小河仅能通过一辆车的村道，就会到达一大片的宽阔谷地，远处两条壮观的冰瀑布挂在雪峰与森林之间，犹如两道由天而下的巨大银幕。

如果想要和米堆冰川做一个近距离的接触，就需要徒步走进层林尽染的森林，翻越三道冰川运动留下的终碛垄。

当走上第三个终碛垄时，一个冰湖出现在眼前，冰湖的另一端有一道宽近两米、高达十数米的断裂的冰舌，发出幽幽的蓝光，从天而下的冰瀑布在阳光下闪着银色的光芒，近800米的落差让人感到一阵晕

帕隆藏布 是雅鲁藏布江水量最大的支流。发源于阿扎贡拉冰川，源头海拔4900米。帕隆藏布水能资源丰富，蕴藏量居雅鲁藏布江五大支流之首。流域自然条件优越，气候温暖湿润，降水丰富，农业发达，是西藏森林资源最丰富的地区。

■ 米堆冰川下的冰湖

米堆冰川

眩,一阵阵从冰川上吹来的寒风迎面扑来,在强烈的阳光下,让人不寒而栗。

冰瀑奇观只有在补充丰富、消融得快的冰川上才会出现,如消融得快而补给不足,冰瀑就会中断,形成"悬冰川"。

而补充过快、消融不及,冰雪就会把悬崖埋没。米堆冰川就是一条补充和消融都很"均衡",非常具有灵性的冰川。

阅读链接

米堆冰川冰洁如玉,景色优美,形态各异,姿态迷人,周围有成群的牛羊、古朴的藏式民居、雄伟壮观的雪山,有常年不离的攀羊、猴子等野生动物。

米堆冰川的旅游资源丰富,气候湿润,物产丰富,交通便利,开发潜力巨大,可操作性强。冰川附近的米堆村有三个自然村,村内的虫草资源较为丰富。

村内的居民热情好客,院落是用原木搭建的藏屋,大多是二层,第二层有一半是晒台,晒台上支起的木杆上搭满了收获的小麦和青稞,院落与冰川相容在一起,相映成趣,为米堆冰川增添了一抹灵气。

天地厚礼的
自然遗产

无限美景

国家自然山水风景区

中华水塔 三江并流

　　三江并流是指金沙江、澜沧江和怒江这三条发源于中国青藏高原的大江，它们在云南省境内自北向南并行奔流170多千米，穿越担当力卡山、高黎贡山、怒山和云岭等崇山峻岭之间，形成世界上罕见的"江水并流而不交汇"的奇特自然地理景观。是中国境内面积最大的世界遗产地。

　　三江并流自然景观包括9个自然保护区和10个风景名胜区。它是世界上罕见的高山地貌及其演化的代表地区，也是世界上生物物种最丰富的地区之一。三江并流地区是世界上蕴藏最丰富的地质地貌博物馆。

奔腾奇特的"三江"地貌

在中国"彩云之南"的云南省西北部，存在着一个令人叹为观止的自然现象：三条大江与山脉互相夹持，平行地奔流了400千米，相隔最近的地方直线距离只有66千米，这就是美丽而神奇的三江并流。

■ 澜沧江百里长湖景观

■ 三江并流风景区

三江并流位于滇西北青藏高原南延的横断山脉纵谷地区，包括怒江傈僳族自治州、迪庆藏族自治州以及丽江地区、大理白族自治州的部分地区，西与缅甸接壤，北与四川、西藏毗邻。

4000万年前，印度次大陆板块与欧亚大陆板块大碰撞，引发了横断山脉的急剧挤压、隆升、切割，高山与大江交替展布，形成世界上独有的三江并行奔流170多千米的自然奇观。

三江并流自然景观由怒江、澜沧江、金沙江及其流域内的山脉组成，景区有怒江、澜沧江、金沙江等3个风景片区、8个中心景区、60多个风景区，面积3500多平方千米。

景观主要有：奇特的"三江"并流，雄伟的高山雪峰，险要的峡谷险滩，秀丽的林海雪原，幽静的冰蚀湖泊，少见的板块碰撞，广阔的雪山花甸，丰富的

横断山 世界年轻山系之一。中国最长、最宽和最典型的南北向山系，唯一兼有太平洋和印度洋水系的地区。位于青藏高原东南部，通常为四川、云南两省西部和西藏自治区东部南北向山脉的总称。因"横断"东西间交通，故名。

■ 怒江第一湾

唐古拉山 位于中国西藏。"唐古拉"为藏语，意为"高原上的山"。是青藏高原中部的一条近东西走向的山脉。山脉高度在6000米左右，最高峰各拉丹冬海拔6600米，唐古拉山6100米。山峰上发育有小型冰川，为长江、澜沧江、怒江等大河发源地。

珍稀动植物，壮丽的白水台，独特的民族风情，构成了雄、险、秀、奇、幽、奥特色。

它地处东亚、南亚和青藏高原三大地理区域的交汇处，是世界上罕见的高山地貌及其演化的代表地区，也是世界上生物物种最丰富的地区之一。

在三江并流的怒江、澜沧江、金沙江中，怒江位居三江并流的西部，是中国西南地区的大河之一，又称"潞江"，上游藏语叫"那曲河"，发源于青藏高原的唐古拉山南麓的吉热拍格。

它深入青藏高原内部，由怒江第一湾西北向东南斜贯西藏东部平浅谷地，入云南省折向南流，经怒江傈僳族自治州、保山市和德宏傣族景颇族自治州，流入缅甸后改称萨尔温江，最后注入印度洋安达曼海。

怒江水流湍急，汹涌澎湃，堪称"三江第一怒"。怒江在怒江州内的流程为316千米，平均落差在三江中最大。怒江第一怒在离州府68千米处的亚碧罗，一年四季水势汹涌，浪高10余米，狂奔2千米。

怒江在中国最早的地理著作《禹贡》中被称为黑水，因其流经怒夷界，即今怒江州而得名。古人有诗叹道：

怒江之水向南流，流到朱波怒未休。
多少膏腴人不识，天藏美中在退陬。

到了冬春季节，怒江流水却波澜不惊、平稳温柔、清澈见底，犹如一条碧玉带缓缓流淌舒展开来，在不经意间，磨砺出许多五光十色的鹅卵石，荡涤出一块块缠绵的沙滩和一些零星美妙的小岛。

怒江大峡谷位于云南省怒江傈僳族自治州境内，全长316千米，两岸山岭海拔均在3000米以上，因它落差大，水急滩高，有"一滩接一滩，一滩高十丈"

> 《禹贡》 是《尚书》中的一篇。是战国时魏国人士托名大禹的著作，因而就以《禹贡》名篇。这是中国古代文献中最古老和最有系统性地理观念的著作。《禹贡》全篇只有1200字左右，由"九州""导山""导水"和"五服"四部分组成。全书以地理为经，分当时天下为九州。

■ 怒江大峡谷

雅鲁藏布江大峡谷 位于西藏自治区雅鲁藏布江下游,是地球上最深的峡谷。大峡谷是喜马拉雅山运动和江水的冲刷形成的。峡谷内核心区河段的峡谷河床上有罕见的四处大瀑布群,其中一些主体瀑布落差都在30~50米。峡谷具有从高山冰雪带到低河谷热带季雨林等9个垂直自然带。

的说法,十分壮观。两岸多危崖,又有"水无不怒古,山有欲飞峰"之称,每年平均以1.6倍黄河的水量像骏马般奔腾向南。

怒江大峡谷以两山夹一江之势而形成,西为高黎贡山,东是怒山山脉。山高水长的景观,再加上丰美肥沃的土地,以及独特的民族风情,使其充满了美丽神秘的色彩。

怒江就这样昼夜不停地撞击出一条山高、谷深、奇峰秀岭的巨大峡谷。据掌握的资料,这是仅次于雅鲁藏布江大峡谷及美国西南部长460多千米、深达1.8千米的科罗拉多大峡谷的世界第三大峡谷。

在怒江州境内,4千米以上高峰有20余座,群山南北逶迤、绵亘起伏,雪峰环抱,雄奇壮观。湖泊遍布,比较著名的有泸水县高黎贡山的听命湖;福贡县碧罗雪山的干地依比湖、恩热依比湖、瓦着低湖等。

这些高山湖清澈幽静,是由长年冰蚀形成的许多大小不等的湖泊。湖两岸原始森林密布,珍禽异兽繁多,古木参天,松萝满树,幽中显古,蔚为壮观。

澜沧江位居三江并流的中间,从滇藏高原沿云岭山脉绵延南去。是湄公河上游

■ 青海南部澜沧江源

■ 澜沧江第一湾

在中国境内河段的名称，是中国西南地区的大河之一，是世界第九长河、亚洲第四长河。

澜沧江经缅甸、老挝、泰国、柬埔寨、越南，在越南南部胡志明市南面入太平洋的南海，总流域面积81万平方千米，是亚洲流经国家最多的河，被称为"东方多瑙河"。

澜沧江在中国境内长2179千米，流经青海、西藏、云南三省，其中在云南境内1247千米，流域面积16.5万平方千米，占澜沧江湄公河流域面积的22.5%，支流众多，较大支流有沘江、漾濞江、威远江、补远江等。

澜沧江上中游河道穿行在横断山脉间，河流深切，形成两岸高山对峙，坡陡险峻"V"形峡谷。下游沿河多河谷平坝，著名的景洪坝、橄榄坝各长8千米。

云岭山脉 位于怒江傈僳族自治州东部的兰坪县境，支脉有雪帮山、羊鼻子山等。云岭山脉的主峰老君山，海拔4247米，苍莽雄伟，耸峙于丽江、剑川、兰坪县之间。它是中国西南部的重要山脉，呈南北走向，北高南低。是云南分布面积最大的山脉，内部名山众多，景色宜人。

纳西族 是中国少数民族之一,主要聚居于云南省丽江市古城区、玉龙纳西族自治县、维西、香格里拉、宁蒗县、永胜县及四川省盐源县、木里县和西藏自治区芒康县盐井镇等。纳西族有纳西、纳、纳日、纳罕、纳若等多种自称。

境内径流资源丰富,多年平均径流量740亿立方米。河道中因险滩急流较多,只有威远江口至橄榄坝段可行木船和机动船。

金沙江位居三江并流的东部,发源于青海境内唐古拉山脉的格拉丹冬雪山北麓,是西藏和四川的界河。

金沙江河谷地貌特征可以德格县白曲河口和马塘县玛曲河口附近分为上、中、下三段。其中上段为峡宽相间河谷段,中段为深切峡谷段,下段为峡谷间窄谷段。

从云南省丽江纳西族自治县石鼓镇至四川省新市镇为金沙江中段,河长约1220千米,江水奔流在四川、云南两省之间。金沙江过石鼓后,流向由原来的东南向急转成东北向,形成奇特的"U"形大弯道,成为长江流向的一个急剧转折,被称为"万里长江第一湾"。在石鼓镇以下,江面渐窄,至左岸支流硕多岗河口桥头镇,往东北不远即进入举世罕见的虎跳峡。

■ 金沙江第一湾

虎跳峡上峡口与下峡口相距仅16千米，落差竟达220米。是金沙江落差最集中的河段。峡中水面宽处60米，窄处仅30米并有巨石兀立江中，相传曾有猛虎在此跃江而过，故名"虎跳石"，虎跳峡也由此得名。

虎跳峡内急流飞泻、惊涛轰鸣，最大流速达每秒10米。峡谷右岸是海拔约5600米的玉龙雪山，左岸为海拔约5400米的哈巴雪山，两山终年积雪不化。峡内江面不足海拔1800米，峰谷间高差达3000米。峡中谷坡陡峭，悬崖壁立，呈幼年期"V"形峡谷地貌。

三江并流点

阅读链接

关于金沙江内长江第一湾来历，还有一个这样的传说：

据说，怒江、澜沧江和金沙江本来是三姐妹，因为她们三人不愿西嫁，便偷偷从家里跑出来投奔东海而去。

父母得知三位姑娘逃跑后，非常生气，派玉龙和哈巴两兄弟挡在她们去东海的路上。怒江和澜沧江在沙松碧村望见了两位哥哥，不敢前走，于是不去东海了。她们选择了南去的路，却劝服不了金沙姑娘，只好生气地离开。

虽然两位姐姐远去了，而金沙姑娘去东海的决心依然不变，她毅然转身直冲哥哥的拦阻之地，最终冲破了阻拦，汇入了东海。她转身的地方，就形成了著名的"长江第一湾"景观。

雄伟险峻的高黎贡山区

三江并流景区内有怒江、澜沧江、金沙江等3个风景片区，8个中心景区，60多个风景区，这8个中心景区分别是高黎贡山区、梅里雪山区、哈巴雪山区、千湖山区、红山区、云岭片区、老君山区和老窝

■ 高黎贡山景观

■ 布满植被的高黎贡山

山区等。

其中，高黎贡山区是三江并流区域内植物物种多样性的集中展示区。

高黎贡山国家级自然保护区位于怒江西岸，这里山势陡峭，峰谷南北相间排列，有着极为典型的高山峡谷自然地理垂直带景观和丰富多样的动植物资源。

高黎贡山区是展现怒江流域典型地貌特征的博物馆，包括了"怒江第一湾"及周边地区为代表的怒江深切河曲地质景观，其中的石月亮是怒江流域高山喀斯特溶洞景观的典型代表。

高黎贡山源于西藏念青唐古拉山脉，自北向南横亘在云南西部中缅边境地区，它的东面是怒江大峡谷，西面是伊洛瓦底江。

高黎贡山旧名昆仑岗。高黎贡山气势雄伟，高峻迷人。高黎贡山地理位置独特，是中国西南边陲的天

垂直带景观 是地理专用名词。就是生长在不同高度的植被因为温度、湿度、光照等其他原因所形成的整体景观。随着山地高度的增加，气温随之降低，从而使自然环境及其成分发生垂直变化现象，称为垂直带性或高度带性。形成垂直带的直接原因是热量随高度降低而迅速降低。

■ 高黎贡山风光

然屏障。山上既有神秘莫测的千年原始森林，软绵绵的高山草甸、水波飞流的多叠瀑布，还有风雨沧桑、闻名遐迩的南方丝绸古道和炽热沸腾的高山温泉。

高黎贡山海拔3000米，山势陡峭险峻，山顶白雪皑皑，山腰白云缭绕，山脚野花芬芳，素有"一山分四季，十里不同天"之说，是进行科学考察、旅游观光、山地探险的理想胜地。

与高黎贡山隔江相望的是怒山山脉，这座延绵数千千米的大山，位于怒江与澜沧江之间。它虽不如高黎贡山那样雄奇险峻，但海拔都在3000米以上，而且山峦起伏、小路崎岖，是形成怒江大峡谷不可或缺的部分。

在高黎贡山腹地，分布着大大小小90多座形似铁锅的新生代火山。"好个腾越州，十山九无头"，当地的民谣形象地描述了火山群的壮丽奇观。

高黎贡山的众多火山之间，热浪蒸腾，数百眼热

火山 是一个由固体碎屑、熔岩、流或穹状喷出物围绕着其喷出口堆积而成的隆起的丘或山。地壳之下100～150千米处，有一个"液态区"，区内存在高温、高压下含气体挥发性的熔融状硅酸盐物质，即岩浆。它一旦从地壳薄弱的地段冲出地表，就形成了火山。

泉、温泉散落其间,构成了中国三大著名的地热区域之一的"腾冲热海",高达98摄氏度的硫黄塘"大滚锅"热浪冲天。火山地热并存,是世界上绝无仅有的奇观。

高黎贡山保护区地处怒江大峡谷,属青藏高原南部、横断山西部断块带,印度板块和欧亚板块相碰撞及板块俯冲的缝合线地带,是著名深大断裂纵谷区。

山高坡陡切割深,垂直高差达4000米以上,形成极为壮观的垂直自然景观和立体气候。鬼斧神工塑造了无数雄、奇、险、秀景观,像银河飞溅、奇峰怪石、石门关隘、峡谷壁影等一幅幅壮景,而且奇峰怪石随处可见。

高黎贡山地热资源十分丰富,区域分布有许多温泉,如百花岭阴阳谷温泉、金场河温泉、摆洛塘变色

阴阳 源自古代人的自然观。古人观察到自然界中各种对立又相联的大自然现象,如天地、日月、昼夜、寒暑、男女、上下等,以哲学的思想方式,归纳出"阴阳"的概念。早至春秋时代的《易传》以及老子的《道德经》都提到阴阳。阴阳理论已经渗透到中国传统文化的方方面面,包括宗教、哲学、历法、中医、书法、建筑、堪舆、占卜等。

■ 巍峨的高黎贡山

温泉。仅腾冲县境内就有80多处温泉。

在高黎贡山内,保存有公元前4世纪著名的南方丝绸之路,比北方丝绸之路要早200多年的历史。全部用石块砌成路面。沿路风光秀丽,历史古迹众多。

高黎贡山是怒江和伊洛瓦底江的分水岭,区域内有80多条河流分别流入这两条江。这些河流由于落差常超过2000米,形成了许多美丽的瀑布、叠水,如百花岭阴阳谷三级瀑、美人瀑、高脚岩瀑布群、大坝河口瀑布。

■ 高黎贡山风光

丝绸之路 是指从洛阳出发经长安、甘肃、新疆,到中亚、西亚、欧洲,并连接地中海各国的陆上通道。最初丝绸之路是西汉时张骞出使西域开辟的以长安为起点、最远到达西亚诸国的陆上贸易通道,至东汉时,西端延伸到欧洲罗马。因为由这条路西运的货物中以丝绸制品的影响最大,故得此名。

三叠水位于芒宽行政村西,山岩属于峭壁型天然的岩石阶梯。河流由西向东流下,形成了天然的流水重复呈现,呈三叠状,故名"三叠水"。

在第三叠瀑布前,只见崖壁如刀削斧凿,在巨崖壁中,灌木丛生,藤蔓差错,一条细小的瀑布从突兀的崖石顺势而下约10余米,忽地躲入一块侧壁,忽隐忽暗。水雾腾裳,"哗哗"作响。

从第三叠瀑布南侧顺势而上,就到了第二叠瀑布。一堵高约30多米的巨崖,圆滑如卵,苔藓偶尔点缀其上,瀑布顺石而下。

瀑布尽头，一座气宇轩昂的庙宇矗立，屋檐、门窗雕龙刻凤，五彩斑斓。庙宇门前，山墙的柱子疙瘩横生，给人一种四平八稳，历经千年而不衰之感。一泓清水从庙宇壁前绕过，跌入第三叠瀑布。

从第二叠瀑布前的石阶抬级而上，就到了第一叠瀑布前。一堵状如侧游时的鱼脊矗立，高约30多米，石岩如鱼抢水。

"鱼头"处，一条状如利刃尖的瀑布流下五六尺平滑的石崖似忽然被人用刀砍去数口，瀑布就在凸凹不平处撞击，原本一条的瀑布忽然开阔起来，形成两边高、中间平的纺锤形凹槽，瀑布便撒开，粼粼如鱼纹，瀑布水清如雪。

在"鱼尾"处，崖石陡地合拢，原来的凹槽形成一条沟，不紧不慢的水陡地在此处汇聚，水鱼贯而下，流入一轮月牙似的水池，荡漾不止，池中横卧一尊状如河马的石头，水从一座庙宇旁流下冲入第二叠。

第一叠瀑布能让人们感受到天然的古朴、人为的巧夺天工。

苔藓 属于最低等的高等植物。植物无花，无种子，以孢子繁殖。在全世界约有23000种苔藓植物，中国约有2800多种。苔藓植物门包括苔纲、藓纲和角苔纲。苔纲包含至少330属，约8000种苔类植物；藓纲包含近700属，约15000种藓类植物；角苔纲有4属，近100种角苔类植物。

■ 云雾中的高黎贡山

白花岭大瀑布从两座对峙的山谷间一涌而出，从北面朝阳的山岭间半山腰一泻而出，迅速遁入，一堵上窄下宽的"井"形岩石，随后便一跌而下四五米，忽地钻入丛林中，忽隐忽现，而响声却十分的震耳。

　　至瀑布前约30米外，直流而下的瀑布水雾腾袅。原远观四五米长的瀑布，此时顿显宽大了许多，长约30余米，直径约5米，如数十条或粗或细、或挺或柔的白纱组成。在水雾迷蒙间，仿佛在不停地飘舞。

　　而瀑布的响声却富有变化，显得单调而沉闷。瀑布下，横石参差，形状各异。

　　从白花岭澡塘河沿山势而上，几经拐弯就到了美人瀑。美人瀑高五六丈，上窄下宽，岩石成黛色，无论远观还是近看，瀑布都宛如一位亭亭玉立的美女。

　　美女在脱衣沐浴，黛色的"皮肤"柔润。长长的瀑布犹如美女的披肩长发，缕缕"青丝"垂于脚跟，泛着晶莹的光芒。瀑布两侧的崖

石和树木犹如护花使者，在静静地守护着"美人"沐浴，浪漫至极。

高黎贡山是横断山脉中的一颗明珠，森林覆盖率达85%，高山峡谷复杂的地形和悬殊的生态环境，为各种动植物提供了有利的自下而上的条件。

高黎贡山巨大的山体，阻挡了西北寒流的侵袭，又留住了印度洋的暖湿气流，使地处低纬度高海拔的保护区，形成了典型的亚热带气候。

在东西坡海拔1600～2800米地区，是高黎贡山区域的主体，它连接东喜马拉雅区，组成了中国最引人注目的原始阔叶林区。

这里的珍贵植物，主要有国家一级保护植物古老的桫椤和高大的秃杉。世界上最高大的杜鹃，仅产于

> **桫椤** 又名黑桫椤、树蕨、大花蕨、笔筒树等，是现存唯一的木本蕨类植物，极其珍贵，堪称国宝，被众多国家列为一级保护的濒危植物。桫椤树干外皮坚硬，花纹美观，可做笔筒、花瓶等器物或其他工艺品。桫椤还是一种很好的庭园观赏树木。

■ 高黎贡山山脚下的民居

夕阳下的高黎贡山

高黎贡山的大树杜鹃。还有香水月季、天麻、云南红豆杉等。

大树杜鹃王，位于高黎贡山区域的山林里，基部最大直径3米多，分为5权，树高约15米，树龄500年以上，是目前发现的树龄最老、直径最粗的大树杜鹃，是高黎贡山的植物明星，堪称国宝。

高黎贡山区域内生活着各种野生动物，属国家保护的野生动物就有30种。高黎贡山自然保护区，同时拥有热带、亚热带动物和耐寒的高山动物。区域最重要的保护对象是白眉长臂猿和羚牛，这两种动物极其珍贵。

阅读链接

怒江西岸的高黎贡山山脉中段，有一座高耸入云的山峰，在海拔约3360多米的地方，有一个大理岩溶蚀而成的穿洞，洞深约百米，洞口宽约四五十米，高30米左右，行人在几百千米以外眺望对面山巅峰顶时，会通过石洞看到山那边明亮的天空，恰似一轮明月，高悬天空，当地人称它为亚哈巴，意思是石月亮。

石月亮有个神奇的传说：在远古的时候发大水，管天的人见村里没有人做船，便派女儿下去帮人们做了一艘大船。

果然有一天，大水涨了，水涨船高，女儿把怀里的明镜丢入水中，水退了。管天人的儿子趁机射了三箭，把石壁射穿了，因此，在高黎贡山石壁峰上留下了一个山洞。

傈僳族人都说他们的祖先在石月亮底下生活时，受到石月亮的护卫关怀。

三江内堪称最美的两大雪山

在三江并流的八个中心景区中,梅里雪山区和哈巴雪山区是两个雪山风景区,它们堪称三江并流中最美的雪山。

梅里雪山处于世界闻名的金沙江、澜沧江、怒江三江并流地区,北连西藏阿冬格尼山,南与碧罗雪山相接。梅里雪山区,既有澜沧江

梅里大峡谷

旗舰物种 代表某个物种对一般大众具有特别号召力和吸引力，可促进大众对动物保护的关注。这类物种的存亡可能对保持生态过程或食物链的完整性和连续性无严重的影响，但其外貌或其他特征赢得了人们的喜爱和关注，如大熊猫、鲸类、金丝猴等，这类动物的保护易得到更多的资金从而保护大片生境。

流域的典型地貌特征、丰富地质遗迹，更是三江并流的旗舰物种滇金丝猴的原始栖息地。

梅里雪山又称太子雪山，位于云南省德钦县东北约10千米的横断山脉中段怒江与澜沧江之间。平均海拔在6000米以上的山峰有13座，称为"太子十三峰"。主峰卡瓦格博峰是云南的第一高峰。

由于太子雪山的地势北高南低，河谷向南敞开，气流可以溯谷而上，受季风的影响大，干湿季节分明，而且山体高峻，又形成迥然不同的垂直气候带。

4000米雪线以上的白雪群峰峭拔，云蒸霞蔚；山谷中冰川延伸数千米，蔚为壮观。较大的冰川有纽恰、斯恰、明永恰。

而雪线以下，冰川两侧的山坡上覆盖着茂密的高山灌木和针叶林，郁郁葱葱，与白雪相映出鲜明的色彩。林间分布有肥沃的天然草场，竹鸡、獐子、小熊

■ 梅里雪山神女峰

■ 梅里雪山日照金山景观

猫、马鹿和熊等动物活跃其间。

　　梅里雪山以其巍峨壮丽、神秘莫测而闻名于世。早在20世纪30年代，美国学者就称赞梅里雪山的卡瓦格博峰是"世界最美之山"。

　　梅里雪山主峰卡瓦格博峰海拔6700米，为提名地范围内的最高峰，由于独特的地形和气候因素，至今仍无人成功登顶。卡瓦格博是云南第一高峰，为藏传佛教宁玛派分支伽居巴的保护神。

　　峰形有如一座雄壮高耸的金字塔，时隐时现的云海，更为雪山披上了一层神秘的面纱。

　　卡瓦格博峰下，冰斗、冰川连绵，犹如玉龙伸延，冰雪耀眼夺目，是世界稀有的海洋性现代冰川。

　　梅里雪山是云南最壮观的雪山山群，数百千米绵延的雪岭雪峰，占去德钦县34%的面积。

　　迪庆藏族人民生活在梅里雪山脚下，留下了世世

竹鸡　也称"泥滑滑""竹鹧鸪"或"扁罐罐"。属鸡形目，雉科。该鸟羽色艳丽。为中国特有的观赏鸟类，在南方为常见种类。雄鸟生性好斗，常被人们驯化为斗鸟，以供观赏。它大多生活在竹林中。形体比鹧鸪小，毛呈褐色而有斑点，竹鸡喜欢吃白蚁。

■ 梅里雪山下面的村庄

代代的生存痕迹，也将深厚的文化意蕴赋予了梅里雪山。梅里雪山不仅有"太子十三峰"，还有雪山群所特有的各种雪域奇观。

卡瓦格博峰的南侧，还有从千米悬崖倾泻而下的雨崩瀑布，在夏季尤为神奇壮观。因其为雪水，从雪峰中倾泻，故而色纯气清；阳光照射，水蒸腾若云雾，水雾又将阳光映衬为彩虹。

雨崩瀑布的水，在朝山者心中也是神圣的，他们潜心受其淋洒，求得吉祥之意。

雪山的高山湖泊、茂密森林、奇花异木和各种野生动物，也是雪域特有的自然之宝。

高山湖泊清澄明静，在各个雪峰之间的山涧凹地、林海中星罗棋布，而且神秘莫测，若有人高呼，就有"呼风唤雨"的效应，故而路过的人几乎都敛声静气，不愿触怒神灵。完好、丰富的森林，则是藏民

雨崩瀑布 雨崩，是梅里雪山上海拔最高的一个村寨。雨崩神瀑景色随季节变化而变化。春夏冰雪消融，瀑布水流增大，落入地面，溅沫飞扬，雨季瀑布较为壮观。据说雨崩瀑布是卡瓦格博尊神从上天取回的圣水，能占卜人的命运，藏传佛教信徒朝拜梅里雪山，必定沐浴雨崩圣瀑。

们以佛心护持而未遭破坏的佛境。

梅里雪山上的植物属于青藏高原高寒植被类型。在有限的区域内，呈现出多个由热带向北寒带过渡的植物分布带谱。

海拔2000～4000米，主要是由各种云杉林构成的森林。森林的旁边，有着延绵的高原草甸。夏季的草甸上，无数叫不出名的野花和满山的杜鹃、格桑花争奇斗艳，竞相怒放，犹如一块被打翻了的调色板，在由森林、草原构成的巨大绿色地毯上，留下大片的姹紫嫣红。

独特的低纬度冰川雪山、错综复杂的高原地形、四季不分而干湿明显的高原季风气候，使梅里雪山成为野生动物的天堂。

这里有国家一级保护动物滇金丝猴、金钱豹、云豹和羚牛等。国家二级保护动物有黑熊、小熊猫、猞

> **云杉** 属于针叶树的一类，通常有线条分明的年轮，与季节性山地气候保持一致。云杉为中国特有树种，以华北山地分布为广，东北的小兴安岭及南方的梅里雪山等地也有分布。株高可达30米，树冠广圆锥形。

■ 梅里雪山神瀑

■ 梅里雪山美景

黑麝 属于麝科麝属。为麝属中体色最深暗的一个种,无论成体或幼体,其头部、颈部、耳和四肢均为黑色或黑褐色。成体喉部、颈侧和体背无任何条纹或异色斑点。黑麝是以中国云南西北部为核心分布的狭布种,系东喜马拉雅山区的特有种之一。

狸、黑麝、大灵猫和小灵猫等。还有珍稀的白尾稍虹雉和雉鹑,以及凤头鹰、红隼、血雉等113种可爱的鸟。

哈巴雪山自然保护区位于云南西北部迪庆藏族自治州香格里拉县境内。东南部以金沙江虎跳峡为界,与丽江玉龙雪山隔江对峙,西部以哈巴洛河为界,南部以冲江河为界,北部以恩怒梁子、哈巴小箐为界。南北长约25千米,东西宽约22千米。

哈巴雪山区内,拥有中国纬度最南的现代海洋性冰川和金沙江流域典型完整的高山垂直带自然景观。

哈巴雪山自然保护区是以保护高山森林垂直分布的自然景观,以及滇金丝猴、野驴、狸、猴为目的而设立的寒温带针叶林类型的自然保护区。

哈巴雪山,是第四纪阿尔卑斯——喜马拉雅构造运动而隆起的。整个保护区4000米以上是悬崖陡峭的雪峰，乱石嶙峋的流石滩和冰川。

海拔4000米以下地势较平缓，地貌呈阶梯状分布，保护区内气候呈明显的立体分布，海拔从低至高依次分布着亚热带、温带、寒温带、寒带气候带，可称之是整个滇西北气候的缩影。

哈巴雪山山顶发育的现代冰川为悬冰川，是中国纬度最南的海洋性温冰川，至今还保留有许多古冰川遗迹，如角峰、刃脊、U形谷和羊背石。最典型的古冰川形成的众多的冰碛湖，如黑海、圆海、黄海、双海等，湖水因湖底石色而异，水温极低，无水藻和鱼类生存。

哈巴雪山主峰终年冰封雪冻，显得挺拔孤傲，四座小峰环立周围，远远望去，恰似一顶闪着银光的皇冠宝鼎。随着时令、阴晴的变化交替，雪峰变幻莫测，时而云遮雾罩，宝鼎时隐时现；时而云雾缥缈，丝丝缕缕荡漾在雪峰间，真有"白云无心若有意，时与白雪相吐吞"之妙。

羊背石 也叫"羊额石"。是由冰蚀作用形成的石质小丘，特别在大陆冰川作用区，石质小丘往往与石质洼地、湖盆相伴分布，成群地匍匐于地表，犹如羊群伏在地面上一样，故称"羊背石"。迎冰坡一般较平缓和光滑，背冰坡较陡峻和粗糙。多数羊背石分布的地区，地面呈波状起伏。

哈巴雪山主峰

纳西语 是一种汉藏语系语言，为中国少数民族纳西族的语言，主要通行于丽江市和附近地区，目前有大约30万的使用人口。纳西语可划分为东部和西部两个方言区。东部方言区系以云南和四川交界处泸沽湖畔摩梭人的语言为代表。西部方言以云南省丽江市大研镇的语言为代表。

"哈巴"为纳西语，意思是"金子之花朵"。哈巴雪山和玉龙雪山，在民间传说中被看作是弟兄俩，金沙江从两座高大挺拔的雪山中间流过，形成了虎跳峡。

雪山山顶终年冰封雪冻，主峰挺拔孤傲，随着时令、阴晴的变化交替而变幻莫测。

哈巴雪山保护区内分布着众多的高山冰湖群，大部分海拔都在3500米以上。其中，以黑海、圆海、双海、黄海风景最佳，体现了大理冰期时的古冰斗积水而形成的冰川遗迹，是三江并流提名地内唯一的"大理冰期"冰川遗迹分布区。

在哈巴雪山自然保护区内，自然景观除雪山、湖泊、杜鹃外，还有许多悬泉飞瀑，或清漪奇秀、丝丝缕缕，或气势汹涌、声喧如雷。

其中尤为壮美的尖山瀑布高40米，水流充沛，气势恢宏。水从崖顶跌落，化为蒙蒙细雨，有时在阳光

■ 哈巴雪山

哈巴雪山风光

的折射下，水雾幻化成七色彩虹，景致十分奇妙。

哈巴雪山瀑布的另一奇景在主峰西北侧，当地人称为"大吊水"。该瀑布高200余米，其源头在雪线之上，属季节性瀑布。

每年4—9月，冰雪融化，雪水沿陡峭的断崖奔泻而下，形成娟秀奇丽的哈巴大吊水瀑布。皑皑雪峰，云雾缥缈，飞流破云而出，如天河入尘，有"飞流直下三千尺"之气势。

阅读链接

哈巴雪山亿万年来静静地矗立着，时间似乎在这里凝滞，所有世间的沧桑变幻在她眼中不过是弹指一挥间。那些千姿百态的角峰、刃脊、U形谷和羊背石，据说就是古冰川在她身上留下的遗迹，清晰得如同刚刚发生。

海拔约5400米的哈巴雪山高高地隐在云雾中，山麓下是深深的哈巴大峡谷。一高一下，鬼斧神工，若不是上天的奇迹怎会有这等人间胜景？

三江并流是大自然留给人类最后的遗产，也是人间最后一块圣洁之地，矗立其中的哈巴雪山则是胜地的最高峰。在这里，哈巴已不再仅仅是一座雪山，她更是人间最接近天堂的地方。

以高山湖泊为主的两大区域

三江并流内的老窝山片区和老君山片区境内景致主要以高山和湖泊为主。

老窝山是碧罗雪山主峰，海拔约4400米。老窝山位于兰坪白族普米族自治县中排乡境内，地处澜沧江西岸，碧罗雪山的东面，西与福

老窝山风景

贡县一山之隔，北与维西县相连，南通兰坪县的石登乡和营盘镇。

老窝山到澜沧江边最低海拔约1500米，直线不到10千米，相对高差约2900米。登顶东望，可见东面的玉龙雪山、哈巴雪山、金丝场雪山、老君山、雪邦山在云海中隐现。

老窝山在傈僳语的意思为"群龙居住的地方"。历史上的"盐马古道"从山中穿越，著名的南坪桃花盐便是通过这条古道运至缅甸的，是世界上最险要的古道之一。现在已被"背包族"开辟为一条比较经典的徒步线路。

老窝山片区是澜沧江流域的景观资源类型补充片区，以高山湖泊、高原草甸和野生花卉资源为保护重点，整个地区是进入三江并流地区的始端，被称为"三江之门"，属高海拔原始自然生态环境。

群山间的密林中飞瀑密布，高山湖泊云集，分布着大小不等的15个高山湖泊，被人们称作"万千湖之山"，湖泊的海拔从3500~4000米，最大的湖是鸡夺鲁湖，面积约5000平方米。

老窝山片区的北部由8个湖的湖水汇流组成松坡

■ 老窝山的春天

雪邦山 雪邦山是三江并流风景名胜区的主体部分之一。景区面积710多平方千米，丰富的高山植被，珍稀动植物，众多的冰蚀湖，奇异的丹霞地貌和纳西族、傈僳族等民族多姿多彩的民风民俗，构成雪邦山景区极具观赏价值和科学考察价值的独特景观。

■ 老君山冰蚀湖

河。整个老窝山自然保护区的高山湖泊形态奇异，出口的落差极大，形成无数高山瀑布，最高的瀑布近200米，比"飞流直下三千尺，疑是银河落九天"的景象美得多。

老窝山3个片区组成的自然景观神奇得让人吃惊。

鸡夺鲁村西南面的高湖十八湾，面积约4800平方米，该湖源头的南面和西南分别纳高山峡谷的融雪飞流而下注入该湖，说它是湖但又不是满湖是水，而是小片的小湖组成的一片湖群。

湖群又汇成一条宽约5米、深2米的河道，弯弯曲曲缓缓流淌，明镜的水面在山竹丛中形成一道道如梦的仙境，居高俯视，就像一条条织锦飘落大地。

鸡夺鲁村西北面的鸡夺鲁湖面积最大，湖里雪山相映，清波荡漾，湖水出口就形成一大高瀑，水声隆

织锦 指用染好颜色的彩色经纬线，经提花、织造工艺织出图案的织物。云锦中的织锦，过去民间作坊中分类较为含混，有些应属于织锦类的织物，被混淆于妆花类的织物中，造成概念上的混乱。"织锦"和"妆花"两类织物相同的地方是：它们都是多彩纬提花织物。

隆，密林中只见雾霭冉冉升腾，恰似白龙飞天。

老窝河的源头是念布依比湖，湖的四周冷杉环抱，显得寂静、神秘。清澈的湖水慢悠悠流淌出山谷形成近3000米长的河道，与河道两岸的多个小湖组成一道宽约500米的湿地草甸。

草甸的四周，山、冷杉、杂木依河而立，3000米的河谷，在阳光的照射下，如同一片金秋的稻田耀眼夺目。

念布依比湖从外观看，就像一座人工水库，近百米高的山崖陡壁自然形成水库的大坝，湖水入山崖的丛林间跌落成瀑布并成为水库天然的溢洪道。

念布依比湖的北面群山间还有8个高山湖依山而形成梯状排列，最高海拔约4000米，鸟瞰湖群如同天空的北斗星，故当地傈僳族人称其为"实依比"，意为"七星湖"。

站在老窝山顶，视野极其开阔，往西可见高黎贡山主峰嘎哇嘎普，往北可见白马雪山和太子雪山，往东可以看见梅里雪山和玉龙雪

■ 老窝山风景

■ 老君山杜鹃花

嘎哇嘎普 意为"高大的雪山",位于云南省怒江傈僳族自治州贡山独龙族怒族自治县丙中洛乡的西面,是丙中洛"十大神山"之首。终年积雪,有现代冰川、冰蚀湖分布,海拔5128米,是丙中洛最高的山峰,也是怒江傈僳族自治州的最高峰。嘎哇嘎普由于与外界交流少,境内的风景几乎没有受到任何破坏。

山,三江并流地区的江山一览无余,春夏之交,山中云雾腾升,登临绝顶观旭日东升或夕阳西下,颇为壮观。

三江并流中的老君山位于云南省丽江西部,由龙潭片区、金丝厂片区、黎明丹霞地貌片区、利增滇金丝猴保护区、白崖寺片区和新主天然植物园及金沙江等"六片一线"组成。

老君山,相传因太上老君在此架炉炼丹而得名。金沙江环其左,澜沧江绕其右,是世界自然遗产三江并流国家重点风景名胜区的重要组成部分,被誉为滇山之太祖、地球原貌的再现。

老君山具有特殊的区位优势,它北接三江并流国家重点风景名胜区迪庆片区;西部与三江并流国家重点风景名胜区怒江片区兰坪县的罗古箐景区相连;东北部有主干道与玉龙山风景名胜区连接，南部与大理苍山洱海国家风景名胜区的剑川石宝山风景区、剑川剑湖景区相毗邻。

玉龙雪山、苍山洱海、三江并流3个国家重点风景名胜区在这一带交汇。

老君山以错落有致的高山湖泊，神奇壮丽的丹霞地貌，良好的生态系统和多种珍稀动植物资源，充分体现出三江并流的地质多样性、生物多样性和景观多样性。

在三江并流区域中，老君山系因地壳运动形成独有特色的多元地貌及生物多样性引起世界瞩目，被植物学家称为北半球物种最富集的地区之一、北半球珍稀濒危物种的避难所。

老君山主峰太上峰海拔约4200米，南部次主峰太乙峰海拔约4200米，山脉主脊线海拔4000米。人们可登主峰岭脊，北眺玉龙雄姿，东瞰剑湖明镜，西览碧

> **苍山洱海**　云南省大理白族自治州的苍山洱海是世人所向往的地方。苍山，又名点苍山，共有19座山峰，最高峰海拔4000米。洱海是一个风光明媚的高原湖泊，呈狭长形，面积约240平方千米。在风平浪静的日子里泛舟洱海，那干净透明的海面宛如碧澄澄的蓝天，给人以宁静而悠远的感受。

■ 老君山姊妹湖

■ 老君山黎明景色

罗诸峰,感受滇西北地区山脉横断、江河并流、重山叠岭的恢宏气势。

在老君山主脊线北东侧海拔3800米以上的山坳里,有湖泊、沼泽数十个,沿溪流成串分布,黑龙潭、月湖、姐妹湖、三才湖等20多个高山湖泊,犹如镶嵌于山林中的珍珠,组成罕见的冰蚀湖群,民间称为"九十九龙潭"。

老君山具有典型的立体气候特征,从金沙江河谷到山顶,气候特征从亚热带干热河谷→温带→寒带,形成完整的垂直气候分带及相应的自然景观,云南松林、西南桦树林、小果垂枝柏林、云杉、冷杉、高山灌丛、山顶杜鹃曲林、石滩荒漠植物带和高山草甸,构成了老君山区域环境的绿色基调。

老君山的高等植物有145种、785属、3200余种,其中濒危孑遗植物十分丰富,有香杉、红豆杉、三尖杉、水青树、黄杉等。

老君山还是云南最著名的"药材之乡",盛产云

黑龙潭 位于云南省丽江城北象山脚下,从古城四方街沿经纬纵横的玉河湖流而上,约行1千米有一处晶莹清澈的泉潭,即为中外闻名的黑龙潭。潭水从石缝间涌涌喷出,依山斟清泉汇成4万平方米潭面。四周山清水秀、柳暗花明。依山傍水造型优美的古建筑点缀其间。其流韵溢彩,常引人驻足流连。

木香、当归、天麻、贝母、大黄、虫草、虫楼等上百种药材。

老君山黎明丹霞地貌区，主要分布在黎明傈僳族乡境内，包括黎明、黎光、美乐、堆美4个行政村片区，总面积达250平方千米，是国内面积最大、发育最完整的丹霞地貌。

黎明丹霞风光不仅分布广、面积大，而且山体壮观、景色绚丽、发育典型，具有顶平、身陡的明显特点。黎明丹霞地貌以其高海拔而著名，达到了4200米。由于高海拔的原因，形成极端的冻融气候，从而造就了神奇的丹霞地貌特征。

其中，包括"龟甲"地表分布类型。最为典型有千龟山，因红砂岩表面发生干裂，干裂的缝隙里发生了风化和侵蚀作用，于是就形成一系列有缝隙的凸形地形，形如乌龟。其景观的规模和质量，在国内最具

傈僳族 中国少数民族之一，发源于青藏高原北部。傈僳族是云南特有民族，主要聚居在云南省怒江傈僳族自治州和维西傈僳族自治县，其余散居在云南丽江、保山、迪庆、大理、楚雄等州、县和四川的西昌、盐源、木里、德昌等县。

■ 老君山黎明神鸟彩屏

■ 千龟山丹霞地貌

千龟山 位于丽江市玉龙纳西族自治县黎明乡境内，是中国迄今为止发现的面积最大、海拔最高的一片神奇丹霞地貌区。在黎明村西南，有不少红色岩石表面风化形成美丽的龟裂状构造，其中一座山坡形如千万只小龟又组成一只大龟，堪称黎明丹霞风光中的一绝。这就是黎明千龟山。

代表性，堪称中国一绝。

同时，黎明丹霞地貌的相对高度、绝对高度以及壮观程度、色彩绚丽程度均属全国之首，发育完整，景观质量高，神鸟彩屏、睡佛、五指山、情人柱、自然佛、炼丹炉、石棺山等自然景观，极具代表性和独特性。

此外，由于黎明丹霞地貌景观相对集中，空间距离小，造就了一天太阳三起三落的天象奇观。人们自豪地称黎明是太阳永远照耀的地方。

在老君山区，散落着许多大小不一、形状各异的小湖泊，它们或三个一群，或两个一组，如明镜般镶嵌在山腰草坪间。

谁也不知这些湖泊在老君山上有多少个，也不知它们是怎么形成的，它们神秘的静谧令人心生神圣。有人说它们是冰蚀湖，也有人大胆猜测它们是远古陨星落成的陨星湖，当地人都把它们称为"龙潭"。

其中双湖是两个若连若散的小湖，各有其形又相互依持，神秘纯美中透着幽幽情韵。伴着双湖的是成片的杜鹃林，春季来看杜鹃，花红映龙潭是独特的美景。成片的杜鹃不受惊扰地自由开放，被花簇拥的龙潭也会显出娇媚的姿色。

> **冰蚀湖** 在高山或高纬地区，冰川运动过程中刨蚀、掘蚀地面产生的凹地积水形成的湖泊。一般湖盆为坚硬的基岩，盆壁与盆底的基岩面上往往有冰川磨光面和冰川刻槽和擦痕。中国藏北高原的一些湖泊就是冰蚀湖。

阅读链接

关于老君山"九十九龙潭"的来历，还有一个传说。

在很久以前，纳西国的木天王到老君山巡视，当他看见老君山后，便喜欢上了这里，并打算在此建造一座属于自己的行宫。

可是，由于老君山内没有水，为他修建行宫的人们必须到很远的地方才能吃上水。

一次，木天王的朋友龙王三太子经过这里，看见人们没有水喝，很辛苦，便悄悄地为老君山内的一户人家掘了一眼水井。

不久，这件事被木天王知道了，他才明白，原来这里是龙王爷的家。

第二天一早，木天王便慌忙下令停止对自己行宫的修建。当工人们走在他们开辟的磐石路上回家的时候，突然狂风大作，乌云裹吞了老君山，雷鸣闪电，瓢泼大雨倾倒下来，顿时在天塌地陷的巨响声里，在行宫的工地上，倏地出现了一潭串着一潭的龙潭水，仿佛一块块镜子镶嵌在老君山的老林里。

从这以后，老君山便出现了"九十九龙潭"。

三江并流内的三大区域

在三江并流内,除了高黎贡山区,梅里雪山区和哈巴雪山区两个雪山风景区,以及老窝山片区和老君山片区之外,还有另外三个风景区,它们分别是千湖山区、红山区和云岭片区。

千湖山区位于迪庆藏族自治州香格里拉县小中甸乡,包括小中甸

■ 辽阔的千湖山

香格里拉湖区

乡和上江乡的局部地区，是金沙江流域原始植被、高原湖泊的集中展示区之一。

千湖山藏语称"拉姆冬措"，意为"神女千湖"或"仙女千湖"。湖区分布在海拔3900～4000米地方，以三碧海、大黑海为中心，方圆150平方千米。

这些湖千姿百态，有的圆若明镜，有的长似游鱼；有的开阔平坦，有的幽深宁静；有的半环于山洼深处，有的掩映于杜鹃丛中；有的似珠玉成串，有的孤悬于草甸中间，有的怪石露出如鳄鱼探头。

湖周围被原始森林所覆盖，多为高大笔直的冷杉、云杉。湖畔长满了杜鹃林，多是黄杜鹃、红杜鹃和白杜鹃，花冠硕大，色泽鲜艳。

千湖山区遍布高山冰蚀湖。据不完全统计，大小不一的高原湖泊有100多个。其中，以碧古天池和三碧海为代表，具有独特的高原森林湖泊景观价值。

红山区包含金沙江流域典型的高原夷为平面和高山喀斯特等地貌特征完整的古冰川遗迹，以及丰富的植物生态系统、高原湖泊等多种

■ 尼汝南宝草场

景观类型，是三江并流世界遗产提名地景观资源价值的典型展示区。

其中，以尼汝南宝草场、小雪山垭口高原地质景观最具典型意义。尼汝南宝草场集中了高原冰蚀湖属都湖，高山草甸地、硬叶常绿阔叶林生态系统，古冰川遗迹。高原泉华瀑布等类型多、范围大、分布集中的景观资源，是具有极高保护价值和开发潜力的原始景观资源研究展示区域。

同时，南宝河古冰川地貌遗迹是提名地范围内发育最完整、展示最集中的第三期冰川地质遗迹。

红山区的尼汝位于三江并流腹地红山景区，这里湖泊星罗棋布，乱石嶙峋，急涧奔流。珍珠般镶嵌的彝家土掌房分布在尼汝河两岸，是三江并流地区世界生物多样性最丰富的地区之一。

尼汝河流域水资源十分丰富，尼汝河被尼汝人誉为"母亲河"。尼汝人祖祖辈辈生活在尼汝河流域，生息繁衍，百业俱兴。

尼汝河是内金沙江流经迪庆境内的主要一级支

常绿阔叶林 是亚热带湿润地区由常绿阔叶树种组成的地带性森林类型。在日本称照叶树林，欧美称月桂树林，中国称常绿栎类林或常绿樟树林。这类森林的建群树种都具樟科月桂树叶片的特征，常绿、革质、稍坚硬，叶表面光泽无毛，叶片排列方向与太阳光线垂直。

流之一，发源于海拔约4200米的香格里拉松匡嘎雪山西坡与霍张喀垭口南西侧之间。从河源自北向南，流经尼汝全境到洛吉塔巴迪，全长143千米，流域面积1132平方千米。

尼汝山高谷深，雪山皑皑，草木茂密，物种丰富，湖泊星罗棋布，溪水纵横奔流，鸟语花香，百兽汇聚，自然风光非常独特，生态环境保护完好。

人与自然和谐相处，吸引着众多的专家学者前来实地考察研究。许多人被尼汝独特的自然风光深深地吸引，流连忘返。

三江并流中的云岭片区位于怒江兰坪县境内澜沧江与其支流通甸河之间，主要保护以滇金丝猴为代表的野生动物及其栖息环境，是云南省级自然保护区。

云岭属横断山脉，群峰连绵，白雪皑皑，远眺终年积雪的主峰，犹如一匹奔驰的白马，因而得名"白

> **土掌房** 又称土库房，为彝族先民的传统民居，距今已有500多年的历史，层层叠落，相互连通，远远看去甚是壮观。后期彝汉混居，融合了部分汉族民居的特点，逐步形成具有鲜明地方特色的民居建筑，堪称民居建筑文化与建造技术发展史上的"活化石"。

■ 尼汝的河流

马雪山"。

为了保护横断山脉高山峡谷典型的山地垂直带自然景观和保持金沙江上游的水土，1983年在云南省德钦县境内白马雪山和人支雪山的金沙江坡面，划出19万公顷建立自然保护区。

整个保护区海拔超过5000米的主峰有20座，最高峰白马雪山约5400米。

保护区气候随着海拔的升高而变化，形成河谷干热和山地严寒的特点，自然景观垂直带谱十分明显。在海拔2300米以下的金沙江干热河谷，为疏林灌丛草坡带，生境干旱，植被稀疏。

海拔3000~3200米的云雾山带上，分布着针阔叶混交林，树种组成丰富。

海拔3200~4000米，地势高峻而冷凉，分布着亚高山时暗针叶林带，主要由长苞冷杉、苍山冷杉等多种冷杉组成，林相整齐，为滇金丝猴常年栖息之地，

滇金丝猴 虽名为"金丝猴"，实际并无金黄色的毛。身体为灰黑色，在背面并具有灰白色的稀疏长毛。颈侧、腹面、臀部及四肢内侧均为白色，是中国特有的世界珍奇动物。它们具有一张最像人的脸，面庞白里透红，再配上它那令当代妇女追求的美丽红唇，堪称世间最美的动物之一。

■ 尼汝的清晨

■ 白马雪山垭口

是保护区森林资源的主要部分和精华所在。

海拔4000米以上，为高山灌丛草甸带、流石滩稀疏植被带。海拔5000米以上，为极高山冰雪，每一个都各具特色。

由于云岭保有大面积的原始森林和较完整的自然生态环境，为野生动物提供了少有人为干扰的优良栖息环境，因而对进行自然生态及森林、动物、植物、地质、水文、土壤等多学科研究，具有重要的科学价值。

云岭区白马雪山位于云岭山脉中部，属于国家级自然保护区，被称为"自然博物馆"。它由北向南，横亘在德钦县境东部，为金沙江与澜沧江的分水岭。

白马雪山地势北高南低，山高坡陡，河谷深邃，处在青藏高原向云贵高原的过渡地带。这里正是横断山脉的腹地、三江并流世界自然遗产的核心区。

白马雪山自然保护区在地质构造上，处于欧亚板块与印度板块之间的碰撞地带和缝合线附近。地质构

干热河谷 是指高温、低湿河谷地带，大多分布于热带或亚热带地区。区域内光热资源丰富，气候炎热少雨，水土流失严重，生态十分脆弱，寒、旱、风、虫、草、火等自然灾害特别突出。中国干热河谷主要分布于金沙江、元江、怒江、南盘江等沿江的四川省攀枝花、云南和贵州等地区。

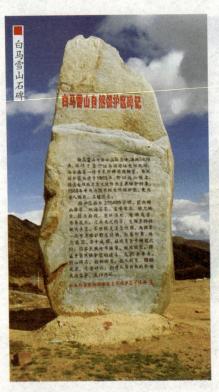

白马雪山石碑

造复杂，近代新构造运动十分活跃。

由于两大板块的长期碰撞与挤压作用，不断出现地壳抬升、褶皱、断裂活动，并伴有岩浆的侵入、喷出和产出区域变质、热力变质等现象。在漫长的地质历史演化过程中，形成了山地地貌、河谷地貌、冰川冻土带地貌类型。

由于独特的地理区位和季风气候的影响，造就了白马雪山极丰富的生物多样性。白马雪山国家级自然保护区的植被呈明显垂直分布，形成了壮观的垂直带谱，有7个植被型、11个植被亚型和37个群系。高山亚高山的特殊地理环境，孕育了丰富的森林资源。

在森林类型上，白马雪山国家级自然保护区的森林类型有寒温性针叶林、寒温性阔叶林、温凉性针叶林、温凉性阔叶林、暖性针叶林和暖性阔叶林。

白马雪山保护区蕴藏有多种冷杉属植物，即中甸冷杉、长苞冷杉、川滇冷杉、苍山冷杉、急尖长苞冷杉、云南黄果冷杉。

阅读链接

千湖山湖区分布在海拔3900米至4000米的地方。关于这些湖泊的来历，传说有仙女在此梳妆，不小心失落了镜子，破碎的镜片散落于群山之中就变成了许许多多的湖泊。

千湖山上共有大大小小近300个高山湖泊，堪称云南高山湖泊最集中的地方。

百里画廊 广西漓江

漓江位于华南广西壮族自治区东部，属珠江水系。漓江源于"华南第一峰"猫儿山。漓江是林丰木秀、空气清新、生态环境极佳的地方。漓江包围着整个桂林市，其江水清澈自然，不混浊。

漓江自桂林至阳朔83千米水程，它酷似一条青罗带，蜿蜒于万点奇峰之间，沿江风光旖旎，碧水萦回，奇峰倒影、深潭、喷泉、飞瀑参差，构成一幅绚丽多彩的画卷，人称"百里漓江、百里画廊"，是广西壮族自治区东北部喀斯特地形发育最典型的地段。

由地质运动变化而来的漓江

漓江位于广西壮族自治区东部,属珠江水系。漓江发源于"华南第一峰"桂北越城岭猫儿山,那是个林丰木秀、空气清新、生态环境极佳的地方。

漓江风光如画

■ 漓江象山

漓江上游主流称六峒河；南流至兴安县司门前附近，东纳黄柏江，西受川江，合流称溶江；由溶江镇汇灵渠水，流经灵川、桂林、阳朔，至平乐县恭城河口称漓江；下游统称桂江，至梧州市汇入西江，全长约437千米，流域面积约5585平方千米。

自古有"桂林山水甲天下"之说，而从桂林到阳朔的83千米漓江水程，便是桂林风光的精华。

唐代大诗人韩愈曾以"江作青罗带，山如碧玉簪"的诗句来赞美这条如诗似画的漓江。

漓江是桂林山水的典型代表，是桂林的灵魂。桂林漓江的诞生，是地质运动的产物。

大约在4亿年前，这片大地还沉睡在茫茫无际的大海之中。后来，由于地球发生了一次剧烈的地壳运动，这就是著名的"加里东运动"。

桂林在这次地质运动中曾经一度露出水面，成

黄柏江 发源于广西壮族自治区资源县打鸟界下的大路水，流经兴安县境内汉瑶杂居的苏家湾、桃子坪、清水江、白桃等山寨，在溶江镇司门前与漓江源头主要支流之一的六洞河汇合，全长53千米。黄柏江似一条玉带从打鸟界南麓蜿蜒而下，据说，它在漓江诸支流中是保护得比较好的一条。

为陆地，可是不久，由于陆地下沉，桂林也随之而慢慢下陷，沉入海底。距今1.5亿年的三叠纪时期，地球上又一次剧烈的造山运动"印支运动"降临，把整个桂林乃至整个广西都掀了起来。

后来，经过大约距今2000万年至7000万年前的"燕山运动"，形成了广西地区众多的高山和谷地。

随着地球的不断运动变化，地壳时升时降，海水时进时退，漫长的历史演变，使桂林一带积累了许多由海水带来的沉淀物。这种含有钙质成分的沉淀物，不断集结，形成层状的石灰岩。

桂林处在分布很广的石灰岩层厚而质纯槽谷平原之中，再经过长期的风化、剥蚀和雨水的溶蚀，独特的桂林景观发育形成。

于是，桂林山水诞生，漓江也诞生了。

漓江全程的地质概貌，有三个典型的特征：一是漓江上游的花岗岩地貌；二是漓江中上游与下游部分地段出现的砂页岩地貌；三是漓江中下游的石灰岩地貌。

分布在猫儿山自然保护区的花岗岩石地貌，形成于加里东造山运动期，又受到燕山运动的影响，岩体为碱性花岗岩，与桂林资源县的

花岗岩体属于同一岩基。

花岗岩硬度很高,抗风化能力强,所以,猫儿山地区各个山岭山势挺拔,陡峭异常,满目皆是像刀砍斧削一般的悬崖峭壁。

猫儿山地区土壤有机质含量高,矿物质丰富,森林茂盛,水源充足,为各种动植物生长创造了自然条件,它的植被覆盖面积大,岩石裸露的面积少,这等于给岩石穿上了抵抗风雨剥蚀的防护衣。

距猫儿山顶6千米左右的八角田铁杉林,是一条分水岭,一条小溪向北流去,流入龙胜境内,汇入柳江;另一条涓涓小溪从这儿向南流淌,便是被确认为漓江的源头。

沿着源头一直往下走,开始比较平缓,走了约3千米,小溪的落差越来越大,坡度越来越陡,小溪也壮大起来,水流也变得丰满起来,甚至形成悬泉飞瀑,一路流泻,汇集各路山涧,不断壮大自己。

在漓江的源头地段,因为沉积物搬运的距离短,水流的沉积物少,山石棱角分明,大小杂陈,山谷中巨石林立,如狮蹲虎踞,气象雄伟壮观。

从动力地质学的角度来说,在猫儿山山脊,涓涓细流冲击力小,

漓江景观

■ 漓江风光

对地形的改造和影响力也就小。

由于水往低处流，随着水流往下，细流汇集着沿途的山涧和小溪，流量越来越大，冲击力量越来越强，这股力量切割着地表，把岩石的缝隙冲刷侵蚀分割成一个个山谷、一个个峭壁、一个个悬崖、一个个大石头，其落差大的地方达50多米。

在猫儿山上的潘家寨和高寨一带，山腰上的毛竹林，青翠欲滴，在风中向人们点头致意。这里水的流速在每秒半米以上，过了高寨，水流变化很大，时缓时急，沉淀物逐渐增多，在凸岸上陈列着砾石浅滩，在凹岸可见水流冲击而成的陡崖或者河心滩。

漓江行至华江山的水埠村，可以断断续续看到一些南北走向的砂页岩，它们覆盖在花岗石上面，这一带的山形水势走向平缓，山顶相对山脚的高度在500

毛竹林 是中国亚热带主要竹种，分布于中国长江流域及南方各省区，是中国人工竹林面积最大、用途最广、开发和研究最深入的优良经济竹种。东起台湾，西至云南，南自广东、广西，北至江苏、安徽北部，河南南部都有分布，在山地、丘陵和平原地区都能生长。

米以下，坡度低于20度。

到了山脚的华江乡，就全是砂页岩和板岩地区了，各路汇集水流冲击而成的山间小平原，河床中的卵石明显变小。

漓江水经过溶江镇，江宽水阔，在灵河与六峒河即华江的交汇处，出现大面积的砾石滩，两股水流会师之后，沿途又汇集灵渠、小溶江、甘棠江等大支流，水势平缓，河床较宽，江面宽100～200米，水深约2米。

放眼望去，一片冲积平原，两岸植被丰富，秀美野逸，一路山光水色，田园如画，郁郁葱葱的马尾松成林成片，水稻和树木长势喜人；绿树红花和金黄的稻谷映衬灰瓦白墙的农舍，简直就是一幅米勒笔下的油画；时有三三两两的渔船从江上划过，吆喝着，抒发着劳动的艰辛与欢乐。

阅读链接

"江作青罗带，山如碧玉簪"，这是唐代文学家韩愈描写漓江山水的诗句。可是，据说，韩愈从来没有到过漓江，而他之所以会写出这样的诗句，缘于他爷爷为他讲述的一个故事。

传说，织女是天宫织布的好手，而巧姑是人间的织布好手，为了分辨她们两人谁的织布手艺更胜一筹，她们被玉帝请到天宫比赛。

在第一场和第二场的比赛中，织女和巧姑各赢了一场，却无法分出胜负。于是，玉帝让她们第三局比赛谁织的布花样和色彩好看，又织得多。

后来，巧姑本来织得又快又好，可是，织女用了法术，把巧姑织的青罗绸缎布匹，全部吹到了漓江，变成了江水。从此，漓江的江水就像青罗绸缎一样漂亮。

为此，韩愈便写下了"江作青罗带，山如碧玉簪"这两句著名诗句。

一衣带水的漓江沿途景观

桂林漓江以桂林市为中心，北起兴安灵渠，南至阳朔，由漓江一水相连。从桂林至漓江段主要包括竹江、草坪、杨堤、兴坪和阳朔等。在这些景区内，奇峰异景，绵延不绝。

竹江景区夹岸石山连绵，奇峰围峦映带，是漓江风光的精华。主

漓江沿岸景观

要有黄牛峡、群龙戏水、望夫山和仙人推磨等。

黄牛峡位于桂林磨盘山码头下游,这是一条狭长的峡谷,周围的群山有不少的山峰像黄牛头,所以叫黄牛峡。当然,也有的山峰像马、像狮子、像老虎、像绣球的。

漓江的水流到黄牛峡即一分为二,分别向左右两边流去,把江中的沙滩分割成三个小洲。

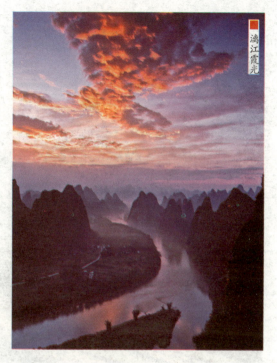
漓江霞光

古代,江水直冲对面的悬崖陡壁,波浪翻滚,有如长江三峡之势。明代旅行家徐霞客漫游漓江,他视黄牛峡的山川形胜可与长江的巫峡争衡,比庐山、赤壁等地还要美丽壮观,因而他用生动的笔调这样写道:

> 石峰排列而起,横障南天,上分危岫,几埒巫峡;
> 下突轰崖,数逾匡老,于是扼江,而东之江流啮其北流;
> 怒涛翻壁,层岚倒影,赤壁、采矶,失其壮丽矣。

后来,黄牛峡河道,经过多次疏通和修筑,把江水的主流改在江的左边。这里山峰秀丽,江面宽广,三个洲像浮在江面上一样。

群龙戏水是竹江景区的一大特色,在右侧临水的山壁,有几根悬垂倒挂的钟乳石柱,它们形神兼备,仿佛几条饮江的巨龙,它们的身

■ 漓江上的木筏

磨 一种粉碎粮食、食物及其他物品的石质或其他材质的传统器具，通常是采用反复碾压、挤压摩擦来使颗粒状的物品变成粉末状。是电磨出现之前常用的粉碎工具，曾遍布世界各地。

子隐藏在山壁内，只有龙头向着水面。

过了黄牛峡后，在漓江西岸即见望夫山，山巅上有仙人石，如一穿古装的人正向北而望，山腰处一石如背着婴儿凝望远方的妇女。

仙人推磨也叫"石人推磨"。相传古时候，山下住有7户人家，有一户为地主，其中6户却都是穷人，一年到头为地主打工还填不饱肚子。

一天，有一位仙人路过此地，得知6户人家的处境，就连夜推动石磨，山下的石洞中流出了白米，够6户人全家饱吃一天。

谁知地主知道后，欲占石磨为己有，于是捏造罪名，买通官府陷害6户人家，并派人凿宽山下出米洞口。结果，出米洞口不再出米了，地主亲自爬到山上推石磨，终于变成了石人。此传说应了"善恶终会有报应"的预言。

如果把漓江的美景比作一首诗或者一部美妙的乐章,那么从竹江到草坪应当是这部乐章的引子与序曲,从草坪到杨堤是乐章的轻快舒缓的发展,从杨堤到兴坪应该是乐章的高潮与华彩,从兴坪到阳朔是乐章的尾声与结局。

草坪,芳草如茵,田园似锦,在这里有个村庄,就叫草坪乡。它三面环山、一面临水,是一个回族乡,拥有5000多人口。

进入漓江的草坪景区,会有一种"人在画中游"的意境。冠岩在草坪下游500米处,其外貌像古时的紫金冠,故名冠岩。岩内常年流出甘洌清泉,又叫甘岩。还因在漆黑洞里,顶上透出微光,又叫光岩。

冠岩堪称曲径通幽,洞口有四五重,水贯其中,风景优美,冬暖夏凉。它还与安吉岩相通,可以水入

诗 是中国古代文艺文字的总称。汉代以后《诗》则专指中国最早的诗歌总集《诗经》,专指与散文相对的韵文形式。如屈原、李白、杜甫、白居易、陆游等人作品,题材繁多,一般分为古体诗和近体诗,如四言、五言、七言、五律、七律、乐府、趣味诗等。诗的创作一般要求押韵,对仗和符合起、承、转、合的基本要求。

■ 漓江沿岸

陆出，它有七星岩之深邃、芦笛岩之壮丽，堪称诸岩之冠。

半边渡离绣山约两千米处，江左岸有一驼形石山，拔岸屹立阻断了岸边的小路，使得冠岩村和桃源村过去必须依靠渡船往返，由于两个渡口均位于同一岸边，因而当地人称之为"半边渡"。

半边渡的对岸有一村庄名为浪洲村，现在渡船除摆渡半边外，还往返于江岸两边的三个码头，半边渡实际上是"三边渡"，故当地人戏称为"一渡两边三靠岸"。

这里石壁险峻，峰峦如朵朵出水芙蓉，倒映于绿波碧水之中，正是"此地江山成一绝，削壁成河渡半边"。经由此境，不仅慨叹伟岸之险，也称渡口之奇。

草坪区的特色是锣鼓鸳鸯滩。弯弯曲曲的漓江，有一个湾就有一个滩。滩头滩尾水比较浅，漓江从滩头上流过，发出淙淙的响声。群峰中有两个奇秀的山峰迎面而来，远望如文笔倒插，它们叫鼓棍山和锣槌山。

漓江景观

漓江河滩一角

在鼓棍山和锣槌山的上游半里，有一湍急狭长河滩，称鸳鸯滩。滩水清浅，鹅卵石累累。滩上有两条夹河，夹河左右各有一沙洲，滩水穿洲而过，就像有一对鸳鸯浮游水上。

靠滩左岸的石壁上，有两个钟乳石，人们把其比作一对交颈依偎永不分离的鸳鸯。

从杨堤到兴坪是漓江的精华，也是漓江这部"乐章"的高潮的华彩。杨堤的山突兀而起，云到了这里虚无缥缈，给人以幻境的感觉。

顺江而下过双全滩、锣鼓滩约行3千米，只见江中有一小岛，从高处俯视，形状像初七八的月亮映于漓江之中，这就是著名的月光岛。岛上树木繁茂，天然生长的草皮又厚又软，在漓江的滋育下，四季常绿。

若是春夏季节更是郁郁葱葱，呈现出勃勃生机；若是秋天，乌桕树开始红了，深冬时红得最艳，绿叶与绿树相间，红叶有青山陪衬，有绿水萦绕，色彩鲜明，月光岛的红叶因此得名。

杨堤月光岛正对岸是白虎山，因其石壁斑纹形似一只白额大虎而

■ 漓江的山水

得名。白虎山半山壁上,有一瀑布凌空而下泻入漓江,舟近壁而行,溅珠飞沫扑面而来,无论发多大的水都不混浊,无论天有多旱也不干涸,而13千米内全是高山,找不到水的源头。

徐霞客到此考察后在日记中描述道:

> 其山南岩窍,有水中出,缘突石飞下附江,势同悬瀑。粤中皆石峰拔起,水流四注,无待壑腾空。此瀑出崇窍,尤奇绝。

杨堤内有个浪石村,因村前有一片突现的礁石,似起伏的波浪,因而得名。每当烟雨季节,这一带风光云雾缭绕,水穿峡谷,船靠山行,两岸浓荫蔽日,浪石交融。

浪石两岸奇峰一座连着一座,密集的景观,连成

乌桕树 又称木子树,为工业用木本油料树种之一。中国有关乌桕栽培利用的记载,最早见于1400多年前贾思勰著的《齐民要术》。乌桕在四川自然分布,北止于龙门山南坡,西北止于邛崃山东南段,西南止于锦屏山、白灵山东坡。

一个峡谷。浪石村历史悠久，保存了大量的古代民居。登岸入村，可观赏到古香古色的古代建筑。

在浪石村的后面有一座山，形似坐于莲台上的观音，慈祥的面容依稀可见；在观音的前方有一座矮山，像正在参拜的虔诚的小童。当地人说，正是观音菩萨的保佑，使他们的生活免于灾难，日子过得平平安安。

兴坪是古代漓江沿岸最大的城镇。旁山下狮子崴口有一棵古榕树，枝叶茂密，浓荫如盖，传为隋开皇年间所植。镇前深不可测的榕树潭，是天然泊船良港。潭边有滨江亭、白庙阁遗址，遗址旁有巨石如龟，称"乌龟石"。

兴坪镇依山面水，风景荟萃，素有"漓江佳胜在兴坪"之说。

漓江流经兴坪，有个河流湾，名曰"镰刀湾"。这里奇峰林立，江水迂回，茂树葱茏，碧潭绿洲，幽岩古洞，田园村舍，处处是美丽

■ 广西漓江风光

■ 漓江九马画山

的景色,是漓江风光荟萃之一。

在位于兴坪镇西北4千米处,有桂林漓江著名的景观之一九马画山,它是大自然的笔墨奇观。

宋代诗人邹浩把它比作天公醉时的杰作,他在诗中写道:

应时天公醉时笔,重重粉墨尚纵横。

九马画山山高400余米,宽200余米,五峰连属,东南北三面环山,西面削壁临江,高宽百余米的石壁上,青绿黄白,众彩纷呈,浓淡相间,斑驳有致,宛如一幅"神骏图"。

远远望去的这幅巨大画屏,皆天然形成。细细端

> **画屏** 用图画装饰的屏风。在屏面绘画,唐代极为盛行。因屏风当时是室内常备的活动屏障,是主要日用家具之一,其中又以屏面矩形、以多扇横联的折叠式屏风使用最为普遍。这类屏风以木制框架,以纸、帛为屏面及屏背,为取得装饰效果,多在屏面绘画题字。

详，人们会发现画屏中好像藏着姿态各异，形神逼真的"九马图"，甚至远比这个数字要多。这些马有的跳跃，有的奔腾，有的嬉戏，或立或卧，或昂首嘶鸣，或扬蹄奋飞，或回首云天，或悠然觅食。

峰顶上的一匹高头骏马，好像在嘶风长啸，下方有两匹灰色的小马吃草。鱼尾峰上有"先锋马"，蚂蟥山上有"落后马"。

远处有"牧马郎"，山麓有"饮马泉"。山崖石壁上刻有"画山马图"几个大字。

画山，古往今来，吸引了众多诗人、画家和学者。清代学者，曾任两广总督阮元对画山更是到了痴迷的程度，据说，他曾6年间5次来游画山，他在《清漓石壁图歌》中写道：

六年久识奇峰面，五度来乘读画舟。

如今，在画山渡口不远的崖壁上，仍可看到"清漓石壁图"五字

漓江晚景

石刻大榜书。有民谣流传：

> 看马郎，看马郎，
> 问你神马几多双？
> 看出七匹中榜眼，
> 看出九匹状元郎。

人们每每到此，总要细细揣摩，发挥想象力数一数。为此，九马画山堪称漓江"巨壁美"之冠。

阳朔是漓江的终点，这个区域的主要特色是"带"字的石刻。从欣赏这个"带"字，最后我们应该总结漓江的精神就是一个"妙"字，漓江风景的自然美妙不可言。

螺蛳山距兴坪镇约1千米，山高100余米，有层次的山石，从山脚底螺旋而上，直至山顶。无论从什么地方看，都像一只正在觅食的大海螺。

石刻 泛指镌刻有文字、图案的碑碣等石制品或摩崖石壁。在书法领域，也有把镌刻后，原来无意作为书法流传的称为"石刻"，一般不表书者姓名，三国六朝以前多为；而有意作为书法流传的称为"刻石"，隋唐以后多为，通常标刻书者姓名。中国古代石刻种类繁多，广泛地运用圆雕、浮雕、透雕、线刻等技法创造出了风格各异的石刻艺术品。

■ 漓江景观

▪ 漓江山水

山上细竹灌木丛生，有如寄生在江底的螺蛳身上的青苔。每当朝阳铺洒在山头时，它又像一个刚从深潭底爬到岸边晒太阳的青螺，霞光闪闪，仿佛身上不断往下滴水。山下及螺蛳岩周边风景宜人，青山环绿水，洞内多乳石。

阳朔的碧莲峰又称芙蓉峰、鉴山，位于城东南的漓江边，山上树木，四时苍翠，从远处看去就像一朵含苞欲放的莲花，当微风吹来，江中的莲花倒影，仿佛徐徐绽开，于是"莲峰倒映"便成了阳朔的一大名胜。据地方志《阳朔县志》记载：

> 碧莲峰原为县内诸山之总名。奇峰环列，开如菡蕾，故又名芙蓉峰。

明嘉靖年间广西布政使洪珠题"碧莲峰"三字于

两广总督 清朝官职名称。正式官衔为总督两广等处地方提督军务、粮饷兼巡抚事，是清朝9位最高级的封疆大臣之一，总管广东和广西两省的军民政务。其辖区范围、官品秩位以及归属地方编制都十分明确，在整个国家的政治生活中发挥着日益重要的作用。

山的东麓近水处,而且该山形似一浴水而出之莲苞,此后,碧莲峰、芙蓉峰两名即专指此山。碧莲峰山势嵯峨挺拔,山上绿树成荫、苍翠欲滴。

登山远眺,周围数十千米奇峰林立、云霞缭绕,瑰丽风光尽收眼底;俯视阳朔漓水、田园村舍,美好图画如拥怀中。

特别是登碧莲峰看东岭朝霞"日跃群峰霞光艳,万朵芙蓉层叠出",景色蔚为壮观。"东岭朝霞"为阳朔八景之一,故有前人刻之"登临好"三字于山顶石壁。

阅读链接

有一年春天,正是漓江的鱼产卵时节,忽然,有一天卷起了狂风,下起了暴雨,洪水过后,这峭壁下的鱼窝再也打不到鱼了。

沿江的渔民当中,有个叫廖水养的老渔翁,他想一定是什么怪物在这里兴风作浪,于是,他决心把事情查个水落石出。

终于在一天傍晚的时候,他网住了那条鲤鱼精。他拼命把鲤鱼精往岸上拖,没想到鲤鱼精反而把他拖入了江中,再也没有回来。

后来廖水养的儿子廖小弟得到了龙王女儿的帮助,他拿着神箭来到浪石滩躲起来。终于等到鲤鱼精从江里腾起,在石壁前戏耍,说时迟,那时快,廖小弟拉弓射箭,"啪"地射中鲤鱼精,连箭带鱼一同挂在了峭壁上。

从此,漓江就有了"鲤鱼挂壁"的奇妙景观。

闻名中外的漓江几大景观

在桂林漓江风景区内,除了竹江、草坪、杨堤、兴坪和阳朔等漓江沿途的风景景观之外,还有象山、独秀峰、叠彩山、伏波山、七星岩、芦笛岩,以及穿山公园等几处景观最为著名。

桂林山水一景象山

■ 漓江象山

其中,象山原名仪山、漓山、沉水山,位于桂林市内桃花江与漓江汇流处,因山东端的水月洞有如象鼻,整个山形酷似一头驻足漓江边饮水的大象,故称象鼻山,简称象山。象山以其栩栩如生的形象引人入胜,被人们看作桂林山水的代表。

由象山山顶沿东南侧山道下山,行至半山腰,道旁有一椭圆形的洞口,即为象眼岩。洞口有块被栏杆护着的石刻,是宋代著名诗人陆游的墨宝。

象鼻的东面岩崖上,有"放生池"三字,题者为清代广西布政使黄国材,他擅长写大型榜书,其在独秀峰题写的"南天一柱"是桂林石刻中最大的榜书题书。而象山东崖上,清代倪文蔚所刻的《皇清中兴圣德颂》是桂林最大的摩崖石刻。

独秀峰位于桂林中心靖江王城内,孤峰突起,陡峭高峻,气势雄伟,素有"南天一柱"之称。

陆游（1125—1210）,浙江绍兴人,南宋诗人。他创作的诗歌很多,今存9000多首,内容极为丰富。抒发政治抱负,反映人民疾苦,风格雄浑豪放。词作与诗同样贯穿了爱国主义精神。著有《剑南诗稿》《渭南文集》《南唐书》《老学庵笔记》等。

靖江王城是明代靖江王的府邸，在桂林城中自成一城，故称王城。1372年始建，占地约19.8公顷。朱元璋将其侄孙朱守谦分封到桂林时在此地建立藩王府，之后共有11代14位靖江王在此居住过，历时280年。

独秀峰是王城景区不可分割的部分，最早的"桂林山水甲天下"的诗句就刻在独秀峰上。

山东麓有南朝文学家颜延之读书岩，为桂林最古老的名人胜迹。颜延之曾写下"未若独秀者，峨峨郛邑间"的佳句，独秀峰因此得名。每当晨曦辉映或晚霞夕照，孤峰似披紫袍金衣，故又名为紫舍山。

独秀峰是桂林的主要山峰之一，相对高度66米。由3.5亿年前浅海生物化学沉积的石灰岩组成，主要有三组几乎垂直的裂隙切割，从山顶直劈山脚，通过水流作用，形成旁无坡阜的孤峰。

独秀山山体扁圆，东西宽，端庄雄伟；南北窄，峭拔俊秀。山上建有玄武阁、观音堂、三客庙、三神祠等，山下有月牙池。

> **靖江王** 明朝藩王。是中国历史上传袭时间最长的藩王，自1376年就任桂林靖江府，至1650年藩国结束，共历经280年。靖江王也是明朝一个规制特别的藩王，与有明一代数以千计的郡王在政治、经济待遇上存在很大的差别，相当于亲王级别，但待遇仅高于郡王。

■ 桂林独秀峰

独秀峰与桂林四大名池之一的月牙池天造地设、相映成趣,成为桂林古八景之一。

叠彩山是桂林市内的最高峰,是观赏桂林全景的最佳地点。叠彩山位于桂林城北、漓江西岸。

叠彩山地貌特异,由几亿年前沉积的石灰岩和白云质灰岩组成,石质坚硬,岩层呈薄层、中厚层和厚层状,一层层堆叠起来,如同堆缎叠锦。

叠彩山由越山、四望山与明月峰、仙鹤峰组成,最高的仙鹤峰海拔253米,相对高度101米。其主峰明月峰海拔223米,相对高度73米。

叠彩山在桂林市北部,面临漓江,远望如匹匹彩缎相叠,故名。

相传,过去此山上多桂树,所以也叫桂山。又因山麓有奇特的风洞,人们称它为"风洞山"。

桂林叠彩山

■ 桂林伏波山

叠彩山是市内风景荟萃之地，包括越山、四望山、明月峰和仙鹤峰。上山一路古木参天，山色秀丽，与园林建筑叠彩亭、于越亭、秀山书院、仰止堂等相融成趣。

叠彩山的顶峰拿云亭是观景的好去处，古人赞美这里是"江山会景处"。山上石刻很多，太极阁的摩崖造像和石刻，艺术价值很高。

伏波山在桂林是东北伏波门外，东枕漓江，孤峰挺秀，风景迷人，有"伏波胜景"之称，由遇阻回澜之势，因唐代曾在山上修建汉朝伏波将军马援祠而得名。

伏波山由多级山地庭园组成，有还珠洞、千佛岩、珊瑚岩、试剑石、听涛阁、半山亭、千人锅及大铁钟等景观和文物。进入伏波山，首先映入眼帘的是第一级台地庭院景观，即伏波胜景。

第二级平台上的临江游廊与平台北边的挡土墙自

伏波将军 是古代对将军个人能力的一种封号，伏波意为降伏波涛，历朝历代中出现多位授予伏波将军的人物，最著名的伏波将军是东汉光武帝时候的马援。第一位出任伏波将军的即汉武帝时候的路博德。

> **米芾**（1051—1107），北宋书法家、画家，书画理论家。祖籍太原，迁居襄阳。他天资高迈，好洁成癖，书画自成一家。能画枯木竹石，时出新意，又能画山水，创为水墨云山墨戏，烟云掩映，平淡天真。擅篆、隶、楷、行、草等书体。曾任校书郎、书画博士、礼部员外郎。

然而然地形成了一个院落，院内种植花木，曲折有致，步移景换，妙趣横生。

廊前置亭，亭内存放着一口"千人锅"，直径一米，高约1米，重约1吨，它与还珠洞入口处左侧的古钟同为定粤寺的法器。

还珠洞位于伏波山的山腹，分上下两洞，"如层城夏道"，矗立临江的东口，可望远近的青山、江中的瀛洲、苍翠的树林，是深不见底的碧波幽潭。

唐代的佛教徒们在还珠洞中雕塑了不少佛像，能辨认成形的有239尊，加上斧凿痕迹尚未成形的共有400尊。成为唐代崇尚佛法，佛教盛极一时的标志。

还珠洞中的镇洞之宝当属北宋四大书法家之一米芾刻于石壁上的自画像，像高1.2米，其身着古衣冠，右手伸两指，若有所指，迈开右脚，做行走之势，神态自若，风度潇洒。

■ 伏波山千佛岩

还珠洞中有试剑石。试剑石乃是天然的钟乳石,位于洞中临江的东口,它与地面间有一间隙,仿佛被剑砍过一样,故名之。试剑石旁有石凳、石桌,石前有伏波潭,潭水如镜,人们在此赏景别有一番乐趣。

七星山共有10余个较大的奇洞,其中主要的就是七星岩,又称碧虚岩。七星岩古时被称为栖霞洞,在桂林市东普陀山西侧山腰。

该岩分上、中、下三层。上层高出中层8～12米;中层距下层10～12米;下层是现代地下河,常年有水。

■ 桂林七星岩

在七星岩的中层,犹如一条地下天然画廊,洞内长达800米,最宽处43米,最高处27米。洞内钟乳石遍布,洞景神奇瑰丽,琳琅满目,状物拟人,无不惟妙惟肖。主要景观有石索悬锦鲤、大象卷鼻、狮子戏球、仙人晒网、海水浴金山、南天门、银河鹊桥、女娲殿。景物奇幻多姿,绚丽夺目。

岩内的钟乳石色彩艳丽异常,红的胜火,如温暖的火焰灿然开放;绿的娇艳,如清凉的翡翠凝聚了夜色中萧疏的光芒;黄的精彩,如集中了无数的魅力和风华的琥珀,让人不由得想去精心呵护;白的甜润,

女娲 又作女希氏,又称女娲娘娘。是中国古代神话人物。他和伏羲同是中华民族的人文初祖。女娲氏是中国古代神话人物。在女娲补天的传说中,女娲断鳌足和杀黑龙的目的,就是为了消除水怪以平息水灾,所以人们也称女娲是平息水灾和治理水患的神灵。

> **羊脂玉石** 又称"白玉""羊脂玉"。是和田玉中的宝石级材料，是白玉中质纯色白的极品，具备最佳光泽和质地，表现为：温润坚密、莹透纯净、洁白无瑕、如同凝脂，故名。羊脂玉自古以来受到人们极度重视，是玉中极品，非常珍贵。在古代，帝王将相才有资格佩上等白玉。

如羊脂玉石凝聚了月亮的光华，发散出清纯的辉光。

这所有的颜色集中在一起，使得整个洞穴五彩缤纷，恰似神话中的仙宫。

芦笛岩在桂林市西北7千米处的光明山上，因洞口长有芦荻草，传说此草可以做笛子，吹出的声音悦耳动听，芦笛岩因此得名。

芦笛岩是一个地下溶洞，深230米，长约500米，最短处约90米，其洞长虽比七星岩短，但景色却比七星岩更奇。

洞内有大量奇麓多姿、玲珑剔透的石笋、石乳、石柱、石幔、石花等，琳琅满目。组成了狮岭朝霞、红罗宝帐、盘龙宝塔、原始森林、水晶宫、花果山等景观，令人们目不暇接，如同仙境，被誉为"大自然的艺术之宫"。

芦笛岩所在的光明山，从前叫毛毛头山，原来半

■ 桂林七星岩景观

■ 桂林芦笛岩的石钟乳

山腰只有一个小洞口，仅容一人进出，山坡上又长满芦荻草，并未引起人们的注意。

地方志《临桂县志》记载了光明山，但是没有说山腰有岩洞。洞内保存有802年以来的壁书70幅，大部分是用墨笔在洞壁上书写的题名。

芦笛岩的特点是洞中滴水多，石钟乳、石笋、石柱等也特别多。进入洞内，在林立的石柱缝隙中间转来转去，加上彩色灯光的照耀，如同置身仙境一般。

穿山公园位于桂林市南郊，以穿山为轴心，占地面积约2000平方米，是桂林市山水旖旎的景观之一。

穿山五峰逶迤，状若雄鸡，西东为首尾，南北为两翼，中峰为背。西峰上的月岩恰似鸡眼，与隔江的龟山，犹如两鸡相斗，合称"斗鸡山"。

明代孔镛有"巧石如鸡欲斗时，昂冠相距水东西。红罗缠颈何曾见，老杀青山不敢啼"之句。因为

孔镛（1417—1489），南直隶苏州府长洲人。1454年进士。历任官都昌知县、高州知府、右副都御史巡抚贵州，1489年召为工部右侍郎。据说，他在做田州知府时，田州常常发生少数民族叛乱，前任的知府根本管不了。孔镛上任后，独自去贼寨劝降强盗，受到了人们的好评。

五峰耸立，形如笔架，也有"笔架山"之称。

西峰上有洞，分上下两层。下层南北贯通，如当空皓月，被称"月岩"，或题为"空明"，故又有"空明山"之名。宋代广西经略安抚使于1222年刻"月岩"两字于南口东壁。因北口东壁有"空明山"三字，所以月岩也叫"空明洞"，洞中有悬石及宋明石刻多件。

月岩之上还有一岩，口北向，高6米，长16米，宽8米，面积128平方米，两岩重叠，中隔厚约2米的岩层，北口东侧及南口西侧均架有铁梯相通连。月岩宽阔明亮，"空明"之名十分贴切。

穿山岩为不规则溶洞，形成于34000年前，总长1531米，主洞长348米。岩内曲折回环，灿烂多姿，有天鹅湾、水帘洞、连心石盾、龙鳞壁、古树坪、卷曲石、空心石、金刚宝剑和珍珠龟等。

其中，天鹅湾丛生着被称为"鹅管"或"石管"的杆状石钟乳，最长的1米多。

阅读链接

关于伏波山还珠洞内的试剑石，还有一个这样的故事：

传说，伏波将军马援南征时与作乱犯境者在还珠洞中谈判，谈至僵局，马将军拔剑而起，剑光一闪，竟将巨大的石柱贴地削去寸余，对方为之色变，立刻答应退兵。"退多远？""退一箭之地！"马援斩钉截铁地回答。

对方自以为得计，二话没说便表示同意，并亲笔在箭杆上写下"箭落为界"的字样。伏波将军登上伏波山，只见他弓如满月，箭似流星，一箭射穿了3座山，直飞到作乱犯境者出发的地界才落下。对方见将军如此神勇，只好悻悻地退回了他们的老巢。

其实，那条所谓的剑痕缝隙原来是石灰岩的岩层，水流沿着这个层面的裂隙冲刷溶蚀出一条缝隙，整个试剑石只是一根溶蚀残柱。如今它已无水的溶蚀作用，无法分解碳酸盐而产生新的沉淀，失去了继续生长的条件和环境，所以它将永远都是一块离地悬空的奇石。

天下绝景

福建白水洋

白水洋位于福建省屏南县境内,距福州170千米。

白水洋风景名胜区由白水洋、鸳鸯溪、鸳鸯湖、刘公岩、太堡楼五大景区组成,景区融洋、溪、瀑、湖、峰、岩、洞于一体;其中白水洋、天柱峰、鼎潭仙宴谷、小壶口瀑布、百丈漈水帘洞为国家特级景观。

白水洋四面青山环抱,两条清澈的溪流仙耙溪和九岭溪交汇其间,形成一处面积约8万平方米、以岩石为溪床的自然地貌,其中最大的一块岩石面积达到4万多平方米,最宽处约1.9千米。溪床流水均匀,阳光下波光潋滟,一片白炽,因而得名白水洋。

因其奇特地质闻名的白水洋

屏南县位于福建省宁德市,这里具有独特的"天然空调",因为常年气温为14℃—18℃。白水洋风景名胜区就位于屏南县境内,是国家重点风景名胜区之一。

白水洋瀑布

白水洋风景区

白水洋整个景区呈月牙形，总面积66平方千米，溪长36千米，分白水洋、鸳鸯溪、刘公岩、太堡楼、鸳鸯湖五大景区。其中，白水洋景区的特色可以用一首诗来总结，那就是：

　　天造奇观白水洋，巨石板上水泱泱。
　　万人可舞碧波里，还能赏猴觅鸳鸯。

那么，为什么说白水洋是"天造奇观"呢？什么是"巨石板上水泱泱"呢？

这指的是白水洋的"十里水上长街"。十里水上长街是由3块平坦的万米巨石组成的，最大一块近4万平方米，它们静静地躺在潺潺的溪水之下，这就是"巨石板上水泱泱"，也称为"浅水广场"。

据说，这是目前世界上"唯一的浅水广场"，享有"天下绝景，宇宙之谜"的盛誉。

白水洋河流

白水洋是一个宽阔的平底基岩河床,它的形成受岩石特性、地质构造和水动力等制约。白水洋河床的岩石是距今900万年前火山活动形成的,岩石具有完整性好、结构均一、致密的特点。

大约距今530万年前,随着地壳的抬升,河谷下切,覆在上面的地层被侵蚀,岩体露出地表,由于风化作用和流水侵蚀,逐渐形成以正长斑岩为基岩的平底河床。

距今约260万年前,因为地壳活动相对平稳,白水洋一带处于相对稳定状态,地表极缓慢上升,地壳抬升的速度和流水下切速度几乎相当。经流水长期冲蚀,白水洋逐渐形成光滑如镜、宽阔平展的平底基岩河床。

白水洋的石与水结为一体,水安抚着石,石承托着水,唇齿相依。离开了水,石就是一块干渴焦灼的平凡之石;离开了石,水就是一湾无依无靠的普通之水。有了形影不离的石和水,白水洋才名副其实地成了戏水的天堂。

白水洋共分为三大洋:上洋、中洋和下洋。

白水洋上方，状似梯田的是上洋，由于河床深浅不一，水的颜色也不同，加上两岸竹木、山花的辉映，显得五颜六色，故又称"五彩洋"。在上洋的峡谷中，有一木拱廊桥，是一座重建的双龙桥，桥长66米、宽4.5米，两墩三孔。双龙桥的梁上书写着优美的对联，桥中的神龛上祀奉着观音菩萨。

在上洋和中洋的连接处有一道弧形瀑布。这条瀑布高8米多、宽50多米，是由于上洋和中洋之间有高度落差而形成的，在阳光的照射下闪闪发亮，就像一条挂在白水洋粉颈上的白金项链，让白水洋越发显得活泼靓丽。

白水洋的上洋洋尾稍稍向下倾斜，就像一条天然的冲浪滑道，这条滑道宽60多米、长近百米，岩石表面光滑平坦，坡度适中，是白水洋知名的"百米天然冲浪滑道"，是大自然鬼斧神工所创造的"水上乐园"。

白水洋的中洋总长200多米、宽150米，面积达3万多平方米。

白水洋激流

■ 福建白水洋风景区

在中洋的广场上，有3块巨石旁矗立着3座大山峰，这里堪称全国独一无二的"天下绝景"。中洋的石板较为平坦，溪水的流速较为平缓，水不是非常深。因此，到了中洋，最为惬意的一件事情就是脱掉鞋子和袜子到水中散个步。

据说，白水洋的溪水中富含着多种矿物质，而石面上天然的平滑凸起恰恰能起到很好的按摩作用，常在白水洋中散步，不仅按摩脚底穴位，还有利于矿物质吸收，有很好的保健作用。

白水洋的下洋没有中洋和上洋那么宽阔，但这里水面平如镜，倒映出两旁的绿树，风景格外秀美，是名副其实的"情人谷"。在下洋的中央，有一突出的石笋，从上方看很像一顶明代的乌纱帽，故称"纱帽岩"。

据说，当年有一位县官路过此地，见此处山清水

乌纱帽 指古代官吏戴的一种帽子，它原是民间常见的一种便帽，官员头戴乌纱帽起源于东晋，但作为正式官服的一个组成部分，却始于隋朝，兴盛于唐朝，至宋朝时加上了双翅，乌纱帽按照官阶在材质和式样上是有区别的。明朝以后，乌纱帽才正式成为做官为官的代名词。

秀，感叹宦海沉浮，遂生退隐之心，将纱帽抛在水中化为此石。

中国文人的超脱，在"桃花源"中，在王维的《辋川别墅》中，又似古人思莼菜鲈鱼之美而归乡，延续到此处的纱帽岩，恰做了最浪漫的注脚：

> 身辞宦海此间游，独恋清溪景色幽。
> 洗却尘心归隐日，轻抛纱帽砥中流。

王维 （701—761），字摩诘，唐朝诗人，有"诗佛"之称。721年中进士，任太乐丞。王维是盛唐诗人的代表，今存诗400余首，重要诗作有《相思》《山居秋暝》等。王维精通佛学，受禅宗影响很大。

纱帽岩形随步换之下，从左侧往上看去，其形如一只巨龟，背上驮着一堆宝物，人称"金龟驮宝"。从总体上看，又似一鼓满的风帆，又称"一帆风顺"。

因此，该景观又有一个十分吉利的名字，就是"金龟驮宝，一帆风顺"。

下洋的两岸是悬崖峭壁，在平展的河床上筑起了一道道门户，裸露的岩石顶上披着一层层绿荫，就像一个生态型的鸳鸯大洞房。

这块岩石人称"鸳鸯床"，现在断裂了一块，传说，当年猪八戒在往西天取经的路上，一直思念着高老庄的"娘子"，路过这里时看到一对鸳鸯恩爱地在鸳鸯床上交颈而眠，不禁触景生

■ 白水洋美景

■ 白水洋风景

鸳鸯 又名鸟仁哈钦、官鸭、匹鸟、邓木鸟，是经常出现在中国古代文学作品和神话传说中的鸟类。鸳指雄鸟，鸯指雌鸟。鸳鸯在动物分类学上属于雁形目鸭科鸳鸯属。在中国古代，最早是把鸳鸯比作兄弟的。唐代以后，人们开始把鸳鸯比作夫妻。

情，因妒生恨，举起手中的九齿钉耙打去，鸳鸯床顿时裂下一块。

下洋的左峰是马鞍山，它为下洋秀丽景色增添了几分雄健之美。

在下洋附近还有一座白水洋的主峰情人谷，峰顶耸立在5块紧挨的巨石上，犹如5位老仙人站在那里施法，共同驱走邪魔。

裸露的石柱高大参天，阳光从石缝间洒下，将数道金光直射白水洋，如果从逆光的方向看，白水洋成了一片银白色，波光粼粼，细纹闪闪，给人以梦幻般的感觉，这便是"白水洋"名字的由来。

在情人谷左侧，有一个洞窟，名为齐天大圣洞。这个洞窟宽10多米、深8米，中间石龛上立着齐天大圣的神位，上面刻着"王封上洞齐天大圣宫殿"。

这个齐天大圣宫殿修建于1841年,以《西游记》里孙悟空"变庙"为蓝本,洞前还立着石柱旗杆,洞旁河礁群中有石级影慈母心,情人影,形态非常逼真。

在白水洋的下方,有一块形状古怪而突出的岩石,状似一只龙头扎入水中吸水,故称"神龙吸水"。从右侧看,又像一只老虎在观看"白水弧瀑",因此又称"老虎观瀑"。其上方的山峰名为"五老峰"。

想要观赏白水洋,必先登五老峰,在峰上凭高俯瞰,白水洋一览无余。

五老峰山形秀丽,形如一丘巨大的农田,又像一支巨大的毛笔。五老峰裸岩峭立,直插入地,上刺蓝天。岩壁缝隙横竖,如老翁苍脸。在五老峰的前方有一个小平台,人们称它为"棋盘石"。

> 《西游记》 是中国四大古典文学名著之一,作者相传是吴承恩,成书于16世纪明朝中叶,主要描写了唐僧、孙悟空、猪八戒、沙悟净师徒四人去西天取经,历经九九八十一难的故事。《西游记》自问世以来在中国乃至世界各地广为流传,被翻译成多种语言。

■ 白水洋河流

白水洋上的石桥

传说，当年有5位神仙在棋盘石上，面对棋局冥思苦想，忘却了岁月的流逝，专注凝神而化为五老峰。

有一位诗人感慨地在诗中写道：

> 神仙对弈几春秋，
> 忘却时光似水流。
> 未拾残棋身石化，
> 长留五老构清幽。

五老峰上的岩石凹凸分明，各自一体，又紧密相连。从五老峰鸟瞰白水洋，只见万米水上广场如盘，石纹连网，在石面上漫步，让人觉得是在遨游太空又发现了一个神秘天体。夕阳斜照，白水洋面粼光闪烁，又好像是银河落处，分不清这里是天堂还是人间。

此外，在白水洋的下洋岸边还有一个如同一手遮天的通天洞，在通天洞的岸边，还有3通无字碑，据传说这上面原来是有字的，其文字记载着下方这个通天洞的玄机，由于几千年风雨侵蚀，现在已是碑体残缺，文字也看不清了。

在无字碑附近还有一块晒经石。传说，当年唐僧和孙悟空取经回来，在这块岩石晒过经文，所以至今上面还残留着许多看不懂的文字。因此，人们又称之为"天书岩"。

在下洋旁，还有一座名为"猴王远眺"的山峰，据说，孙悟空取经归来修成正果，但居住在下游的孙大圣，却常年在此翘首远望西方，回忆着当年西游的情景，思念着唐僧师父和师弟们，久而久之，这里便形成了这个景致。

阅读链接

白水洋的民间故事很多，关于它的来历有这样一个说法：

传说，在明朝时，有一个叫作程惠泽的人误吞龙珠变成了"龙人"。

后来，程惠泽想为家乡做点事，他施展神威，摆动龙尾，在崇山峻岭中横扫出一方平展展的农田，这方良田使这一带的农民安居乐业。

不料，早已垂涎这方土地的恶霸郭某借口这一带的山地原是他家的，就勾结县官，要霸占这块肥沃良田。

这事恰巧被居住在下游水帘洞中的齐天大圣孙悟空知道了。就在一夜间，孙悟空施展手段，把所有良田和农家都搬到了水帘洞附近的山中，在那里形成了一处新村庄，被当地群众称之"移洋"。

从那时起，这里就剩下一块光洁的河床，这块河床便是白水洋。

以瀑布和山峰为主的鸳鸯溪

白水洋风景区内的鸳鸯溪,又名"宜洋",位于白水洋的下游,因多鸳鸯,所以得名。是中国目前唯一的鸳鸯保护区。它以野生动物鸳鸯、猕猴和稀有植物为特色,融溪、瀑、峰、岩、洞等山水景观为一

福建白水洋鸳鸯瀑

体。鸳鸯溪长14千米，附近山深林密，谷幽水净，是鸳鸯栖息的好地方。这一带溪流早在100多年前就发现鸳鸯，故屏南有"鸳鸯之乡"的美誉。

鸳鸯溪瀑布

这里的人们习惯把瀑布称为"漈"，喇叭漈是鸳鸯溪最奇巧的一个瀑布，飞流而下的瀑水，跟喇叭的形状一模一样，连水也是从喇叭口流下，水花四溅。

在喇叭漈不远处，便是一处小天池，天池内有仙人洞、小西天、猴王头等景观。其中，仙人洞位于两座山峰的中间，洞内有一眼泉水，终年不断，水质甘甜，是烹茶上品。

在仙人洞对面，有一丛山峰，犹如一尊如来佛高卧巨像，合掌抵颜，锁住溪谷，其上侧有一岩石，酷似观音盘膝于莲花座上。两景单称分别为"如来高卧""观音移莲"。

在雨后初晴的清晨，山间云雾缭绕，远望仿佛如来和观音腾云驾雾而来，为此人们称它为"如来观音同驾雾"。同时，因为此情景很像《西游记》里描写的西天，为此，人们又称它为"小西天"。这是鸳鸯溪四大奇观之一。

鸳鸯溪的瀑布数量多，而且各具特色，百丈漈瀑布风格最为独特多变，丰水时节，百丈漈只有一帘气势磅礴的瀑布，站在瀑布底下的潭边向上望去，只见风卷云舒，气象万千。

在这瀑布后面，还有一处"水帘洞"。传说，这百丈漈与水帘洞是当年孙悟空奉观音娘娘之命来保护鸳鸯时，用佛法从花果山移来的。百丈漈与中国黄果树、连云港、雁荡山、武夷山四大水帘洞并列为"五大水帘洞"。中国古代诗人曾这样形容百丈漈：

> 万仞高岩望眼舒，
> 青苔斑驳上天衢。
> 欲将百丈长流瀑，
> 洗尽人间垢与污。

在水帘洞旁边，有座著名的白岩峰。在山峰的岩壁上，有一个"猴王头"：两个圆溜溜的眼睛，一个毛茸茸的猴头。

传说古代有一群猕猴经常到村旁糟蹋庄稼、吓唬小孩。一次，孙悟空见一小孩被猕猴吓病了，就施法术治好了小孩的病，然后在这岩石上刻画一个猴王头，警告猴子猴孙们不得超过此线，所以现在猕猴

鸳鸯溪百丈漈瀑布

都在猴王头以下的地方活动。

这白岩峰是由两座弧形的连体石堡构成,属于火山岩断崖地貌。崖壁由于风化作用,以白色为主的崖壁在阳光照耀下熠熠生辉,炫人眼目,所以又称"大白岩"。

白岩峰由高低两岩并肩挺立,从河谷中仰望则峰成比翼,所以又叫"比翼峰"。岩壁上因自然风化作用,形成大大小小、形态各异的洞穴,其中有雄鹰窝、岩燕窝和野蜂窝,所以常见雄鹰、岩燕在其腹部盘旋,更加烘托出白岩峰的雄伟气势。

■ 鸳鸯溪小溪

在大白岩下,有一大峡谷,名为鼎潭仙宴谷,它是鸳鸯溪四大奇观之一,被称为"全立体景观""大环幕风光电影""中国仅有,世界少有"。

峡谷中四潭如巨鼎相连,间有"烟道"相通,俗称"鼎潭串珠"。潭中碧水沸腾,玉液翻卷,如沸锅一般,水雾弥漫,"噗噗"有声。

谷中岩床光滑,巨石林立,峭壁相夹,月门洞开,高瀑飞泻,险洞高悬,清风习习,气势恢宏,是鸳鸯们最喜欢游玩的地方。

此外,谷中还有多处美丽的景观,如佛手岩、侧

观音娘娘 又称观世音菩萨、观自在菩萨、光世音菩萨等,字面解释是"观察世间民众声音"的菩萨,是四大菩萨之一。他相貌端庄慈祥,经常手持净瓶杨柳,具有无量的智慧和神通,大慈大悲,普救人间疾苦。当人们遇到灾难时,只要念其名号,便会得到救度,所以称观世音。

鸳鸯溪河流

脸观音、老顽童、弥勒岩、娘娘御座、娘娘浴迹、骆驼岩、鸳鸯岩、群蛇岩、浮雕群像、美满窝、仙女瀑、中流蛙石、龟压蛇岩、海豚顶球、仙鲸载客、花脸熊猫等。

在鼎潭仙宴谷的东南边，还有花果山、双月宫、神象压城、鹰鼻岩与鹰潭、忘忧亭、仙人桥和仙人叠被等景观。其中，花果山据说是当年孙悟空连同水帘洞移来的，有桃、梨、李、奈等水果，猕猴们经常在这一带活动、觅食。

双月宫是由火山岩崖壁的局部岩块沿节理、裂隙整体崩塌、下错形成的拱门，两片石拱如两弯新月高悬，故称"双月宫"。传说这是鸳鸯娘娘的宫殿，有上宫和下宫，宫正中设有鸳鸯娘娘的神龛。宫内左侧有通天洞和通天石阶，进入洞中，抬头仰望，只见蓝天一线，又称"一线天"。

在双月宫旁边是神象压城，传说，古时候这里有一座古城，城中聚匪为害百姓，被一神仙将玉山化为巨象压住古城和歹徒，便有了"神象压城"的说法。

鹰鼻岩与鹰潭，传说当年鸳鸯溪有一只鹰危害鸳鸯，白鹤仙翁放鹤咬断鹰的脖子，鹰头落在崖上，化为鹰鼻岩，其身子落入峡谷的仙人桥下,化为鹰潭。

在此岩的峰顶上,有一座忘忧亭。这座凉亭四面青山,绿树环绕,置身亭中,眼前满目葱翠,耳边松涛阵阵,亭下古桥飞架,溪中碧水幽幽,让游人忘却了世俗和烦恼,所以叫忘忧亭。

在忘忧亭附近,还有一座仙人桥,传说,当年鲁班仙、赤脚仙、赤山翁在鸳鸯溪比试手艺,要各显神通建造一座桥,结果鲁班仙在上游建造了一座一墩两孔的木拱廊桥——刀鞘桥,赤脚仙在下游建造了两墩三孔的木拱廊桥——双龙桥。赤山翁别出心裁,他用一根芦苇秆挑着石头来这里建一座石拱桥,途中被一村妇看见,她惊讶地说:"哎呀!你怎么用芦苇秆挑石头?"

一句话破了赤山翁的仙术,芦苇秆断了,一担石头从山上滚下来,赤山翁气恼地甩手不干了。

鲁班仙为了方便群众,只好用神斧砍了两棵大树,横架在鸳鸯溪上,建成一座简易的木桥,人称"仙人桥"。后来,由于年代久远,原来的木桥已经不在了,现存的石桥建于20世纪80年代。

仙人桥西岸的岩石,由

> **鲁班** 是春秋末期到战国初期的鲁国人,他是中国古代一位出色的发明家,他出身于世代工匠家庭,从小就跟随家里人参加过许多土木建筑工程劳动,并逐渐掌握了生产劳动的技能,积累了丰富的实践经验。中国的土木工匠们都尊称他为"祖师"。

■ 白水洋鸳鸯湖

于横向节理的表现,犹如一床床叠放整齐的被子,所以这里被人们称为"仙人叠被"。传说,古时候有一神仙在桥边过夜,恰逢上游山洪暴发,河水猛涨,神仙怕木桥被水冲走,急中生智将被子垫在桥下,把桥垫高,从此留下仙人叠被一景。

在鼎潭仙宴谷的左边是青蝶溱瀑布。青蝶溱瀑布是鸳鸯溪最有名的瀑布之一,整个瀑布略呈斜形,因为流水不是一泻而下,而是沿着斜坡跳跃奔腾而下,可谓飞花溅玉,犹如凌空抖落万斛珠玑,所以又称"珍珠瀑"。

站在河滩上从右侧仰望,瀑布中段突出的岩石像一尊头像,一股水流正巧从其头顶柔顺地流下,像一个姿态优美的女子正在沐浴。关于青蝶溱,还有一个动人的传说。

古时候有一个叫青蝶的姑娘,发现了一种可以染布的颜料"青"和取青染布的技术。她的哥哥为了多赚钱,垄断了种青和取青的技术,不许她泄露秘密。

鸳鸯湖中的鸳鸯

白水洋仓潭雄瀑

善良的姑娘劝说哥哥未成,却被哥哥打得遍体鳞伤,并被关了起来。青蝶设法逃出家门,将技术传给了村里人。

因为青蝶曾在瀑布的上头修建了两个滤青的青池,后来,村里人为了纪念青蝶姑娘,就把这个瀑布叫作"青蝶漈"。青蝶漈的名字一直传诵至今。

仓潭位于瓮潭下游与仓潭相接处,仓潭水深不可测,两边潭壁笔直如仓板壁,故叫"仓潭"。潭上方的瀑布叫"仓潭雄瀑",岩石上的"仓潭雄瀑"四字为书法家朱以撒的手笔。

白水洋水至此奔腾而下,惊涛荡谷,声势浩大,很像黄河的壶口瀑布,因此又称为"小壶口瀑布"。瀑水在阳光的照射下,雾涌虹飘,让人感觉如临仙境。

瀑布上方的两边,各有一块石头形似巨鳖,所以称为"双鳖护游"。潭边的岩滩上有一行行足迹,据说这是九扎龙留下的足迹。

白水洋景观

瓮潭潭宽水深，沙滩、卵石滩相间，岸边有望鸳台、猴嬉滩，潭头有小巫峡、水上一线天，潭中有小巧玲珑的玉兔佛首石。瓮潭为鸳鸯溪最早开发的景观和观鸳鸯的水潭。

在这瓮潭的下部有一段很狭小的峡谷，名为"小巫峡"。在小巫峡内，有一著名景观仙女漈。

仙女漈，由好几重瀑布组成，所以叫"三重漈"。由于整个瀑布像一个端坐的仙女，因此又叫"仙女漈"。最高一重是仙女的头，第二重是仙女的身体和手，第三重是仙女的下肢。

瀑布前面的巨石形似一只大绵羊，周边还有小绵羊，所以这个景观又叫"仙女牧羊"。巨石底下只有中间一小部分与河床接触，千百年来任凭溪水的冲击而岿然不动，也是一个奇特的景观。

从鼎潭仙宴谷至大折岩顶，有一座长岭，叫作情岭，中间有石阶1200余级。从大折岩与极目岩缝中沿竖栏而上，设钢梯两架。情岭两侧绿荫如盖，古藤缭绕，风光秀丽。

虎嘴岩又名"马贼寨",位于情岭中下部,洞内常有猕猴过夜,可容百许人乘凉。洞内有猴王石、猴攀洞。

洞对面有弥勒峰、佛镇牛魔、佛降八戒、佛伏猴王、游龙瀑(又名飘虹瀑)等景,可俯瞰鸳鸯潭全貌,是观看鸳鸯戏水的好地方。

鸳鸯瀑,又名"大王瀑",位于宜洋村水尾大王庙下。瀑边有百年柳杉与楮木枝结连理,称为鸳鸯树。瀑布两道均匀泻下,玲珑秀丽,瀑下小潭清澈可爱,为进鸳鸯溪第一景。

刀鞘潭,位于鸳鸯溪中游古松岭下,潭两侧巨岩如刀削斧劈,长潭从中穿过,形如刀鞘,是鸳鸯常嬉游的深潭。潭头有平岩广滩,可供数百人游乐。

狮坪位于鼎潭仙宴谷上游,是一个巨大的沙滩巨石河谷。谷中有仙浴潭、印潭、七仙女岩、双狮依偎、双龙抢珠、佛捧猴等景。

阅读链接

相传,古时候在鸳鸯溪北面的山坡上,有一位许真人和一条青龙住在那里。他们一起在山上修炼,想要得道成仙。可是,那条青龙并不专心,十分懒惰,急于求成。

一天,它独自偷偷地溜到天界,去偷喝瑶池的仙水,但是被发现了。玉帝因此大怒,3年不给楚地降雨,使得当地的百姓苦不堪言。为此,许真人大义凛然,替百姓惩治青龙,把青龙锁在山腰的青龙亭上。但由于青龙的苦苦哀求,许真人还是决定放了它。

可是,在放之前,许真人让青龙在一夜间修造100条河流来缓解旱情。但在修造最后一条河流时,青龙发现有一对鸳鸯相拥熟睡在爪下,不愿打扰它们,于是青龙绕过鸳鸯,修了一条"几"字形的河道,也就是现在的鸳鸯溪。

鸳鸯湖及周边的众多景观

白水洋风景区内的鸳鸯湖位于屏南县双溪镇,以湖光、小岛、鸳鸯、野鸭群,以及四季杜鹃花和寺庙、古塔等组成,风光独特,景色宜人,是难得的美好胜景。

鸳鸯湖,又名"甜泉水库",为白水洋五大景区之一,湖面面积

■ 白水洋纪念碑

约330多公顷,背景为美女峰,状若美女仰卧湖面沐浴。在鸳鸯湖内,主要风景有文笔峰、卧牛岛、甜泉、满里瀑布、翠屏峰、笔架山、披袈长老石,以及北岩寺和灵岩寺等。

鸳鸯溪景区山峰

其中,文笔峰又名"香炉峰",为鸳鸯湖边最高峰,于峰顶极目望眺,峰下瑞光塔、古战壕、古地堡等古迹及湖光山色一览无余。

瑞光塔于1887年建造,外观呈现八角,共有7层楼,整体棱角分明,全以花岗岩堆砌而成。塔顶是葫芦状,可登塔顶观赏鸳鸯湖景区美景。

卧牛岛位于鸳鸯湖中,将湖一分为二,岛面积20公顷,曲折有致,顶上也有悬崖峭壁,环岛观湖,别有情趣。

湖心岛位于鸳鸯湖中心,与卧牛岛相望,岛低而小,近于圆形。甜泉又名惠民泉,传为知县沈钟所掘,泉水大旱不竭,甜泉水库也因而得名。

笔架山位于双溪镇北,山形酷似笔架。翠屏峰位于双溪镇北,峰岩似屏风横排。旧志记载,卜吉于双溪之汇,屏山之南建立县治,故称"屏南"。

披袈长老石又称"罗汉石",位于双溪镇圪头村道安嵩公路边,形似石人,从不同角度可看到按膝坐禅和披袈迎风两种姿态,实则头顶有二石如桃。

白水洋鸳鸯湖

北岩寺又叫"下院",位于双溪镇东1千米处。僧觉海始建,后毁。1686年重建,1904年僧地慧续修,金身重塑,初具规模,闻名相邻诸县。寺周围有狮峰、松桥竹阁、藤岩、莲沼、鲸山、龙涧诸胜景。

白水洋鸳鸯湖之所以取名为鸳鸯湖,是因为每年秋冬季节,上千只鸳鸯聚集而来,翩翩飞舞的美丽身影令人难忘。加之优美恬静的湖面风光,湖草覆盖着清澈水质,四周葱郁的山林围绕,让人心旷神怡。

阅读链接

双溪镇境内除拥有白水洋、鸳鸯溪两大世界级品牌景区外,鸳鸯湖、太堡楼、刘公岩、棋盘山、七星岩等景区景观星罗棋布,风光独特,景色秀美,古镇双溪民风淳朴,文化底蕴深厚。

独特的区域优势、优越的自然环境,为双溪镇发展生态旅游业创造了得天独厚的条件。

进入新世纪,双溪镇投资数千万元,相继完成了主街道拓改、仿古装修、古镇门楼和古城墙建设等工程,农贸小区、旅游宾馆、停车场、白水洋换乘中心等旅游配套项目不断完善。

鸳鸯湖休闲度假区、乾源旅游功能服务区、古镇旅游保护开发区、城南新区旧建等四大片区建设逐步推进,与"大白水洋"旅游交相辉映,一个古色古香、典雅之中透露着现代气息、富有魅力的江南古镇呈现在世人面前。

白水洋内的刘公岩和太堡楼

在白水洋风景区内,除了白水洋、鸳鸯溪和鸳鸯湖等景区,还有刘公岩和太堡楼,它们一起被称为"白水洋五大景区"。

刘公岩景区位于屏南县双溪镇境内,位处五大景区中心,与白水

■ 白水洋景区河流

■ 白水洋河流

洋、鸳鸯溪景区相邻，以自然幽谷、清凉世界为特色，景观奇特，生态完好。

景区内主要有仙峰顶、玉柱峰、情侣峰、三鲤峰、桃源洞、古栈道、刘公岩、考溪、叉溪、水竹洋、石老厝、仙峰顶等著名景观20多个，占地面积6.73平方千米。

景区依托考溪清幽的溪谷环境和水竹洋独特的冬无严寒、夏无酷暑、天然大空调的气候条件，主要以登山、观景、避暑、休养为主。

刘公岩由石堡和峰丛组成，颜色如黛、光无草木。玉柱峰位于景区中心山谷之中，石峰拔地而起，因形如毛笔尖，所以又叫"玉笔峰"。石峰高达百余米，峰尖绿树丛生，常有云雾缭绕，显得神秘而壮观。

情侣峰两峰并立，远望如一对情侣。三鲤峰由峰丛组成，形如3只巨鲤跃向蓝天。景区内有桃源洞和桃源村，村旁有一条30多米长的古栈道。

刘公岩内的仙峰顶为白水洋风景区第二高峰，峰

古栈道 原指沿悬崖峭壁修建的一种道路。又称阁道、复道。中国古代高楼间架空的通道也称栈道。栈道是中国古代在峭岩陡壁上凿孔架桥连阁而成的一种通道，也是兵家攻守的交通要道，其修建工程艰巨，路途险恶，是中国古代交通史上的奇迹。

上悬崖峭壁，雄伟壮观，黄山松遍布，千姿百态，高山草地平阔柔美，阔叶林带丰茂，形成不同境界的旅游景观，是避暑疗养、登山狩猎的理想场所。

刘公岩位于仙峰顶下，有"小太姥"之称。整座岩体光无草木，如涂乌墨，一年四季常为云雾缭绕，岩间洞四室相连，陡峭难攀，香客甚多。洞顶雄风口令攀登者望而生畏。

考溪位于双溪镇考溪村，考溪其实是一个瀑布群，瀑布周围，若逢大雨，群瀑飞鸣，十分壮观。百丈漈下水潭有罕见的娃娃鱼。

叉溪位于鸳鸯溪下游，它以数千亩原始次森林为主，辅以丰富多彩的河谷景观。主要景观是可与"百丈漈水帘洞"相媲美的"百丈漈"。

白水洋内的太堡楼景区位于鸳鸯溪的下游，区内林立的奇峰、幽深的峡谷、良好的植被构成了该景区的独特风光。主要有太堡楼、玉兔岩、老翁岩、金鸡岩、牛鼻洞、折叠瀑、银杏王。

黄山松 是由黄山独特地貌、气候而形成的松树的一种变体。黄山松一般生长在海拔800米以上的地方，通常是黄山北坡在1500～1700米处，南坡在1000～1600米处。黄山松的种子能够被风送到花岗岩的裂缝中去，以无坚不摧、有缝即入的钻劲，在那里发芽、生根、成长。

■ 白水洋河流

在太堡楼景区内，最为著名的是玉兔岩，离玉兔岩景观不远处，有一块岩石像一只仅露出面部和前爪的老虎盘踞在那里，两只前爪恣意前伸，做随时扑出状，气势凶猛，栩栩如生。

在虎踞岩正前方有一块形似猪心的大石头，活灵活现，生动极了。远看不觉得它大，但是10多人登上其顶部也不觉得拥挤，人们称它为"猪心石"。

虎踞岩的侧后方有一个社塔，里面供奉着齐天大圣孙悟空，社塔前上方又有一块石头，形似乌龟头，人称"藏金龟"。

虎踞岩后方山坳里，有一块巨岩，形似一头跪在槽边进食的大猪，人们称之为"无心猪"或"槽边猪"。这虎踞岩、猪心石、社塔、藏金龟和无心猪之间所处的位置是那么和谐，像造物主特意摆设在那儿似的，非常独特。

阅读链接

据说，太堡楼景区内玉兔岩旁的虎踞岩和猪心石来历，还有一个古老的传说：

很久以前，郑家山村盛产纯黑色短脚猪，这种猪皮薄肉瘦味道美。

有一只老虎躲在白水洋修炼，它闻讯后垂涎三尺，就前来吃猪，一连吃掉几十头。村民组织了一个捕猎队，要杀死猛虎除虎患。猎队围住猛虎大战七天七夜，伤亡惨重却奈何不了猛虎。

不久，村中的猪被吃得只剩一头大母猪了，如果再被老虎吃掉，这一良种猪就绝种了，村民们心急如焚，对猛虎却又无可奈何。

这时，刚好齐天大圣孙悟空要回水帘洞探亲，他路过此地听说此事以后，便用村民的那头母猪做诱饵，引出老虎，并使用了定身术，将老虎和母猪定在那里，便形成了后来的奇观。

后来，人们为了纪念大圣，就在大圣设计引虎的地方，建社塔供奉大圣，也好让子孙后代都能记住大圣的恩德。

山环水绕 五大景区

　　海坛岛位于福建省平潭县境内,距福州128千米,东面与台湾省新竹港相距约12.6千米,是祖国大陆距台湾最近处,成为东南海疆对台经贸和人文交往的重要窗口。

　　全岛海岸蜿蜒曲折,岸线长达408千米,其中100多千米为优质海沙滩。东临台湾海峡,西隔海坛海峡与福清市相望。

以海蚀奇石为主的福建海坛

海坛为福建省平潭县的主岛,所以也称"平潭岛",是中国第五大岛。因主岛海坛岛适中有一平坦的巨石,俗称"平潭",古称海坛。

海坛岛距福州128千米,东面与台湾省新竹港相距约12.6千米,

海坛岛海滩

海坛岛海滩美景

是祖国大陆距台湾最近处，成为东南海疆对台经贸和人文交往的重要窗口。

全岛海岸蜿蜒曲折，岸线长达408千米，其中100多千米为优质海沙滩。东临台湾海峡，西隔海坛海峡与福清市相望。

海坛岛由白垩系石帽山群流纹岩、熔结凝灰岩、凝灰沙砾岩、粉砂岩、燕山期花岗闪长岩等构成，并有第四系海积平原和风积砂堆积。受新构造运动影响，形成三十六脚湖。

岛上海蚀地貌十分典型，有罕见的花岗岩海蚀柱、风动石和球状风化花岗岩等，被誉为"海蚀地貌博物馆"。

全岛地势低平，中部略高，最高点君山海拔434米。以丘陵，平原为主，海岸曲折，长204千米。岛上河流短小，独流入海。岛上唐时为牧马地。

岛上人民以渔业为主，岛东牛山渔场为省内主要渔场。有中国标准砂、水产加工、制盐、内燃机配件、冷冻、造船等企业。有公路通各乡镇，有班轮对外交通。

■ 傍晚的海坛岛海滩

海坛岛南北长29千米，东西宽19千米，岛上时常"东来岚气弥漫"，简称"岚"，别称"东岚"，旧称"海山"。

海坛岛蓝天白云，水清沙白，更以"海蚀地貌甲天下"著称，岛上的景区总面积有49平方千米，分为半洋石帆、海坛天神、东海仙境、南寨石景、君山、将军山六大风景游览区和坛南湾、山岐澳等两个海滨度假区。

区内象形山石千姿百态，峭壁礁岩雄奇险峻，海滨沙滩连绵无际。其中，半洋石帆是平潭最著名的自然景观，又称"石牌洋"或"双帆石"。位于平潭岛西北看澳村西侧500多米的海面，这是一个圆盘状的大礁石，托着一高一低的两块碑形海蚀柱。

半洋石帆的礁石底部是一组平坦完整的岩石。两个石柱均由粗粒灰白色的花岗岩组成，东侧的一个高达33米、胸宽9米、厚8米、周长57米；西侧的一个高17米、胸宽15米、厚8米、周长39.9米。

两个石柱的底部都是近似四方形体，直立在礁石上。据地质学家考证，这是世界上最大的花岗岩球状风化海蚀柱。

由于它的奇特壮观,明代旅行家陈第曾誉之为"天下奇观"。清朝女诗人林淑贞也写诗称赞:

共说前朝帝子舟,双帆偶趁此句留。
料因浊世风波险,一泊于今缆不收。

与半洋石帆相对应,在看澳村海边,由于海水侵蚀和自然风化,岩壁花岗岩风化,形成一尊光头凸肚的弥勒佛像。石像屈膝盘坐,身高12米,肩宽12米,头、身、手、足毕现,形象生动,状如半浮雕。

围绕佛身有一条棕黄色的火成岩脉,就像献给佛像的一条金色"哈达",佳趣天成。另外,这里还有许多天然海蚀景观,例如双龟接吻、青蛙等。

> **浮雕** 是雕塑与绘画结合的产物,用压缩的办法来处理对象,靠透视等因素来表现三维空间,并只供一面或两面观看。浮雕一般是附属在另一平面上的,因此在建筑上使用更多,用具器物上也经常可以看到。中国隋唐时期浮雕艺术空前繁荣。

■ 海坛岛晚景

■ 海坛岛景观

海坛天神与半洋石帆并称"平潭岛奇石双绝",位于海坛岛的南面南海乡塘屿中村南海中,为一巨型灰白色花岗岩,是天然的象形裸体石人。

天神头枕沙滩,足伸南海。光头凸肚,双臂平直,耳喉俱全。身旁双手平直躺长330米,胸宽150米,头宽35米,头高31米,脖子长18.3米;下身斜翘一柱状风化岩体,如男性阳具,其高4.15米,围径4.50米,为周边渔妇传宗接代膜拜物。相传,只要触摸此物,即可生个大胖小子,无不应验,具有北方"石祖"的神奇效应。

天神周身均为花岗岩球状风化造型,如此巨大的球状风化造型世所罕见、天下奇绝。这一尊海坛天神若与四川乐山人工雕刻的大坐佛、北京卧佛寺雕刻的大卧佛相比,不论造型、规模和神态,都更胜一筹。

此外,在该石人周围还有风动石、锣鼓石、香炉石、折柱石、帆石、八仙围棋石等象形山石和秀丽的海滨沙滩。

风动石 又名"兔石",其奇妙之处就在于它前后左右重量平衡极佳,大风吹来时,石体左右晃动,但倾斜到一定角度就不会再动了,故称"风动石"。石为花岗岩石质,从背面看,状如玉兔的石岩伏在外倾的石盘上,巨大的石球,悬空而立,摇摇欲坠,令人心怵;从正面看,石如蟠桃,底部呈圆弧形。

东海仙境位于平潭县流水镇的王爷山南麓，里有仙人谷、仙人井、仙人泉、仙人峡等。

其中仙人井是最为壮观的一景，井深37米，井口直径33米，井壁是悬崖，井底有3个小洞与大海相连，小艇可以出没其中。每当潮起时，井中的狂涛雷鸣海啸，惊天动地，非常壮观。

仙人井旁有似山中间裂开之大峡谷，唤作"仙人谷"。谷外为浩渺之大海，侧有小洞与仙人井相通。潮水未涨之时，人们可沿岩壁进入井中。井底遍布浑圆的鹅卵石，系海水侵蚀自然形成。

此时，人若从"井"口观井底，岩壁陡峭，斑驳陆离，井底之人状如幼蚁，观井之人心底发虚、脑袋眩晕。

人处井底而向上坐井观天，下面浪花奔涌脚底而来，涛声阵阵，张弛有致，为浪花吻岩霰雪飞散而伴

膜拜 古代的拜礼。行礼时，两手放在额上，长时间下跪叩头。原专指礼拜神佛时的一种敬礼，后来泛指表示极端恭敬或畏服的行礼方式。现多用顶礼膜拜形容对某人崇拜得五体投地。

福建海坛

北厝镇 位于福建省福州市平潭县海坛岛中南部,南、北、东侧分别与敖东乡、岚城乡、澳前镇接壤,西面隔海与福清市小山东相望。全镇面积50.89平方千米,其中耕地6.47平方千米,山林13.8平方千米,滩涂浅海8.7平方千米。

奏,洞中凉气逼人乃至阴风徐来。面对斑驳剥落之巨岩怪貌,人们不禁慨叹大海和岁月沧桑之神奇。

海坛岛的南寨石景位于福建平潭岛南部的北厝镇。在方圆0.6平方千米的低丘陵,遍布着风化花岗岩体,体积硕大、形态各异,其中奇特与象形山石景观40余处。典型景观有骆驼岩、鸳鸯理翅、花豹巡山、神龟石等,堪称岩石动物园。

南寨石林的海蚀景观集中于五峰一谷,即鳄鱼峰、仙女峰、绵羊峰、神雕峰、青蛙峰与神龟谷,山势不高,易于攀登。

其中,鳄鱼峰又称"一线天",岩壁陡立两石相倚,中间仅容一人侧身而过,地势十分险要,有"一夫当关,万夫莫开"之说。

著名的古代军事遗址"藏军洞"即在此峰,毗邻有将军洞、丫鬟洞、五仙洞、三角洞等。

仙女峰有个奇异的岩景,远望如尼姑拜佛,侧观

■ 海坛岛海滩渔船

■ 海坛岛风蚀地貌

似少女盼郎，近看又如官吏模样，转身细瞧，却又成了西域苦头陀，真是移步换景，面面奇观。

青蛙峰以青蛙跳跃石景而著名，周围有南极仙翁、灵龟听箫、神龟驮和尚等奇景。

神雕峰的神鹰高鸣石景气势不凡，那神鹰雄赳赳地蓄势欲飞，十分雄健。还有黑熊、猴王、金鸡、黄牛等象形石头遍布四周，形象生动，妙趣横生。

神龟谷中有岩如龟，伸头向天，做爬行状。此外，天狗吠日、父子相逢等岩景也神形毕肖。

海坛岛的君山，顾名思义是"王者之山"，据说旧时行船海中，在平潭周边数千平方千米的海域中只有该山雄踞一方，朝阳中紫气东来尽显王者风范，故名"君山"。

君山坐落在海坛岛北部中段，呈东北西南走向，与海坛岛岛形走向相同，因此自古平潭岛民皆以君山

西域 狭义上是指玉门关、阳关以西，帕米尔高原以东，巴尔喀什湖东、南及新疆广大地区。而广义的西域则是指凡是通过狭义西域所能到达的地区，包括亚洲中西部，印度半岛地区等。

海坛岛海滩风景

为南北地标。东西横亘三峦,南北五峰绵延,七岭簇拥,山势北高南低,雄伟嵯峨,状若虎伏龙行,漫山翠绿起起伏伏、葱葱茏茏。

登君山首选主峰插云峰,山峰的最近落脚处在流水山门前村,山坡斜峭,有山间小道盘旋而至山巅。平潭旧十景中排名榜首的君山插云、崇台观日都在这座山上。

插云峰海拔434米,为平潭县境最高峰,一年四季常有云雾氤氲萦绕,峰没霄汉,山接云天,成君山插云胜景。有时云雾纡结山腰,山顶时隐时现,远望云簇山黛,峰若轻纱曼舞,渺不可及,又称"罾山晓岚"。

站在山巅,四周雾气随风升腾缥缈,湿气阴凉袭人,即使在炎夏三伏天,登山时的难忍燥热也被一洗而去,真印了"山中无甲子,寒尽不知年"古谚。

雾大时百米内难见景物,雾过处山林岩石魅影朦胧,恍然间整个人也要随风而起,好像腾云驾雾,天上人间难辨身所。在晴空万里的天气登插云峰又是一番景象,浩瀚大海与海岛风光尽在一望之中。

海坛岛的将军山原名老虎山,海拔104米,面积约1.1平方千米,山势临海而起，险峻陡峭，巨岩交错，怪石呈奇，盘根错节，佳境迭现。

该山与敖东乡大福村的东边山连成一脉，共同组成海坛国家重点风景名胜区——青观顶景区。区内原以丘陵石景、岬角海湾、寺庙建筑为主要景观特色，主景观"一片瓦"已有道路直通，慕名前来游览的旅客四季不绝。

在海坛岛上，除了半洋石帆、海坛天神、东海仙境、南寨石景、君山、将军山这些风景之外，还有著名的三十六脚湖。此湖位于海坛岛中部，县城西南4千米处，系由海湾演化为封闭性潟湖后湖水自然淡化而成的福建最大天然淡水湖。

湖周是海蚀地貌，海蚀石、海蚀洞、海蚀崖、蘑菇石和风动石各具形态，奇岩错落，千姿百态，如北岸的镇山双狮，东北岸的石犬浴、老翁探宝、雏鸽展

三伏天 出现在小暑与大暑之间，是一年中气温最高且又潮湿、闷热的日子。所谓的"伏天儿"，就是指农历"三伏天"，即一年当中最热的一段时间。三伏是中原地区在一年中最热的三四十天，三伏是按农历计算的，大约处在阳历的7月中下旬至8月上旬间。

海坛岛石屋

■ 海坛岛标志

翅,西南岸的老鹰守湖、媳妇背婆婆等。

湖水清碧澄澈,湖中有大小龟山、龙王屿、钓鱼台、鲤鱼礁等名胜。清人俞廷萱《龙屿吟》诗赞道:

波光如碧画如油,月落风清好泛舟。
三十六湖烟水阔,不知领得几多秋。

阅读链接

相传,东海苍龙与鲤鱼公主带上鱼精蛇怪来平潭岛游览消遣。他们见此处风景如画,更胜龙宫,竟然乐不思归,兴风作浪驱赶渔船货轮,意欲强占为别墅。当时有许多渔夫被淹死。后来铁拐李化身跛脚佬,搭救了一心要为民除害的年轻渔夫笔架,并传给他仙法。

两人合力移沙堤堵住海角,把苍龙一伙困在里面。经过一场恶斗,青年笔架与苍龙及众水妖一齐战死,都化作湖中景物,恰好有36只脚,因而得名三十六脚湖。海水经过长期的淡化成为今天的淡水湖。

碧水丹山环绕的江西龙虎山

龙虎山位于江西省鹰潭市西南贵溪市境内,是道教正一派的祖庭。东汉中叶,第一代天师张道陵在原名为云锦山的山麓肇基炼九天神丹,研创道教。

传说,炼丹成功后,出现了一龙一虎想要抢夺仙丹,最后,龙虎

上清宫下马亭

■ 龙虎山的九座峰

相斗，化作两座大山，一似龙蟠，一似虎踞。

从此，云锦山改名为龙虎山，张道陵后裔世居于此，道教也由此正式登上中国历史舞台。

龙虎山整个景区面积220平方千米，它是典型的丹霞地貌风景，其森林覆盖面积达62%，这里雨量充沛，气候湿润，龙虎山景区的空气负离子含量超过正常值15倍，是国内景观中名列前茅的天然氧吧。

龙虎山景区有99峰、24岩、108个景物，源远流长的道教文化、独具特色的丹山碧水和规模宏大的崖墓群构成了龙虎山风景旅游区自然景观和人文景观的"三绝"。

其中，龙虎山二绝的"丹山"指的是由红色沙砾岩构成的赤壁丹崖的丹霞地貌。这些岩石有的像雄狮回头，有的似文豪沉思，有的如巨象吸水……它们大多不高，一般都在50~200米之间，最高的也只有800多米。

道教 创立于东汉时期，是中国土生土长的宗教，并经过长期的历史发展而形成的。距今已有1800余年的历史。它与中华本土文化紧密相连，深深扎根于中华沃土之中，具有鲜明的中国特色，并对中华文化的各个层面产生了深远影响。

这些山石形成大约在1.2亿年前的晚白垩纪至8000万年前的第三纪。当时这里曾是一片汪洋大海，由于红色沙砾石不断地下沉与海底的泥页岩、鹅卵石交接而成大小不一的赤石岩群。

在赤石岩层形成后，发生了造山运动，即喜马拉雅运动。使赤石岩群发生平缓皱和断裂，以后第四纪新构造运动使断块垂直升降。

岩层断裂发育由于是不同岩层，抵抗风化的强度不同，长期受地表水侵蚀作用，在差异风化，重力崩塌的强烈综合作用下形成了今日的峡谷、峭壁。

龙虎山的"碧水"指的是龙虎山中的泸溪河，这是龙虎山景区内的一条骨架水流，发源于福建省光泽县的崇山峻岭之中，经过龙虎山流入信江最后注入鄱阳湖，全长286千米。它由南向北把整个龙虎山的景观串成一体。

鄱阳湖 是中国第一大淡水湖，也是中国第二大湖。位于江西省北部、长江南岸。跨南昌、进贤、余干、鄱阳、都昌、湖口、九江、星子、德安和永修等市县。鄱阳湖在古代有彭蠡湖、彭蠡泽、彭泽湖、彭湖、扬澜湖、宫亭湖等多种称谓。湖内平均水深8.4米，最深处能达30米。

■ 龙虎山牌坊

龙虎山天地之母

泸溪河似一条逶迤的玉带，把龙虎山的奇峰、怪石、茂林、修竹串联在两岸。河水碧绿似染，时而千流击崖，水缓时款款而行，水浅处游鱼可数，水深处碧不见底。与山岩相伴，便构成了"一条涧水琉璃合，万叠云山紫翠堆"的奇丽景象。

山水交错的龙虎山，有"神仙洞府，人间仙境"之誉，景区内有仙水岩、象鼻山、排衙石、龙虎山、张家山、尘湖山等160多处景观，其中尤以仙水岩和龙虎山最为著名。

从龙虎山山麓沿碧溪泛舟或乘竹筏西行，两岸奇峰突兀，美景扑面而来，令人目不暇接，从这里起3500米就有百余座山峰。其中最著名的是称为"仙水岩"的二十四岩。

龙虎山的仙水岩景区距江西省鹰潭市区约20千米，景区内主要特点是碧水丹山的山水文化、华夏一绝的崖墓群和永远淳朴的古越民族文化。

在此景区的入口处，有一座仿明清时代的门楼牌坊，高10.15米，宽20米，坐东朝西，混凝土仿石结构。

仙水岩是仙岩和水岩的总称。水岩以其碧水丹山而闻名遐迩。这里怪石遍布，山水相映成趣，景观最为集中，有僧尼峰、仙桃石、仙女岩等十大美景,当地称之为"十不得"。

这十大美景,每一景都流传着一个动人的故事。

僧尼峰,又叫"情侣峰""夫妻峰",山峰高约200米,前峰像女性头像,后峰头部有裂痕,像一个受伤的男子倚靠在女人背上。历史上叫"雌雄石"。

《龙虎山志》记载:

> 雌雄石,在仙岩下,两石如人,抵背而立,俗呼公母石。

僧尼峰在地质上属于崩塌残余型石峰类景观,是由于长期受雨水侵蚀冲刷、风化脱落而形成的。由于此峰看上去像一对夫妻,为此,人们又称它为"老婆背老公走不得"。

仙桃石是一座石峰突起,高80余米,远观外形很

古越民族 古代越人是大禹的后代,属于华夏分支,没有图腾。古代越人有断发文身的习俗,目的是躲避水中的蛇、鳄鱼等猛兽,而非出于图腾崇拜。近代大量出土文物和考古研究证实:长江中下游广大地区,在新石器时代,有一种以几何印纹陶为特征的文化遗存。

龙虎山风景

崩塌 也称崩落、垮塌或塌方，是较陡斜坡上的岩土体在重力作用下突然脱离母体崩落、滚动、堆积在坡脚或沟谷的地质现象。产生在土体中者称土崩，产生在岩体中者称岩崩。规模巨大、涉及山体者称山崩。大小不等、零乱无序的岩块或土块呈锥状堆积在坡脚的堆积物，称崩积物，也可称为岩堆或倒石堆。

■ 龙虎山道观风光

像一个被咬了一口的巨型桃子，传说是孙悟空大闹天宫时从蟠桃园摘来的桃子，吃一口可活9000岁，是民间长寿的象征。

仙桃石属于受雨水冲刷风化剥落而形成的崩塌残余型石峰类景观。由于它的形象很像仙桃，为此，又称它为"仙桃吃不得"。

莲花石位于仙桃石旁边，由10多块像花瓣一样的巨石组成圆形，像莲瓣绽开，远观像一朵含风不动的水中莲。中有小石，像莲花结子，石旁还有一座像青蛙的小石，构成了一幅美妙的"青蛙戏莲图"。

莲花石是从较高山峰崩塌落下的岩石堆积而成的小型峰丛类景观。由于它很像一朵莲花，因此又被称为"莲花戴不得"。

玉梳石是一块大石头露出水面，石面上有几处带齿的凹痕，外形像一把梳头用的梳子。民间传说用它

■ 龙虎山正一观

可以梳去心中的烦恼和忧愁。

玉梳石是从山体上崩塌下来的岩石受流水冲刷，沿节理掏空形成的齿状类景观。由于它的样子很像一把梳子，为此被称为"玉梳梳不得"。

丹勺岩位于仙水岩金钟峰石壁上，距水面高两米处有一凹型洞穴，外形很像盛物用的木勺。传说这把神仙用过的勺子可以保护龙虎山不受旱涝灾害。

丹勺岩是由于崖壁抗风化能力的差异和水流的侵蚀，而形成的溶蚀风化型洞穴，它也被称为"丹勺用不得"。

仙菇石是一座石峰露出水面，圆顶突起，高约30余米，像一个大型的蘑菇立在水中。传说，它是八仙送给张天师的礼物。

仙菇石是受河水长期冲刷侵蚀作用，根部内凹成环形凹槽，整体像一只蘑菇立在水中，为此，它又被

八仙 指民间广为流传的道教八位神仙。八仙之名，明代以前众说不一。有汉代八仙、唐代八仙、宋元八仙，所列神仙各不相同。至明吴元泰《八仙出处东游记》始定为：铁拐李、汉钟离、张果老、蓝采和、何仙姑、吕洞宾、韩湘子、曹国舅。

江西龙虎山景观

取名为"仙菇石"又称"仙菇采不得"。

石鼓峰又叫"文豪峰",是一座高约80米的孤峰立在岸边,像一只巨鼓。从北面远看,很像鲁迅的头像,也像高尔基的头像,所以又叫文豪峰。不过由因为文豪峰长得很像一个钟鼓,为此它也被称为"石鼓敲不得"。

道堂岩是一座高约60米的山岩,临水一面由于河水冲刷,形成一个较大的水平洞穴,岩下水深湍急。传说张天师在这里做道场为过往客人祈福保平安,又称"道堂坐不得"。

云锦石高约100米,长约300米的石峰立在水边,从远处看,石峰像斧头劈成,垂直而下,气势磅礴,五彩斑斓的颜色,像一块巨大的云锦披肩。

传说,这块由天上织女织成的披肩是人间的一道彩门,经过彩门可以带来幸福和吉祥。披肩顶部有很多野鸟栖息,排出的白色粪便浇在红色岩壁上,很是壮观,又称"云锦披不得"。

仙女岩是一座天造地设的自然景观,一座高约100米的石峰坐南朝北，北面石壁下部，有一个酷似女性生殖器的奇景，被称为"天下第一绝景"，又称"仙女配不得"。仙女岩作为龙虎山泸溪河的十大美景之一，备受游人的关注，可谓名扬四海。

除了这十大美景，在仙水岩上，还有华夏一绝的崖墓群。这些高崖绝壁上的累累洞穴内，散布着数百座崖墓，岩洞大小不一，里面陈放棺木，形式各异，有单洞单葬，也有单洞群葬和联洞群葬。

最大洞内有10多具棺木，安放着一家族几代人，这些崖墓距离水面10米至60米，基本朝东。棺木大小不一，大多用巨大的整段楠木制成，形态上有干栏式建筑造型的屋脊棺、圆筒独木的独舟棺、方形棺等。

大多数岩洞还安装了封门板，其意不让人看见洞内情况和防止鸟兽进入洞内捣乱，让先人居住在一个安全、舒适的极乐世界。

披肩 也叫云肩，多以丝缎织锦制作，大多数云肩用四个云纹组成，叫四合如意式，还有柳叶式、荷花式等，上面都有吉祥命题，例如，富贵牡丹、多福多寿、连年有鱼等。明清的时候流行很多，大多在婚庆喜宴等场合使用。披肩是从隋朝以后发展而成的一种衣饰，它围脖子一周，佩戴在肩上。

■ 上清宫附近的山峰

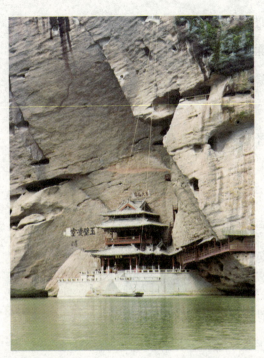

■ 龙虎山飞云阁

那么,这些崖墓是如何形成的?硕大的棺木又是如何放进绝壁之中的呢?这是一个让世人难解的千古之谜。为了揭开谜底,考古学家对崖墓群进行了考古发掘,共清理崖墓18座,出土棺木37具,保存完好的人骨架16副,出土陶器、青瓷器、竹木器、纺织品、纺织工具、古乐器等共235件。

其中,有由细如发丝的竹丝纺织而成的竹器制品,陶器中多为印纹硬陶,也有磨光黑陶、夹砂红陶和原始青瓷,造型非常奇巧。尤其是十三弦和纺织工具物件的出土,为中国的音乐史和纺织史的研究提供了极为珍贵的实物史料。

经文物部门鉴定,龙虎山崖墓是距今2600多年前春秋战国时期的崖墓,其年代久远、数量之众多、位置之险要,堪称"华夏一绝"。

在仙水岩码头的上游,还有一处独特的景致飞云阁,这里壁立千仞、面临深渊。崖壁上刻有"玉璧凌空""半天仙迹""神仙可栖""鹤归留影"等摩崖石刻,均为明嘉靖首辅手笔。

崖下有一开阔地,大约可容数百人之多。古代时这里建有寺庙,并在绝壁中建有栈道通往庙内。此庙规模较大,上下共7层,因此又叫"七层庙"。

印纹硬陶 也称硬陶。中国青铜时代至汉代,长江中下游和东南沿海地区生产的一种质地坚硬、表面拍印几何图案的日用陶器。质地比一般陶器细腻。原料含铁量较高,烧成温度也比一般陶器高,颜色多呈紫褐、红褐、黄褐、灰褐或青灰色。泥料中部分成分和原始青瓷相似,烧制地区也一致。

明代诗人马犹龙在其作品《信州水岩舣舟蜚云阁》中记载：

似是桃源道，频通渔父船。
莲花拓石秀，云锦照川妍。
壁遗蜕，丹封不记年。
琼田杳，故物为谁传。

除了飞云阁，在仙水岩入口处附近，还有一著名的金枪峰，也称"神汉峰"。人们之所以命名其为"金枪峰"，是取"金枪不倒"之意。

龙虎山周围有不少山峰，造型都很奇特，金枪峰主要是在气势上像有一股阳刚之气，而且显示出一种饱经沧桑的样子。

挨着金枪峰的几个山峰都是馒头形，人们称它为

十三弦 也就是筝。因筝有13根弦而得名。是中国的一种民族乐器。

三弦 也称"弦子"。拨弦类弦鸣乐器。相传由秦代"弦鼗"演变而来。音箱木制，两面蒙蟒皮，柄长，张弦3根。有大小两种形制：大三弦用以伴奏大鼓等北方曲艺；小三弦用以伴奏弹词，也用于独奏和合奏。

龙虎山象鼻峰

篆刻 是一门书法与镌刻密切结合的传统艺术,迄今已有3700多年的历史,是汉字特有的艺术形式。篆刻兴起于先秦,盛于汉,衰于晋,败于唐宋,复兴于明,中兴于清。

"鸡笼山"。因为它们长得很像乳房,所以也被称为"双乳峰"。

在仙水岩的北边,还有一处象鼻山景区,景区内主要包括仙象神鼻、仙丹盒、正一仙峰、雄狮回头、百岁洞府、虚靖堂、畲家寨等景观。

象鼻山是龙虎山地质公园最为典型的景观之一,是长期受雨水冲刷溶蚀风化而脱落,造成崩塌残余型的石梁穿洞类景观。高约100米的山峰有一石梁凌空垂下,整个山体就像一头巨型石象在吸水。

象鼻山位于泸溪河东侧,与清澈见底的河水并驾齐驱,形成龙虎山水陆联游的最佳线路。这里一座形象逼真、巨大无比的天然石象立于山中,硕大的象鼻

■ 龙虎山金枪峰

似乎从天而降，又深深扎入大地之中，形态逼真，灵性暗蕴，被世人称为"天下第一神象"。

在象鼻山风景区的不远处，有一座奇特的圆柱形岩石高耸，很像日常生活中使用的蜡烛，仿佛在普照道士们日夜炼丹修道，被俗称为"蜡烛峰"。

正对着蜡烛峰，有一块硕大巨形岩石，长方形，扁平，厚薄均匀，貌似一本天书，书廊岩石篆刻道书《开天经》是龙虎山道教经书之一，此岩被称为"烛照天书"。

在烛照天书的两旁，分别是排衙峰和好了岩。

排衙峰，也称排衙石，其山势为南北走向，呈狭长形，最高峰海拔267米。排衙峰由多组奇峰秀峦组成，一字排开巅连起伏，气势磅礴。

有骆驼峰、芙蓉石、醉罗汉，还有修行不足跳不过龙门的鲤鱼峰和一心为求功名虔诚拜塔的状元峰；幽谷中有狐狸岩，谷东有高数十丈的石城墙。

好了岩的一面非常平滑，好像是被切下来一样，为此它又叫"大刀切"，据说，是关公挥大刀劈下的。

从地质科学上讲，好了岩是由于地壳运动和重力崩解作用，整座山峰在此齐整崩塌，形成壁立千仞的壮美景观。

■ 龙虎山栈道

龙虎山是道家仙境，据说，过了这个好了岩就进入了仙境，可以了却一切凡尘俗事。为此，在龙虎山流传着这样一首《好了歌》：

地壳运动 是由于地球内部原因引起的组成地球物质的机械运动。地壳运动是由内营力引起地壳结构改变、地壳内部物质变位的构造运动，它可以引起岩石圈的演变，促使大陆、洋底的增生和消亡，并形成海沟和山脉，同时还导致地震、火山爆发等。

好即是了，了即是好。
官大官小，没完没了。
钱多钱少，一样烦恼。
三妻四妾，老婆最好。
好了，好了，世上一切，
知足常乐，健康最好。

在龙虎山景区，当年祖天师结炉炼丹的龙虎山位于泸溪河的下游，此山原名"去锦山"，因山上一块高100多米、宽过数百米的五彩山岸状若巨大的去锦而得名。龙虎山上多巨石，悬岩耸峙，嶙峋骨立，群山簇拥，两峰突兀。右峰蜿蜒蜷曲，恰似一条伏身翘尾、蟠绕而卧的苍龙，故称"龙山"。

左峰挺拔起崛，犹如扑地而起的猛虎，故称"虎山"。一龙一虎相连对峙，所以合称"龙虎山"。

山麓之下有一开阔平坦处，它坐北朝南，面水背山，乃张道陵炼丹处——正一观旧址。

据《龙虎山志》记载：第四代天师张盛自汉中迁回龙虎山之后，曾在此建祠祀祖。五代、南宋、唐时在此建天师庙；1105年，第三十代天师张继先奉敕修葺，徽宗时改天师庙为演法观。1563年，明世宗赐帑重修，并改演法观为正一观。

龙虎山景区内的张家山景区在龙虎山东北，离中

明世宗（1507—1567），朱厚熜，明代嘉靖帝，湖北钟祥人，是明代实际执政时间最久的皇帝。继位之初，他下诏废除了武宗时的弊政，诛杀了佞臣钱宁、江彬等，使朝政为之一新，不过不久以后就爆发了"大议礼之争"，也是明朝最著名的政治事件。

■ 龙虎山山峰

■ 龙虎山玉皇殿

心游览区最近，面积2.4平方千米。主要景观有倪寨峰、帽子峰、西仙源、征君山、石栖山等。这里丹崖壁立，绿树葱茏，山谷清幽，石径盘曲，漫行于此，可一涤尘嚣烦恼。倪寨峰上的"丈人看女婿"，似羞似亲，十分有趣。

西仙源上的戏珠峰，岩秀景奇。征君山上的百米石道，曲径幽深。石栖山一峰兀立，陡峭巍峨，人们戏称为"上海大厦"。

尘湖山景区位于龙虎山东南13千米，面积4平方千米，有重要景观19处，奇山秀峦，飞瀑流泉，景色非常秀美。

除了这些漂亮的山峰，在龙虎山景区内还有一些特殊的景色和建筑，如无蚊村、上清古镇、上清宫、天师府、应天山等。

摩崖石刻 是中国古代的一种石刻艺术，有广义和狭义之分，广义的摩崖石刻是指人们在天然的石壁上摩刻的所有内容，包括上面提及的各类文字石刻、石刻造像，还有一种特殊的石刻岩画也可归入摩崖石刻。狭义的摩崖石刻则专指文字石刻，即利用天然的石壁刻文记事。

其中，无蚊村坐落在泸溪河东岸、仙水岩的中部。该村依山傍水、峰峦秀丽，村内树木葱茏，村前碧波荡漾、舟楫穿梭，这里冬暖夏凉、气候温和。村内最大的奇特现象，就是没有蚊子，因此被称为"无蚊村"。

该观建置为正殿五间，祀奉张道陵、王长和以及赵升三人，铜像俱鎏金，左右两庑各三间，正门三间，正殿后玉皇殿五间，东西建钟鼓楼。是龙虎山道教著名宫观之一。历史上，龙虎山是中国最著名的道教圣地，游历过龙虎山的历史名人也非常多。

如唐代的皮日休、顾况、吴武陵，宋代的苏东坡、王安石、晁补之、曾巩、陆九渊、文天祥，元代的赵孟𫖯、揭傒斯，明代的夏言、徐霞客，清代的袁枚等，并且都留下了不少著名的诗词歌赋、摩崖石刻和题咏碑碣，这些都成了龙虎山宝贵的文物，不少诗词咏被收进了清代娄近垣编撰的《龙虎山志》之中。

阅读链接

关于龙虎山的来历，还有这样一个传说：

相传，在9000年前，太上老君为了给徒弟张天师建上清宫做准备，从东海赶了九条龙到泸溪上修炼。

这九条龙在上清修炼了千年之久，便偷偷地往东海逃跑。太上老君发现后，派了一只神虎下凡看守冲天龙。由于冲天龙斗不过神虎，只好勉强伏在原地继续修炼。

自从张天师建立了上清宫后，八方进香，宫里神烟冲天，灯火日夜辉煌。为了确保九条龙永不逃跑，天师府神烟不断，张天师对九条龙打下了镇龙牌。

冲天龙被镇龙牌一镇，顿时火冒三丈。它为了逃脱神虎和张天师的镇威，有一天趁着神虎熟睡的时候，又悄悄地逃跑。冲天龙火冒三丈，吐出烈焰熊熊的龙珠，把张天师烧得焦头烂额。

危急之际，熟睡的神虎惊醒，一声长啸扑向冲天龙，从此斗争不休，最后冲天龙和神虎一并化作山峦，龙虎山因此得名。

由七星岩鼎湖山构成的星湖

广东省肇庆市的星湖位于肇庆市北郊，湖面约5.3平方千米，大小和西湖相近。整个湖面被蜿蜒交错的湖堤划分为5个湖。湖堤总长20余千米，堤上杨柳、凤凰木成行，宛如绿色带子飘落在碧澄的水面上。

星湖美景

■ 美丽星湖

星湖是由原有的沥湖扩宽而成的，总面积约460万平方米。湖堤长逾20千米，林荫覆道。

星湖景观包括七星岩和鼎湖山两部分。

其中，七星岩景区坐落在城区中心，背靠北岭山脉，由散布在广阔湖区的七岩、八洞、五湖、六岗组成，以山奇水秀、湖水相映、洞穴幽奇见胜。景区内7座挺拔秀丽的石灰岩山峰布列，如北斗七星，故名"七星岩"。

这7座石灰岩从东至西依次名为阆风岩、玉屏岩、石室岩、天柱岩、蟾蜍岩、仙掌岩及阿坡岩，大都是天然洞穴，毫无人工斧凿的痕迹。岩中以天柱岩为最高，约为113米。

天柱岩的峰顶上有摘星亭，是七星岩最高的建筑物。天柱岩有如擎天柱，半山上有天柱阁。

七星岩中的石室岩早在几百年前就以风景幽奇而

肇庆市 位于广东省，属珠江三角洲，西靠桂东南，珠江主干流西江穿境而过，北回归线横贯其中。背枕北岭，面临西江，上控苍梧，下制南海，为粤西咽喉之地。肇庆属于珠江三角洲。由于是中国四大名砚之首端砚的产地，故有"中国砚都"之称。

■ 肇庆星湖水月岩云

闻名全国,是星湖中心,为七星岩景区名胜古迹较集中之处。

岩顶名嵩台,相传是天帝宴请百神之所。岩下有一特大的石室洞,洞口高仅2米,洞内穹窿宽广,顶高达30余米,石乳、石柱、石幔遍布其间。

洞中有地下河,可览璇玑台、黑岩、鹿洞、光岩等景。在石洞南口左侧,有一座依山面水的宫殿式建筑,名曰"水月宫"。

水月宫旁湖面上有一组做放射式排列、玲珑剔透的揽水亭,中间一座八角重檐,四旁各一座四角单檐,曲栏相接,连成一体,又以一道长桥连接湖滨,与水月宫合成一个整体。

石室岩上的揽月亭和水月宫倒映入湖,其景甚妙,被称为"水月岩云"。

七星岩的奥妙在于岩峰之下的众多天然溶洞,这些溶洞构成了七星岩风景区的"八洞",其中以石

重檐 在基本型屋顶重叠下檐而形成。其作用是扩大屋顶和屋身的体重,增添屋顶的高度和层次,增强屋顶的雄伟感和庄严感,调节屋顶和屋身的比例。因此,重檐主要用于高级的庑殿、歇山和追求高竿效果的攒尖顶,形成重檐庑殿、重檐歇山和重檐攒尖三大类别。

室岩下的石室洞最为宏大，洞内穹窿宽广，顶高30多米，下贮湖水。

阿坡岩东麓下的双源洞洞长270多米，原为地下河，分东西两支流出洞外，故名"双源"。这是七星岩"八洞"中最长的一个水洞。它属于冷冻型的脚洞，夏天进去，凉风习习，令人暑气全消。

如果乘船进洞探胜，里面的钟乳石丰富多彩，景象为七星诸洞之冠。

在七星岩景区，所有岩石分南北两列，南列由东而西为阆风岩、玉屏岩、石室岩、天柱岩、仙掌岩等，唯阿坡岩独峙北部。两列之间有一土山，山上西有波海楼，东有星湖旅社。

除了天柱岩、石室岩和阿坡岩，其余四岩也各有特色，阆风岩东南北三面临水，溶洞特别多，南面的无底洞洞口直径约两米，蜿蜒而下，深不可测。

玉屏岩林木丛生，有三仙阁，阁外磴道有两凹

> **脚洞** 指沿地下水面发育形成的水平性洞穴。多由泛滥的洪水侵蚀、溶蚀作用形成于石峰脚下。形成方式可能是水的侵蚀作用，或是风与微生物等其他外力的风化作用，许多自然界的洞穴是形成于石灰岩地带，为溶洞或钟乳洞，另有一种相似的地形，称为石棚。

■ 肇庆星湖玉屏风岩

肇庆星湖风景区

穴,讹传为神仙脚印。有一大石半悬岩上,名"半岩",用石在不同地方敲击,可听到各异的音响。

蟾蜍岩高70米,满布石沟。仙掌岩岩顶略平,面积约100平方米,北面有几根竖立的石笋,形如托掌。在这些众多的岩石中,最特别的还有岩石上的500多题摩崖石刻。

七星岩的7座石山,就崖壁而言,其面积不足1.5平方千米,但其上却镌刻着上自唐朝下至现代的石刻题字523则。

它们分布密集、保存完整、文体齐全、字体纷繁、中外兼备,不仅是中国精美的石刻艺术品,而且也是研究中国唐朝以来各个朝代的政治、经济和文化的重要实物资料。

这些石刻以石室岩最为集中,被誉为"千年诗廊"。其中,年代最久远的要数石室岩南麓唐代李邕的《端州石室记》。

李邕，又名李北海，所以该石刻又名"北海碑"，整体高1.07米、宽0.79米，正文连同标题、落款共18行386字，落款日期是"开元十五年正月廿五日"，也就是727年。由于石刻中央偏左有一马蹄形印记，所以又称"马蹄碑"——马蹄形印记始见于宋初。至清朝末年，该石刻可见文字319字，如今清晰可见文字273字，连模糊但尚可辨认的31字在内，实存304字。

继李邕之后，历代游览七星岩的文人雅士，都喜欢在七星岩的崖壁上写诗、题字、作画，以写景抒怀。

在523则石刻题勒中，计有：唐朝的4则；宋朝的80则；元朝的13则；明朝的146则；清朝的117则；年代不详的44则。

这些石刻，就文字种类看，以汉文字为主，也有

> 李邕（678—747），即李北海，唐代书法家。字泰和，江苏扬州人。其父李善，为《文选》作注。李邕少年时期就已成名，后召为左拾遗，曾任户部员外郎、括州刺史和北海太守等职，人称"李北海"。

■ 肇庆星湖天柱岩

藏文和西班牙文。汉文字的字体，有篆、隶、楷、行、草，巨者丈余，小者半寸，不少书法名家的佳作都荟萃在一起，构成了南方独特的书法艺术宝库。

七星岩景区的五湖由中心湖、波海湖、青莲湖、东湖和里湖5个湖组成，总面积约为6.49万平方米。

中心湖又叫大湖，位于湖区的中心。泛舟湖上，船在水中行，景色两岸走，如在画中游，休闲舒适，快意悠悠。自古有记载："不乘舟游湖，不知湖光之胜，枉来星岩。"

波海湖位于肇庆城区中部偏西，东以百丈堤与中心湖为界，北接肇庆大道，东南为出头村，西南为波海蓝湾和星湖奥园以及波海公园。

波海湖的面积居星湖第三位，也是位置最西的湖，其水深约4米。

青莲湖位于肇庆城区，是星湖东南的一部分。湖水经中心堤上的水月桥的桥洞向西流入中

> **隶**　是继篆书以后的新兴书体。"大、小篆生八分"，隶书是由篆书发展变化而成的。在中国汉字发展中，如果把甲骨文至秦小篆的篆书系统划为古文字，那么，隶书直至今天使用的楷书，都属于今文字范畴。隶字萌芽于战国，孕育于秦代，定型于西汉，兴盛于东汉。

■ 肇庆星湖玉屏岩

心湖。湖中有两个岛屿。

东湖又称仙女湖,是七星岩景区的主要游览区之一,为肇庆市旅游发展局斥巨资所扩建,面积约2平方千米,水面占90%。

仙女湖以湖泊、滩涂芦苇、湿地水禽、水中羽杉为主体结构,生机盎然。而景区建设的中国最大丹顶鹤生态园,人鹤共舞的景象成为整个七星岩的亮点。

里湖面积约为21平方千米,是七星岩景区的核心景观组成部分之一。在七星岩群山环绕中,有一潭清澈湖水,静得让人感觉不到它在流动;清得可以看见那凹凸不平的湖底;绿得仿佛一块无瑕的碧玉,这便是五湖中的里湖。

七星岩景区的六岗,分别指的是石牌岗、狮岗、象岗、万松岗、犀牛岗、祖师岗,它们分别在每个岩石的周围,和各个岩石共同组成了美丽的七星岩景区。

湿地 指天然或人工形成的沼泽地等带有静止或流动水体的成片浅水区,还包括在低潮时水深不超过6米的水域。湿地与森林、海洋并称全球三大生态系统,在世界各地分布广泛。湿地生态系统中生存着大量动植物,很多湿地被列为自然保护区。

丹霞山 又称中国红石公园，位于韶关市境内，面积290平方千米，是广东省面积最大、景色最美的风景区。1988年被评为世界地质公园。丹霞山的丹霞地貌由680多座顶平、身陡、麓缓的红色沙砾岩石构成，以赤壁丹崖为特色。

星湖景观内的鼎湖山景区距肇庆城区东北18千米，它位于北回归线上，如果从高空上往下看这里是一片绿洲，有"沙漠带上的绿色宝库"之称，它与韶关的丹霞山、惠州的罗浮山、佛山的西樵山并称为"岭南四大名山"。

除此之外，鼎湖山完整地保留了亚热带常绿阔叶林的原始面貌，所以被誉为"岭南第一名山"，又因该景区地处北回归线，因而有"北回归线上的绿宝石"之称。

鼎湖山景区以亚热带天然森林、溪流飞瀑、深山古寺见长。从世界范围来看，整条北回归带几乎全是沙漠或干旱草原，而纬度相当的鼎湖山景区，由于受季风影响，却是一片生机盎然的亚热带、热带森林，所以为各国科学家所注目。

鼎湖山景区具体分东西两片。东区为天溪，也

■ 星湖景观内的鼎湖山景区

■ 肇庆星湖风景

称天湖景区；西区为云溪，也称老鼎景区。两大景区内包括鼎湖、三宝、凤来等10多座山峰，以及水帘洞天、白鹅潭、葫芦潭等8处瀑布。

山南麓有庆云寺，西南隅有白云寺，山腰建有日僧荣睿大师纪念碑。此外，还有一个名为"宝鼎园"景观。

鼎湖山景区内的天湖也就是鼎湖，原来的名字叫"顶湖"，因山顶本来有个天然湖，后人说"顶"字俗气，显不出山的气势，所以用了"鼎"字。

另一种说法是在明清时期，有文人墨客说它中峰圆秀，山麓在3条山脊向下延伸，远远望去，就像一个宝鼎坐落在群山之中，故雅称为"鼎湖"，最早出现"鼎湖"两字是在明正统年间。

《鼎湖山志》说道：

鼎湖中峰圆秀，两山角立，左右山麓诸峰三歧，若鼎峙焉。

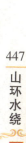

鼎 是中国青铜文化的代表。鼎在古代被视为立国重器，是国家和权力的象征。鼎本来是古代的烹饪之器，相当于现在的锅，用以炖煮和盛放鱼肉。自从有了禹铸九鼎的传说，鼎就从一般的炊具而发展为传国重器。

■ 肇庆九龙宝鼎

由此可见，鼎湖山是因山形似鼎而得名，而鼎湖山似乎也格外看重"鼎"文化，天湖景区旁的宝鼎园，便是对中国古代鼎文化的一个展示。

在宝鼎园中，有两个世界之最：一是九龙宝鼎；二是端溪龙皇巨砚。

端溪龙皇砚重达2吨，处在园子中轴线中央。经过庭园，呈现在人们眼前的是一个宽阔的广场，场中有一座九龙宝鼎，鼎身和鼎足共铸有9条金龙腾云驾雾，栩栩如生。

九龙宝鼎，高6.68米，口径5.58米，重16吨，为世界之最。此鼎具有宽大的双耳，外侧各饰10条蟠龙。口沿下有3组对称龙纹，为6龙，加上三足顶端有3个大龙头，共有9龙。

九龙宝鼎整座由青铜浇铸而成，鼎身连续不断的环带纹饰，线条粗犷，具有西周时期鼎形制最为稳定雄健和质朴庄严的特点。这9条金龙气势恢宏，安稳

巨砚 砚指写毛笔字磨墨用的文具，多数用石做成。巨砚即是大型的砚台。它以笔蘸墨写字，笔、墨、砚三者密不可分。砚虽然在"笔墨纸砚"的排次中位居殿军，但从某一方面来说，却居领衔地位，是"文房四宝"之首，这是由于它质地坚实，能传之百代的缘故。

地屹立在花岗岩的基座上,象征着中华民族江山社稷永固,稳如磐石。

在天湖景区内,除了宝鼎园,还有著名的飞水潭,此潭又名"龙潭飞瀑",位于鼎湖山南半山腰、庆云古刹下东侧。瀑布下,如注的水流汇成一泓碧水,中有巨石,上刻"枕流"两字。

云溪景区位于鼎湖山西坑,是鼎湖山自然保护区的核心。这里,除了涉水山溪、观赏古刹云瀑之外,更主要的是观赏古树名木。

鼎湖山是南亚热带季风常绿阔叶林赤红土地带,主峰鸡笼山海拔1000米,生长着热带和亚热带高等植物1856多种,而这些高等植物大都汇集到云溪景区来。

如树龄400多年的古梅、胸径1.5米的贝多罗、高入云天的黄皮、明朝金山祖师手植的丹桂、冰川时

> **蟠龙** 是指中国民间传说中蛰伏在地而未升天之龙,龙的形状作盘曲环绕。在中国古代建筑中,一般把盘绕在柱上的龙和装饰在梁上、天花板上的龙均习惯地称为蟠龙。龙是中国古代传说中的一种长形、有鳞、有角的神异动物,能走,能飞,能游泳,能兴云作雨。

■ 端溪龙皇砚

招提 指民间私造的寺院。汉译佛经中的招提,又称招斗提舍。意译四方、四方僧、四方僧房。即指自四方来集之各方众僧,即招提僧均可止宿之客舍。故为僧团所共有之物,可供大众共同使用者,即称为招提僧物,或四方僧物。

期遗留下来的"活化石"桫椤以及黑桫椤、苏铁、鼎湖钩樟、鼎湖冬青、鼎湖锥树、鼎湖格木等,名目繁多。

在云溪景区内,最著名的是水帘洞天,该水帘从30米高处倾下,汹涌澎湃,寒气袭人。距潭20多米的石壁上,建有观瀑亭。亭内可见水帘洞天全景。每当阳光斜照时,一条长虹横卧帘前,瑰丽夺目。

此外,在鼎湖山景区内,还有著名的庆云寺和白云寺。庆云寺位于鼎湖山中部偏东的山谷中,坐西面东,具有浓重的东方建筑艺术特色。寺内文物古迹甚丰,有如舍利子、千人镬、大铜钟、白茶花树、平南王法座、《碛砂藏经》、百梅诗碑、梅花图碑刻、慈禧太后的"敕万寿庆云寺"牌匾等。

白云寺位于鼎湖山西坑,始建于678年,是岭南名刹之一。鼎湖山的开山祖是唐朝佛教禅宗六祖惠能之高足智常禅师。该寺建在鼎湖山西南云顶峰处,常

■ 肇庆鼎湖山庆云寺

■ 肇庆星湖风景

年白云缭绕,故称"白云寺"。

鼎湖山自唐代以来就是著名的佛教圣地和旅游胜地。当年,白云寺创建后,高僧云集,周围建起36座招提,前来朝拜、游览的香客、游人越来越多。

1633年,山主梁少川莲花峰建起莲花庵,第二年又迎来高僧栖壑和尚入山奉为住持,重建山门,改莲花庵为庆云寺,至清代,庆云寺规模越来越大,成为岭南四大名刹之首。

阅读链接

据说,星湖景观区的鼎湖山来历有很多神话,最出名的就是"黄帝铸鼎"的故事:

相传,黄帝平定了中原以后,便来到一座大山中开炉铸鼎。黄帝向上天祈求铸鼎之水,于是上天在三峰鼎立处灌满了碧水给黄帝铸鼎,从此山顶便有了湖。

宝鼎铸好后,玉皇大帝派来了神龙把黄帝接到天上做神仙去了。后来人们把顶湖山称为黄帝铸鼎的地方,更名为"鼎湖"。

崇山峻岭中的黑龙江镜泊湖

镜泊湖是中国最大的典型熔岩堰塞湖,位于黑龙江省东南部,距牡丹江市区110千米的群山中。湖区周围有火山群、熔岩台地等。

湖水南浅北深,湖面平均海拔350米,北部最深处超过60米,最浅处则只有1米;湖形狭长,南北长45千米,东西最宽处6千米,面积约91.5平方千米。景区总面积1214平方千米,容水量约16亿立方米。

■ 镜泊湖风光

历史上，镜泊湖也称"阿卜湖""阿卜隆湖"，后改称"尔金海"，713年称"忽汗海"，明志始呼"镜泊湖"，清朝称为"毕尔腾湖"。

今仍通称镜泊湖，意为清平如镜。它是世界上少有的高山湖泊，以天然无饰的独特风姿和峻奇神秘的景观而闻名于世，是国家著名风景区和避暑胜地。

镜泊湖是大约1万年前形成的，它本是新生代新近纪（新第三纪）中期所形成的断陷谷地。第四纪晚期，湖盆北部发生断裂，断块陷落部分奠定了今日湖盆基础。

同时，在今镜泊湖电站大坝附近和沿石头甸子河断裂谷又有玄武岩溢出，熔岩流与来自西北部火山群的喷发物和熔岩汇集，在"吊水楼"附近形成一道玄武岩堤坝，堵塞了牡丹江及其支流，形成镜泊湖。这样形成的湖泊，称为"堰塞湖"。

湖区有由离堆山及山岬形成的一些小岛。湖北端湖水从熔岩堤坝上下跌，形成25米高、40米宽的吊水楼瀑布；瀑布下的深潭达数十米，与镜泊湖合为镜泊湖风景区。

镜泊湖藏身于崇山峻岭之中，山水含情，风姿无限。整个湖周很少有建筑物，只有山峦和葱郁的树

■ 镜泊湖石刻

熔岩流 从火山口或火山裂隙喷出到地表丧失了部分气体的流动岩浆。基性熔岩要比酸性熔岩的流动性强。熔岩流冷却后形成固体岩石堆积有时也称之为熔岩流。呈液态流动的熔岩温度常在900℃～1200℃之间，如熔岩中气体的含量多，更低的温度也能流动。酸性熔岩黏滞，流动不远，大面积的熔岩流常为基性熔岩。

镜泊山庄 坐落在镜泊湖北岸的半岛上，有一幢幢建筑别致的小别墅，掩映在万绿丛中，这就是镜泊山庄。整个湖区峰峦叠翠，湖水碧澄如镜。湖光山色与附近的熔岩隧道、地下森林和镜泊山庄构成奇妙幽邃的镜泊风光。

林，呈现一派秀丽的大自然风光，而这正是镜泊湖的诱人之处。在镜泊山庄的高处眺望，只见湛蓝的湖水展向天边，一平如镜。

镜泊湖分为北湖、中湖、南湖和上湖四个湖区，由西南向东北走向，蜿蜒曲折呈S状。

吊水楼瀑布、白石砬子、大孤山、小孤山、城墙砬子、珍珠门、道士山和老鸹砬子是镜泊湖中著名的八大景观，八大景观犹如八颗光彩照人的珍珠镶嵌在万绿丛中。

在这八大景观中，以吊水楼瀑布最为著名。

瀑布之成因，据考察证实，是镜泊湖火山群爆发时喷发出的熔岩，在流动进程中接触空气的部分首先冷却成硬壳，而硬壳内流动的熔岩中尚有一部分气体仍未得到逸散，直至熔岩全部硬结后，这些气体便从硬壳中排出，形成许多气孔和空洞。

■ 镜泊湖瀑布

镜泊湖抱月湾

这些气孔和空洞后又塌陷,形成了大小不等的熔岩洞。当湖水从熔岩洞的断面跌下熔岩洞时,便形成了十分壮观的瀑布。

吊水楼瀑布酷似闻名世界的尼亚加拉大瀑布。湖水在熔岩床面翻滚、咆哮,如千军万马之势向深潭冲来,然后从断岩峭壁之上飞泻直下,扑进圆形瓯穴之中。

潭水浪花四溅,如浮云堆雪,白雾弥漫;又似银河倒泻,白练悬空。水声震耳如有雷鸣。

瀑布幅宽40余米,落差为12米。雨季或汛期,瀑布呈现两股或数股跌落,总幅宽达200余米。

瀑布两侧悬崖巍峨陡峭,怪岩峥嵘。站在崖边向深潭望去,如临万丈深渊,令人头晕目眩。一棵高大遮天的古榆枝繁叶密,酷似一把天然的巨伞,立于峭崖乱石之间。

斑驳的树影中,一座小巧的八角亭榭依岩而立,人称"观瀑亭"。

亭台至瀑布流口及北沿筑有铁环锁链护栏。古榆下尚有一条经人

■ 镜泊湖沿岸

工凿成的石头阶梯蜿蜒伸向崖底的黑石潭边，枯水期间，潭水波平如镜。据测黑石潭深达60米，直径也有100余米。每逢晴天丽日，光照向瀑布，则有色彩斑斓的彩虹出现。

冬季枯水期，瀑布不见了，却可以观看到另一番景致。在熔岩床上，可发现许多被常年流水冲击的熔岩块因磨蚀而形成的大小深浅不等的溶洞，这些溶洞，犹如人工凿琢般光滑圆润，十分别致。环潭的黑古壁，是一个天然的回音壁，可与北京天坛公园的回音壁相媲美。

关于吊水楼瀑布，曾有一个古老的传说。

很久以前，在瀑布的水帘后面藏着一位聪明美丽的红罗女，深受远近青年人的爱慕。但她声言无论是谁向她求爱，都必须回答"什么是人间最宝贵的"这一问题。

回音壁 一般指北京天坛皇穹宇的围墙。回音壁有回音的效果。如果一个人站在东配殿的墙下面朝北墙轻声说话，而另一个人站在西配殿的墙下面朝北墙轻声说话，两个人把耳朵靠近墙，即可清楚地听见远在另一端的对方的声音，而且说话的声音回音悠长。给人造成一种"天人感应"的神秘气氛。

消息传开后每日来向她求婚的人络绎不绝。其中有勇士、书生、商人，乃至国王。

勇士回答说："人间最宝贵的是武力。"

书生说："人间最宝贵的是诗书。"

商人说："人间最宝贵的是金钱。"

而国王却回答："人间最宝贵的是权势。"

这些回答，红罗女都不满意。于是勇士含羞而去，书生忍耻而归，商人倾宝于湖，不再提亲。

唯有国王厚颜无耻地立在吊水楼前苦思冥想不肯离去，最终老死在悬崖上，葬身于乌鸦腹中。

如今，每当人们来到吊水楼瀑布前，便不由得想起聪颖、美貌的红罗女和她那发人深省的提问。

镜泊湖内的白石砬子位于镜泊湖边，孤山前湖之左岸，是一座白石层叠、错落有致的白崖岛，为湖中名景之一。

砬子为方言，指山上耸立的大岩石。它由三座白石峰组成，左右

镜泊湖椴树秋叶

> **鱼鹰** 也叫鸬鹚，水老鸦，是鹈形目鸬鹚科的一属，有30种。鸟类。身体比鸭狭长，体羽为金属黑色，善潜水捕鱼，飞行时直线前进。中国南方多饲养来帮助捕鱼。除南北极外，几乎遍布全球。该鸟可驯养捕鱼，中国古代就已驯养利用，为常见的笼养和散养鸟类。

两座低矮，陡峭的石壁突出湖岸，中间格外高峻，面临湖水，傲然屹立，很雄伟。岛上常年堆积的白色的鱼鹰类粪便，像无数块巨岩粘在一起，层层叠叠，奇形怪状，故而得名"白石砬子"。

平时白石砬子和邻近的湖岸相接，当湖水溢满，石峰与邻岸便被浩渺的大水相隔，也称"白崖岛"。远远望去，它形似身披白色盔甲的卫士屹立于万山丛中，守卫着镜泊湖。

镜泊湖内的大孤山是一座高出水面65米、面积仅1万平方米的圆形山峰，耸立于湖中，实为湖中一大岛屿，是地壳断裂后遗留下来的残块。

它状似一头水牛横卧湖上，埋头饮水，生机盎然。春暖花开时节，大孤山上开满了杏花、李花、玫瑰花和兴安杜鹃花等五颜六色的野花，绚丽多彩，故也称"花山"。

岛上森林茂密，针阔叶混交林浓荫蔽日，岸边

■ 镜泊湖景观

灌木丛生。森森古树的须根因常年被湖水冲击，已袒露在外，攀缘于岩石裂缝之间，显示出它顽强的生命力。

大孤山北侧不知何时何人铺就一条山径，已无从考证。沿着山径登临峰巅，极目远眺，真是满目锦绣。远看重峦叠翠，天水一色；湖上流光溢彩，烟波浩渺；近观云霭浮漾，湖光波影尽收眼底。小岛的静谧，环境的幽雅使人顿生爱慕之情。

小孤山是底壳断裂的残块，位于大孤山附近。小孤山小巧玲珑，形似盆景，可谓八大景中之精品。

镜泊湖八景之一的城墙砬子位于镜泊中部西岸山顶，小孤山西南的岸上，山岩峭立。山上有一座古城遗址，据考证，此处为渤海国湖州故城，为此，城墙砬子又名"湖州城遗址"。

此地地势险要，虽已历经千年，但城墙大部分仍巍然屹立，可知其当年风貌，登城俯瞰，镜泊风光，

渤海国 是中国唐朝时期以粟末靺鞨族为主体建立，统治东北地区的地方民族政权。698年，粟末首领大祚荣建立靺鞨国，自号震国王。713年，唐玄宗册封大祚荣为渤海郡王。从此粟末靺鞨政权以渤海为号，成为唐朝版图内的一个享有自治权的羁縻州。

■ 镜泊湖别墅

瓮门 指瓮城的城门。瓮城是为了加强城堡或关隘的防守,而在城门外修建的半圆形或方形的护门小城,属于中国古代城市城墙的一部分。瓮城两侧与城墙连在一起建立,设有箭楼、门闸、雉堞等防御设施。瓮城城门通常与所保护的城门不在同一直线上,以防攻城槌等器械的进攻。

尽收眼底。站在山城之上可向北远眺小孤山;向南俯视珍珠门,山城与碧波相映,文物古迹与自然风光浑然一体。

山城依山势走向,用石块筑就。城的北侧和东侧为峭壁,借助天险为屏,低矮地段间以石砌城墙衔接,城的西侧和南侧为陡坡,顺势筑墙。城墙周长2千米,呈不规则方形,城南与东北各有一瓮门,可与山下相通。

城垣除部分塌陷,大部完好。城墙叠砌清晰,虽然经过了上千年的历史,犹巍然屹立,保持着当年挺拔峻伟的历史风貌。

珍珠门,位于中湖南最狭窄之处。两个小岛分立左右,高出水面15米,远望似门,故称"珍珠门"。

传说,它们是红罗女为避富商的求婚,将其两颗求婚的珍珠抛于湖中,衍化成两座精巧的小礁山。两岛间的航道只有10多米,历来是湖中的交通要道。枯水期,湖中沙滩裸露,小岛与湖西岸接壤,渤海国时期湖州城遗址即在珍珠门西岸。

珍珠门离城碴子不远,但见两座玲珑小山,宛若珍珠,对峙湖中,中间相距只10米,仿佛一道天然门户。

道士山位于镜泊湖的南部。驶过珍珠门,遥望湖之两岸,有一山峦兀立湖中,它高出水面78米,这就是"道士山",实际上是一座岛屿。它左右各有一山环抱,犹如"二龙戏珠"。

岛上古木翁郁,寂静幽深,曲径尽头,浓荫掩映一座古庙,据说于清朝咸丰年建成,人们叫它"三清庙"。因当时庙中有一位道士,后来修行成仙,便起名为"道士山"。

道士山名为山,实为一大岛屿。传说中道士山庙里曾有口"九龙探母"的大铁钟,钟声洪亮,声震大湖,回声经久不绝。当今古庙已不复存在。古庙废墟

城垣 指中国古代围绕城市的城墙。广义还包括城门、城楼、角楼、马面和瓮城。中国古代城墙多为土筑,仅在城台、城角表面包砖,宋元时由于火炮的应用,才逐渐在全部城垣外表包砖,明代各大小城市均普遍包砖。城台、城楼和角台、角楼建在城垣的关键部位,具有军事防卫的意义。

■ 镜泊湖瀑布

老鸹 是乌鸦的俗称。是雀形目鸦科数种黑色鸟类的俗称。为雀形目鸟类中个体最大的。羽毛大多黑色或黑白两色，黑羽具紫蓝色金属光泽；翅远长于尾；嘴、腿及脚纯黑色。老鸹共36种，分布几乎遍及全球。

前庭宽敞，绿草如茵，幽雅清静。

八景之一的老鸹砬子又称"老鸹山"，在镜泊湖的南部，是湖中一个小岛，它像一只老鸹卧在湖中，因此得名。山上苍松翠柏，老鸹栖息林中。

岛上树高林密，树杈上老鸹巢穴星罗棋布。附近水域里还有鹭鸶、水鸡、鸳鸯等水禽，所以此地又是水鸟的乐园。老鸹砬子孤立湖中，呈灰褐色，奇岩怪石堆积的岩崖，险峻陡峭。

乘船绕到山背面，再远望此山，老鸹山竟又变成了驼山。山前首，光光的砬子恰似光秃秃的骆驼脖子；山后首，骆驼身负重载地在水里行走，形象逼真，饶有趣味。

镜泊湖一年四季都有着各自独特分明的景色。春天，满山达子香，满湖杏花水；夏天，绿荫遮湖畔，轻舟逐浪欢；秋天，五花山色美，果甜鱼更肥；冬天，万树银花开，晶莹透琼台。

■ 镜泊湖美景

这里，可以得到与镜泊湖名字一样的平静感，从而能够休养生息，陶冶性情。湛蓝的天空倒映在如镜的水面上，使湖水也染上了一层浅蓝，岸上的青山中不时出现一幢幢精巧别致的

镜泊湖金鳟鱼

欧式别墅，掩映在绿树丛中，桃红的、绛紫的、海蓝的……

山清水秀的镜泊山庄，风光旖旎的百里长湖，气势雄浑的吊水楼瀑布，绮丽壮阔的火山口原始森林，怪石峥嵘的地下熔岩隧洞，盛衰疑迷的渤海国古国遗址，粗犷浓烈的地方民族风情，繁复珍奇的野生动植物资源，还有黑龙潭跳水表演。

这山、这水、这景、这情，令人惊叹神往、流连忘返。

阅读链接

关于镜泊湖的吊水楼瀑布来历，还有一个古老的传说。

在很久以前，牡丹江畔住着一个美丽善良的红罗女。她有一面宝镜。哪里的人们有苦难，她只要用宝镜一照，便可以消灾弭祸。

这件事传到了天庭，引起了王母娘娘的忌妒，她派天神盗走了宝镜。

红罗女上天索取，发生了争执，宝镜从天上掉了下来，就变成了后来的镜泊湖。

集山水韵于一体的湖南东江湖

东江湖风景旅游区位于湖南省南大门郴州资兴市境内，紧靠京广铁路和107国道，距市中心38千米。总面积200平方千米，融山的隽秀、水的神韵于一体，挟南国秀色、集历史文明于一身，被誉为"人间天上一湖水，万千景象在其中"。

东江湖湖周森林环绕，水质清冽，有湖心岛和半岛13个，岛上山

■ 东江湖风光

■ 黎明前的东江湖

奇水秀，景色迷人。其中最大的岛兜率岩，岛上有兜率寺，寺中有幽深奇特的大溶洞，洞中景态万千。

东江湖景区以自然风光为主，集雄山、秀水、奇石、幽洞、岛屿等自然景观和人文景观于一体，具有种类齐全、品位较高、综合性较强的特点。风景区内主要由东江湖、天鹅山及程江口3个景区组成。

其中，东江湖景区内以山、水、湖、坝、雾、岛、庙、洞、庄、瀑、漂而取胜。东江湖景区内主要景观有：雾漫小东江、雄伟的东江大坝、东江湖、猴古山瀑布、兜率灵岩、东江山庄、东京寨、拥翠峡、果园风光、东江漂流等。

雾漫小东江景观位于风景区北面的主入口处，由上游的东江水电站和下游的东江水电站而成，为长约10千米的一个狭长平湖。

这里两岸长年峰峦叠翠，湖面水汽蒸腾，云雾缭绕，神秘绮丽，其雾时移时凝，宛如一条被仙女挥舞

郴州市 位于湖南省东南部，山地丘陵面积占总面积的75%。别名"福城"，为国家级湘南承接产业转移示范区。地处南岭山脉中段与罗霄山脉南段交汇地带，东界江西省赣州市，南邻广东省韶关市，西接永州市，北交衡阳市及株洲市。

白练 喻指像白绢一样的东西。唐张籍《凉州词》："无数铃声遥过碛，应驮白练到安西。"元王实甫《西厢记》第二本第一折："我不如白练套头儿寻个自尽。"《儒林外史》第二九回："又走到山顶上，望着城内万家烟火，那长江一条白练。"

着的白练，美丽至极，堪称中华一绝。

东江水库大坝，坝高157米，底宽35米，顶宽7米。坝体新颖奇特，气势磅礴，雄伟壮观。春雨时节，湖水暴涨，坝闸双启泄洪之时，碧绿的湖水奔腾而下，直泻峡谷，仿佛一匹硕大的银链从九天飘然而下，顷刻间又化成无数的五彩珍珠散落碧盘。

猴古山瀑布由相距近百米的两道瀑布而成，位于东江大坝附近西南的山弯中。这里青山环抱，古树参差，西面的大瀑宽近10米、高20多米，直泻湖面，激起碧波翻卷，浪花飞溅；南面的"百丈瀑"高200多米，从青山夹石中一泻千里，势不可当几经曲折，直抵东江湖面，宛若嫦娥飞舞的白色长袖，将蓝天与碧水穿连。两瀑相对，各自成趣，交相生辉。

兜率灵岩形成于270年前的特大石灰岩溶洞。它掩藏于东江湖中心岛、中国江南目前最大的内陆岛兜

■ 东江湖晚景

▪ 东江湖捕鱼船

率岛。灵岩南面峭壁下有一座兜率古庙。古庙始建于1796年,距今已有200多年的历史。

兜率灵岩溶洞以高、大、雄、奇、深、旷而著称。洞内冬暖夏凉,钟乳遍布、石柱擎天、景态万千。洞深约5千米,洞内的石幔、石柱、石花之大、之高均堪称"世界之最"。

宋朝谢岩的《兜率灵岩记》被采入《天下名山记》,联合国溶洞协会专家考察后誉之为"地下大自然的迷宫""天下第一洞"。文人骚客们则赞之为"天下洞相似,此洞独不同"。

东江湖景区内的东江山庄位于兜率岛东南面山腰树林中,距兜率灵岩溶洞500米。建筑面积3300平方米,是避暑、疗养、悠闲、度假和举行各种会议的理想去处。

东京寨紧靠东江湖东岸环湖公路,小石林拔地而

嫦娥 神话中的人物,是大羿的妻子。其美貌非凡,后飞天成仙,住在月亮上的仙宫。神话中因偷食大羿自西王母处所盗得的不死药而奔月。民间多有其传说以及诗词歌赋流传。在道教中,嫦娥为月神,又称"太阴星君",道教以月为阴之精,尊称为"月宫黄华素曜元精圣后太阴元君"。

湖南东江湖自然风光

起,突兀奇特;山上天桥飞架南北,山下布田村为中国革命纪念地。

拥翠峡为兜率岛至黄草镇途中长约20千米的平原峡谷。青山对峙,碧水婉转,时收时放;水贯山行,山挟水转,松涛竹海,山翠欲滴;飘逸平静的湖水,收尽苍翠的两岸峰峦,乘游艇缓缓行进,如同进入了世外桃源。

果园风光位于东江湖兜率岛中部,这里果茶成片,树木成行,春来花茶飘香,蜂来蝶往,秋去橘橙满园,金果满堂,这里因受东江湖特有小气候影响,所产生的楚云仙茶、东江秀针茶、东江银毫茶等产品已多次被评为省优、部优名品,享誉海内外。

被誉为"中国生态旅游第一漂"的东江漂流,位处东江湖上游黄草镇境内的浙水河上,全程28千米,上段从龙王庙至燕子排,长约12千米,落差75米,急滩108个,穿行于怪石清泉原始次森林之中;下段为燕子排至黄草镇,长约14千米,为东江平漂。

东江漂流以其滩多浪急落差大、水碧、石怪、鱼奇、两岸森林植被佳而闻名,乘皮筏漂流期间,惊险、刺激、安全之感油然而生,是中国目前最具特色的集历险、探幽、猎奇、拾趣于一体的漂流去处。

东江湖风景区内的天鹅山景区位于东江湖东北面，数十万亩的森林大山内，群峰竞秀，绿树成荫，溪水潺潺，百鸟啾鸣，异兽出没，珍禽易寻。

其间主要有世界第一的"银杉群落"、湖南最高的"天鹅山大桥"、下水堡瀑布、天鹅顶国家森林防火瞭望台、天鹅池、天鹅蛋、涟溪夕阳、国家林业苗圃基地、汤市温泉、数十种珍禽异兽和森林狩猎等风景名胜景观。

东江湖风景区内的程江口景区地处耒水上游、东江下游的苏仙区、资兴市与永兴县三县市交汇区内，总面积近百平方千米。

这里融桂林山水与丹霞地貌之精华而成，人称"赛桂林"。它以竹翠、水清、山奇、石怪、树秀、草绿、沙滩平而见胜，极具园林与田园气息，是一处难得的自然风景和自然文化遗产。

东江湖风景区除了以上三大风景区域外，还分布着兴宁的十龙潭、碑记的炉烽袅烟、团结的回龙望日、市内的秀内公园和湖南第一桥鲤鱼江中承式钢拱公路大桥等一大批各具特色的自然景观。

东江湖景象

东江湖兜率灵岩

龙景峡谷流泉飞瀑密布,老树古藤攀岩附壁,是中国已知负离子最密集的地方,被人誉为"天然氧吧"。

兜率灵岩依岛缘壁而生,岛中有庙,庙中有洞,洞中有庙,洞洞相连,南宋时便号称"天下名山"。

这些景观,姿态万千,特色各具,构成了一幅美丽如画、独具风情的生态风光图,东江湖风景区已成为湖南省生态旅游、休闲度假的重点基地。

阅读链接

天鹅山位于东江湖畔。相传明嘉靖年间,久旱不雨,山岭荒凉。

一群白天鹅忽从天飘来,落于山顶。三天后喜降大雨,山上随之生机勃勃,万木葱茏,山名因此而得。

园内群峰竞秀,绿树如飞,飞泉流瀑,百鸟争鸣,美丽的天鹅间或从云空缓缓飞过。

更有品种繁多的国家保护动物和世界第一银杉群落,享誉中外。好一座如诗如画的天鹅山,相依相傍万顷东江湖。